普通高等教育"十二五"规划教材

高等职业院校重点建设专业系列教材

岩土工程勘察技术

主　编　杨绍平　苏巧荣

副主编　智晶子　王荣彦　马大思　李　叶　代绍述

主　审　缪勉一　王子忠

U0212704

中国水利水电出版社

www.waterpub.com.cn

内 容 提 要

本书以我国现行最新国标和行业规范为依据，系统地对岩土工程勘察技术方法进行了归纳总结，收集了近年来岩土工程勘察领域的新技术和新方法。全书共分 5 个项目：岩土工程勘察的工作过程，特殊性岩土的勘察，常见不良地质作用和地质灾害勘察，建筑岩土工程勘察，水利水电工程地质勘察。根据课程要求，书中附有针对性较强的实例。

本书可作为高职高专院校水文与工程地质、工程地质勘察、岩土工程技术等专业的教材，也可供其他相关专业的师生和技术人员参考。

图书在版编目（CIP）数据

岩土工程勘察技术 / 杨绍平，苏巧荣主编. -- 北京：
中国水利水电出版社，2015.6（2021.8重印）
普通高等教育"十二五"规划教材 高等职业院校重
点建设专业系列教材
ISBN 978-7-5170-3297-7

Ⅰ. ①岩… Ⅱ. ①杨… ②苏… Ⅲ. ①岩土工程－地
质勘探－高等职业教育－教材 Ⅳ. ①TU412

中国版本图书馆CIP数据核字（2015）第139999号

书 名	普通高等教育"十二五"规划教材 高等职业院校重点建设专业系列教材 **岩土工程勘察技术**
作 者	主 编 杨绍平 苏巧荣 主 审 缪勉一 王子忠
出版发行	中国水利水电出版社 （北京市海淀区玉渊潭南路 1 号 D 座　100038） 网址：www.waterpub.com.cn E-mail：sales@waterpub.com.cn 电话：(010) 68367658（营销中心）
经 售	北京科水图书销售中心（零售） 电话：(010) 88383994、63202643、68545874 全国各地新华书店和相关出版物销售网点
排 版	中国水利水电出版社微机排版中心
印 刷	清淞永业（天津）印刷有限公司
规 格	184mm×260mm 16 开本 16.25 印张 406 千字
版 次	2015 年 6 月第 1 版 2021 年 8 月第 2 次印刷
印 数	2001—3000 册
定 价	**49.50 元**

凡购买我社图书，如有缺页、倒页、脱页的，本社营销中心负责调换

前言

本书以我国现行最新国标和行业规范为依据，系统地对岩土工程勘察技术方法进行归纳总结，收集了近年来岩土工程勘察领域的新技术和新方法。

为适应高等职业教育改革和发展，满足培养实用技能型高级人才的要求，突出教材针对性与实用性特点，该书理论部分讲求够用为度、删繁就简，工程内容部分追求与时俱进、尽量充实和强化，注重培养学生的基本技能和分析问题解决问题的能力。本教材具有内容精炼、体系完整、紧密结合实际的特点。根据课程要求，书中附有针对性较强的实例。

本书编写人员及编写分工如下，课程介绍由黄河水利职业技术学院苏巧荣编写，项目1由四川水利职业技术学院智晶子编写，项目2由四川水利职业技术学院马大思编写，项目3由河南省地矿局环境二院王荣彦编写，项目4由四川省交通运输厅交通勘察设计研究院代绍述编写，项目5由四川省水利水电勘测设计研究院李叶编写，全书由四川水利职业技术学院杨绍平统稿。四川水利职业技术学院缪勉一、四川省水利水电勘测设计研究院王子忠任主审。

本书在编写过程中得到黄河水利职业技术学院王腊梅和田玲、四川沃土项目投资管理有限公司赵大金高级工程师、四川名扬勘察设计咨询有限公司张炯董事长及陈聪高级工程师、成都市勘测测绘研究院刘宏高级工程师、四川省乐山市水利电力建筑勘察设计院勘察负责人高大勇高级工程师、四川省地质工程勘察院副院长阳光辉高级工程师、西南交通大学地球科学与环境工程学院副院长胡卸文教授、成都理工大学环境与土木工程学院许模教授等专家的支持并提出宝贵意见，在此表示衷心感谢。

由于编者水平有限，对于书中存在的不足之处，诚恳希望各位同行及读者批评指正。

编者

2015 年 5 月

目录

课 程 介 绍

1. 岩土工程及岩土工程勘察的概念

（1）岩土工程。

岩土工程是欧美国家于 20 世纪 60 年代在土木工程实践中建立起来的一种新的技术体制。岩土工程是由土木工程、地质工程、工程力学和材料科学等多学科相互渗透、融合而形成的边缘学科，就学科的内涵和属性而言，岩土工程属土木工程范畴。它是运用工程地质学、土力学、岩石力学的基本知识和理论解决各类工程中关于岩体、土体的工程技术问题的科学。

岩土工程的研究对象是岩体与土体工程问题，包括地基与基础、边坡和地下工程等问题，它涉及到岩体与土体的利用、整治和改造。

按照工程建设阶段划分，岩土工程的工作内容可以分为：岩土工程勘察、岩土工程设计、岩土工程施工、岩土工程监测、岩土工程检测。

岩土工程是一门综合性很强的学科，无论是在岩土工程理论研究还是在岩土工程方法的应用上，都需要运用岩石力学、土力学、工程地质、结构力学、土工检测、工程机械等多学科理论和方法；在岩土工程实践中，则需要勘察、设计、施工、监测、监理、科研等多方面的相互协调和密切配合，才能较好地完成岩土工程任务。

（2）岩土工程勘察。

岩土工程勘察是根据建设工程的要求，查明、分析、评价工程建设场地或地基的地质、环境特征和岩土工程技术条件，及其与工程建设之间可能的相互作用所进行的调查、勘探、测试与监测，及时对所获资料数据进行工程分析、计算、预测并在此基础上提出有针对性的对岩土的利用、改造、加固等设计、施工措施或方案提出建议与相应的设计基准、参数等工作并编制岩土工程勘察文件的活动的总称。

2. 岩土工程勘察的任务

岩土工程勘察是岩土工程技术中一个首要环节，各项工程建设在设计和施工之前，必须按照工程建设的基本程序进行岩土工程勘察。岩土工程勘察的基本任务是按照建筑物或构筑物不同勘察阶段的要求，查明工程建筑物地区的工程地质条件和地质灾害，为工程设计、施工以及岩土体治理加固、开挖支护和降水等提供翔实的地质资料和必要的技术参数，同时对工程中有关的岩土工程问题作出论证、相应评价，具体有以下几项主要任务：

（1）阐述建筑场地的工程地质条件，指出场地内不良地质现象的发育情况及其对工程建设的影响，对场地稳定性作出评价，选择最优建筑场地。

（2）查明工程范围内岩土体的分布、性状和地下水活动条件，提供设计、施工和整治所需的地质资料和岩土技术参数。

（3）分析、研究有关的岩土工程问题，并作出评价结论。

（4）对场地内建筑总平面布置、各类岩土工程设计、岩土体加固处理、不良地质现象整治等具体方案作出论证和建议。

（5）预测工程施工和运行过程中对地质环境和周围建筑物的影响，并提出保护措施的建议。

工程地质条件定义为与工程建设有关的地质因素的综合。这些因素包括：地形地貌条件、岩土类型及其工程性质、地质构造及岩土体结构、水文地质条件、不良地质作用和天然建筑材料等方面。显然，工程地质条件是一个综合概念，它直接影响到工程建筑物的安全、经济和正常运行。所以，任何类型的工程建设，进行岩土工程勘察时必须查明建筑场地的工程地质条件，并把它作为岩土工程勘察的基本任务。工程地质条件是在自然地质历史发展演化过程中客观形成的，因此必须依据地质学的基本理论采用自然历史分析方法去研究它。

岩土工程问题指的是工程建筑物与岩土体之间所存在的矛盾或问题。在岩土工程施工以及工程建筑物建成使用过程中，工程部位的岩土体和地下水与建筑物发生作用，导致岩土工程问题的出现。由于建筑物的类型、结构和规模不同，其工作方式和对岩土体的负荷不同，因此岩土工程问题也是复杂多样的。例如，工业与民用建筑主要的岩土工程问题包括不良地质作用问题、地基承载力和地基沉降问题，但由于建筑物的功能和高度不同，对地基承载力要求的差别也较大，允许沉降的要求也不同。对于高层建筑物则存在深基坑开挖和支护、地下室抗浮问题、施工降水、坑底回弹隆起及坑外地面位移等各种岩土工程问题。地下洞室的主要岩土工程问题是围岩稳定性问题、洞口边坡稳定问题、地面变形和施工涌水等问题。因此对于所有这些岩土工程问题的分析、评价，可以说是岩土工程勘察的核心任务，每一项工程进行岩土工程勘察时，对主要的岩土工程问题必须作出确切的评价结论。

不良地质现象定义为对工程建设不利或有不良影响的动力地质现象。它泛指在地球外动力作用下引起的各种地质现象，如崩塌、滑坡、泥石流、岩溶、土洞、河流冲刷以及渗透变形等，它们既影响场地稳定性，也对地基基础、边坡工程、地下洞室等工程的安全、经济和正常使用产生不利影响。所以，在复杂地质条件下进行岩土工程勘察时，必须查清它们的分布、规模、形成机制和发生发展条件、发展演化规律和特点，预测其对工程建设的影响或危害程度，并提出防治对策和措施。

3. 我国岩土工程勘察的现状

新中国成立后，根据国民经济建设的需要，在地质、城建、水利、电力、冶金、机械、公路铁路、国防等部门，按苏联的模式，相继设立勘察、设计机构，开展了大规模的工程地质勘察研究工作，为工程规划、设计和施工提供了大量地质资料，在工程建设中发挥了重大作用。但是，由于工程地质勘察体制的局限，各行业的岩土工程勘察存在明显的弊病和缺陷，例如，一般岩土工程勘察工作侧重于定性分析，定量评价不够；另外侧重于"宏观"研究，结合工程具体较差，在建筑结构、基础方案和地基处理措施等方面缺乏权威性意见和建议；此外，某些地区工程勘察市场比较混乱，勘察质量不高。

为使岩土工程勘察能贯彻执行国家有关的技术经济政策，做到技术先进、经济合理、确保工程质量、提高经济效益，由国家建设部会同有关部门，共同制定了中华人民共和国国家标准《岩土工程勘察规范》（GB 50021—94），作为国家标准于1995年3月1日正式颁布施行。该规范是对原《工业与民用建筑工程地质勘察规范》（TJ 21—77）的修订，它既总结了中国40多年来工程实践的经验和科研成果，又注意尽量与国际标准接轨。在该规范中首次提出了岩土工程勘察等级，对工程勘察的目标和任务提出了新的要求，加强了岩土工程勘察的针对性，同时对岩土工程勘察与工程设计、施工、监测密切结合提出了更高的要求，对各类岩土工程如何结合具体工程进行分析、计算、论证作出了相应的规定。2002年中华人民共和国建设部（以下简称"建设部"）又对1994年版规范进一步修改和补充，颁布了《岩土工程勘察规范》（GB 50021—2001）。在修订过程中，主编单位建设部综合勘察研究设计院会同有关勘察、设计、科研、教学单位组成编制组，在全国范围内广泛征求意见，对重点修改的部分编写了专题报告，并与正在实施和正在修订的有关国家标准进行了协调，经多次讨论、反复修改而成。2001年版规范基本上保持了1994年版规范的适用范围、总体框架和主要内容，并作了局部调整。同1994年版规范相比，2001年版规范增加了"术语和符号"，"核电厂"的勘察，岩石按坚硬程度、完整程度分类和岩体基本质量分级；修订了"房屋建筑和构筑物"以及"桩基础"勘察的要求，修订了"地下洞室""岸边工程""基坑工程"和"地基处理"勘察的规定；将"尾矿坝和储灰坝"节改为"废弃物处理工程"的勘察，将"场地稳定性"改为"不良地质作用和地质灾害"，将"强震区的场地和地基""地震液化"合为一节，更名为"场地与地基的地震效应"；对特殊性土中的"湿陷性土"和"红黏土"作了修订；加强了对"地下水"勘察的要求；增加了"深层载荷试验"和"扁铲侧胀试验"等。同时突出勘察工作必须遵守的技术规则，以利作为工程质量检查的执法依据。目前该规范是我国岩土工程勘察行业的母规范。

从目前国内大量的实践可看出，岩土工程勘察侧重于解决土体工程的场地评价和地基稳定性问题，而对地质条件较复杂的岩体工程，尤其是重大工程（如水电站、核电站、铁路干线等）的区域地壳稳定性及边坡和地下洞室围岩稳定性的分析、评价，仅由岩土工程师和结构工程师参与是不能解决工程实际问题的，必须有工程地质人员的参与才能共同解决，这就要求岩土工程、结构工程与工程地质在发挥各自学科专业优势的前提下，互相渗透、交叉，互为补充而相得益彰。

4. 我国岩土工程勘察的分类情况

岩土工程勘察按专业划分，类别很多，不同专业岩土工程勘察有各自的侧重点和特点，其勘察目的、任务要求、工作方法、评价内容等各有千秋。以岩土工程勘察规范（GB 50021—2001）为例，它对一般的土木工程都适用，但对于水利工程、铁路、公路、桥隧工程，因专业性较强，在进行这些工程勘察时，也应遵循这些行业的规范、标准。

岩土工程勘察大致可分为16类：

（1）房屋建筑岩土工程勘察，包括地质勘察、基础工程、基坑工程。

（2）铁路岩土工程勘察，包括路基、路堤、路堑、高边坡、洞室等岩土工程勘察。

（3）地铁岩土工程勘察，包括勘察开挖、支护等岩土工程勘察。

（4）公路岩土工程勘察，包括路基、路堑、桥涵、高边坡、洞室等。

（5）机场岩土工程勘察，包括机场跑道、候机楼等。

（6）矿山工程岩土工程勘察，包括竖井、平洞、尾矿库、堆灰场等。

（7）油气管道工程岩土工程勘察，包括管道等。

（8）核电工程岩土工程勘察，包括核反应堆、厂房、高边坡、洞室等。

（9）电力工程岩土工程勘察，包括厂房、烟囱等。

（10）水利水电工程岩土工程勘察，包括拦河坝、隧洞、船闸、溢洪道、渠线等。

（11）港口工程岩土工程勘察，包括码头、防坡堤、驳岸等。

（12）船厂岩土工程勘察，包括船台、船坞等。

（13）填海工程岩土工程勘察，包括围海造田等。

（14）地下工程岩土工程勘察，包括隧道、地下防空洞、地下厂房、海下海洋馆等。

（15）桥涵工程岩土工程勘察，包括公路、铁路桥涵等。

（16）边坡、滑坡工程岩土工程勘察。

5.本教材的学习内容

按照水文与工程地质专业的教学计划，"岩土工程勘察"是高年级学生的一门核心专业课程。教材在编写过程中坚持"理论够用、注重实践"的原则，内容顺序安排力求与岩土工程勘察实际工作顺序相对应，具体内容见表0.1。

表 0.1　　　　　课 程 内 容 组 织 表

项目编号	学习项目	工作任务
1	岩土工程勘察的工作过程	岩土工程勘察等级和阶段的划分
		工程地质测绘
		岩土工程勘探
		岩土工程室内试验、原位测试
		岩土工程现场检验和监测
		岩土工程分析评价
		岩土工程勘察报告的编写
2	特殊性岩土的勘察	膨胀岩土的勘察
		红黏土的勘察
		软土的勘察
		湿陷性土的勘察
		其他特殊性土的勘察
3	常见不良地质作用和地质灾害勘察	崩塌和滑坡的岩土工程勘察
		泥石流地区岩土工程勘察
		高地震烈度地区岩土工程勘察
		岩溶地区岩土工程勘察
		采空区和地面沉降岩土工程勘察
4	建筑岩土工程勘察	房屋建筑与构筑物岩土工程勘察
		地基处理工程岩土工程勘察
		地下洞室岩土工程勘察
		岸边工程岩土工程勘察
		边坡工程岩土工程勘察
		其他工程岩土工程勘察
5	水利水电工程地质勘察	水利水电工程地质勘察阶段划分
		水利水电枢纽工程地质勘察
		水库区工程地质勘察
		地下建筑物的工程地质勘察
		渠道工程地质勘察
		天然建筑材料勘察

项目 1　岩土工程勘察的工作过程

【学习目标】了解岩土工程勘察的工作过程；掌握岩土工程勘察等级的划分、各勘察阶段的任务；掌握工程地质测绘和勘探的方法；能够根据岩土特征选取恰当的室内和原位试验，并会试验数据的分析整理；了解现场检测和监测的方法；能够进行岩土工程分析评价；掌握岩土工程勘察报告的编制顺序、内容。

【重点】岩土工程勘察等级划分；各勘察阶段的任务；工程地质测绘和勘探的方法；室内和原位试验的选用；岩土工程分析评价方法；岩土工程勘察报告编写。

【难点】岩土工程分析评价方法；岩土工程勘察报告编写。

任务 1.1　岩土工程勘察等级和阶段的划分

不同的建筑场地地质条件各不相同，工程地质问题也千差万别，因此工程建设采取的地基基础设计方案、上部结构设计也不尽相同，相应应采取的岩土工程勘察方法以及对问题的解决方案也不同，为此有必要对岩土工程勘察进行等级的划分，其目的在于突出重点、区别对待、利于管理、有的放矢，合理布置勘探工作和确定勘探工作量。根据《岩土工程勘察规范》（GB 50021—2001）的规定，岩土工程勘察等级根据工程重要性等级、场地复杂程度等级和地基复杂程度等级三项因素综合确定。

1.1.1　工程重要性等级划分

按照《岩土工程勘察规范》（GB 50021—2001）的规定，根据工程的规模和特征，以及由于岩土工程问题造成工程破坏或影响正常使用的后果，岩土工程重要性可分为 3 个等级，见表 1.1。

表 1.1　　　　　　　　　　　　　　岩土工程重要性等级

重要性等级	破坏后果	工程类型
一级	很严重	重要工程
二级	严重	一般工程
三级	不严重	次要工程

《建筑地基基础设计规范》（GB 50007—2002）中根据地基复杂程度、建筑物规模和功能特征以及由于地基问题可能造成建筑物破坏或影响正常使用的程度，将地基基础设计分为 3 个等级，见表 1.2。

对于电厂、废弃物处理、地下洞室、深基坑开挖、大面积岩土处理等涉及各行业，应按照项目所在行业执行的有关规范、规程进行划分。若没有明确规定，可根据实际情况划分。一般情况下，大型沉井和沉箱、超长桩基和墩基、有特殊要求的精密设备和超高压设备、

表 1.2 地 基 基 础 设 计 等 级

设 计 等 级	工程的规模	建筑和地基类型
甲级	重要工程	重要的工业与民用建筑物；30 层以上的高层建筑；体型复杂，层数相差超过 10 层的高低层连成一体建筑物；大面积的多层地下建筑物（如地下车库、商场、运动场等）；对地基变形有特殊要求的建筑物；复杂地质条件下的坡上建筑物（包括高边坡）；对原有工程影响较大的新建建筑物；场地和地基条件复杂的一般建筑物；位于复杂地质条件及软土地区的 2 层及 2 层以上地下室的基坑工程
乙级	一般工程	除甲级、丙级以外的工业与民用建筑物
丙级	次要工程	场地和地基条件简单，荷载分布均匀的 7 层及 7 层以下民用建筑及一般工业建筑物；次要的轻型建筑物

有特殊要求的深基坑开挖和支护工程、大型竖井和平洞、大型基础托换和补强工程以及其他难度大、破坏后果严重的工程，应列为一级安全等级。

1.1.2 场地复杂程度等级

场地复杂程度是由建筑场地抗震稳定性、不良地质现象发育情况、地质环境破坏程度、地形地貌条件和地下水复杂程度等 5 个条件衡量的，现行岩土规范将其划分为三个等级，即一级场地（复杂场地）、二级场地（中等复杂场地）、三级场地（简单场地），见表 1.3。

表 1.3 场 地 复 杂 程 度 等 级

场 地 等 级	一级场地（符合条件之一）	二级场地（符合条件之一）	三级场地（所有条件符合）
建筑场地抗震稳定性	危险地段	不利地段	有利地段（或地震设防烈度不大于Ⅵ度）
不良地质现象发育情况	强烈发育	一般发育	不发育
地质环境破坏程度	已经或可能受到强烈破坏	已经或可能受到一般破坏	基本未受破坏
地形地貌条件	复杂	较复杂	简单
地下水复杂程度	有影响工程的多层地下水、岩溶裂隙水或其他水文地质条件复杂	基础位于地下水水位以下的场地	对工程无影响

注 1. 从一级开始，向二级、三级推定，以最先满足的为准。

2. 对建筑抗震有利、不利和危险地段的划分，应按《建筑抗震设计规范》（GB 50011—2010）的规定确定。

1. 建筑场地抗震稳定性

按《建筑抗震设计规范》（GB 50011—2010）的规定，选择建筑场地时，应根据工程需要和地震活动情况、工程地质和地震地质的有关资料，对抗震有利、不利和危险地段作出综合评价。对不利地段，应提出避开要求；当无法避开时应采取有效的措施。对危险地段，严禁建造甲、乙类的建筑，不应建造丙类的建筑。选择建筑场地时，应划分对建筑抗震有利、一般、不利和危险的地段。

（1）有利地段。稳定基岩，坚硬土，开阔、平坦、密实、均匀的中硬土等。

（2）一般地段。不属于有利、不利、危险的地段。

（3）不利地段。软弱土，液化土，条状突出的山嘴，高耸孤立的山丘，陡坡，陡坎，河岸和边坡的边缘，平面分布上成因、岩性、状态明显不均匀的土层（含故河道、疏松的断层破碎带、暗埋的塘浜沟谷和半填半挖地基），高含水量的可塑黄土，地表存在结构性裂缝等。

（4）危险地段。地震时可能发生滑坡、崩塌、地陷、地裂、泥石流等及发震断裂带上可能发生地表错位的部位。其中，上述规定中的场地土的类型按表 1.4 划分。

表 1.4   土 的 类 型 划 分

场地土类型	岩土名称和性状
坚硬场地土或岩石	稳定岩石，密实的碎石土
中硬场地土	中密、稍密的碎石土，密实、中密的砾、粗、中砂，$f_{ak}>200\text{kPa}$ 的黏性土和粉土，坚硬黄土
中软场地土	稍密的砾、粗、中砂，除松散外的细、粉砂，$f_{ak}>200\text{kPa}$ 的黏性土和粉土，$f_k>130\text{kPa}$ 的填土，可塑黄土
软弱场地土	淤泥和淤泥质土，松散的砂，新近代沉积的黏性土和粉土，$f_{ak}\leqslant130\text{kPa}$ 的填土，流塑黄土

2. 不良地质现象发育情况

"不良地质作用强烈发育"是指泥石流沟谷、崩塌、土洞、塌陷、岸边冲刷、地下水强烈潜蚀等极不稳定的场地，这些不良地质作用直接威胁着工程的安全。不良地质作用一般发育是指虽有上述不良地质作用，但并不十分强烈，对工程设施安全的影响不严重，或者说对工程安全可能有潜在的威胁。

3. 地质环境破坏程度

地质环境是指由人为因素和自然因素引起的地下采空、地面沉降、地裂缝、化学污染、水位上升等。人类工程经济活动导致地质环境的干扰破坏是多种多样的，例如：采掘固体矿产资源引起的地下采空，抽汲地下液体（地下水、石油）引起的地面沉降、地面塌陷和地裂缝，修建水库引起的边岸再造、浸没、土壤沼泽化，排除废液引起岩土的化学污染，等等。地质环境破坏对岩土工程实践的负影响是不容忽视的，往往对场地稳定性构成威胁。地质环境受到强烈破坏是指由于地质环境的破坏，已对工程安全构成直接威胁，如矿山浅层采空导致明显的地面变形、横跨地裂缝、因水库蓄水引起的地面沼泽化、地面沉降盆地的边缘地带等。地质环境受到一般破坏是指已有或将有地质环境的干扰破坏，但并不强烈，对工程安全的影响不严重。

4. 地形地貌条件

地形地貌条件主要指地形起伏和地貌单元（尤其是微地貌单元）的变化情况。一般地说，山区和丘陵区场地地形起伏较大，工程布局较困难，挖填土石方量较大，土层分布较薄且下伏基岩面高低不平。地貌单元分布较复杂，一个建筑场地可能跨越多个地貌单元，因此地形地貌条件复杂或较复杂。平原场地地形平坦，地貌单元均一，土层厚度大且结构简单，因此地形地貌条件简单。

5. 地下水复杂程度

地下水是影响场地稳定性的重要因素。地下水的埋藏条件、类型、地下水位等直接影响工程稳定。

1.1.3 地基复杂程度等级

地基复杂程度按下列规定划分为三个地基等级：

（1）符合下列条件之一者即为一级地基（复杂地基）：

1）岩土种类多，很不均匀，性质变化大，需特殊处理。

2）严重湿陷、膨胀、盐渍、污染的特殊性岩土，以及其他情况复杂，需作专门处理的岩土。

（2）符合下列条件之一者即为二级地基（中等复杂地基）：

1）岩土种类较多，不均匀，性质变化较大。

2）除复杂地基规定之外的特殊性岩土。

（3）符合下列条件者为三级地基（简单地基）：

1）岩土种类单一，均匀，性质变化不大。

2）无特殊性岩土。

多年冻土情况特殊，勘察经验不多，应列为一级地基。严重湿陷、膨胀、盐渍、污染的特殊性岩土是指自重湿陷性土、三级非自重湿陷性土、三级膨胀性土等，其他需作专门处理的，以及变化复杂、同一场地上存在多种强烈程度不同的特殊性岩土，也应列为一级地基。

1.1.4 岩土工程勘察等级和地基基础设计等级

划分岩土工程勘察等级，目的是突出重点，区别对待，以利管理。岩土工程勘察等级应在工程重要性等级、场地等级和地基等级的基础上划分。一般情况下，勘察等级可在勘察工作开始前，通过搜集已有资料确定。但随着勘察工作的开展，对自然认识的深入，勘察等级也可能发生改变。

对于岩质地基，场地地质条件的复杂程度是控制因素。建造在岩质地基上的工程，如果场地和地基条件比较简单，勘察工作的难度是不大的。故即使是一级工程，场地和地基为三级时，岩土工程勘察等级也可定为乙级。

综合上述三项因素及其分级情况，将岩土工程勘察划分为以下等级，见表1.5。

表 1.5 岩土工程勘察等级的划分

岩土工程勘察等级	确定勘察等级的因素		
	工程重要性等级	场地复杂等级	地基复杂等级
甲级	有一项或多项为一级		
乙级	除勘察等级为甲级和丙级以外的勘察项目		
丙级	工程重要性、场地复杂程度和地基复杂程度等级均为三级		

1.1.5 岩土工程勘察阶段划分

岩土工程勘察服务于工程建设的全过程，其目的在于运用各种勘察技术手段，有效查明建筑物场地的工程地质条件，并结合工程项目特点及要求，分析场地内存在的工程地质问题，论证场地地基的稳定性和适宜性，提出正确的岩土工程评价和相应对策，为工程建设的规划、设计、施工和正常使用提供依据。

为保证工程建筑物自规划设计到施工和使用全过程达到安全、经济、合用的标准，使建筑物场地、结构、规模、类型与地质环境、场地工程地质条件相互适应。任何工程的规划设计过程必须遵照循序渐进的原则，即科学地划分为若干阶段进行。工程地质勘察过程是对客观工程地质条件和地质环境的认识过程，其认识过程由区域到场地，由地表到地下，由一般调查到专门性问题的研究，由定性到定量评价的原则进行。

岩土工程勘察阶段的划分与工程建设各个阶段相适应，大致可分为以下阶段：

1. 可行性研究勘察（选址勘察）

本勘察阶段的目的与任务是搜集、分析已有资料，进行现场踏勘，必要时进行工程地质测绘和少量勘探工作，对场址稳定性和适宜性作出岩土工程评价，明确拟选定的场地范围和应避开的地段，对拟选方案进行技术经济论证和方案比较，从经济和技术两个方面进行论证以选取最优的工程建设场地。

一般情况下，工程建筑物地址力争避开以下工程地质条件恶劣的地区和地段：

（1）不良地质作用发育（崩塌、滑坡、泥石流、岸边冲刷、地下潜蚀等地段）对建筑物场地稳定构成直接危害或潜在威胁的地段。

（2）地基土性质严重不良。

（3）建筑抗震危险地段。

（4）受洪水威胁或地下水不利影响地段。

（5）地下有未开采的有价值的矿藏或未稳定的地下采空区。

此阶段勘察工作的主要内容为：调查区域地质构造、地形地貌与环境工程地质问题，调查第四纪地层的分布及地下水埋藏性状、岩石和土的性质、不良地质作用等工程地质条件，调查地下矿藏、文物分布范围。

2. 初步勘察阶段

初步勘察是与工程初步设计相适应，此阶段的目的与任务是对工程建筑场地的稳定性作出进一步的岩土工程评价；根据岩土工程条件分区，论证建筑场地的适宜性；根据工程性质和规模，为确定建筑物总平面布置、主要建筑物地基基础方案，对不良地质现象的防治工程方案进行论证；提供地基结构、岩土层物理力学性质指标；提供地基岩土体的承载力及变形量资料；对地下水进行工程建设影响评价；指出本勘察阶段应注意的问题。勘察的范围是建设场地内的建筑地段。主要的勘察方法是工程地质测绘、工程物探、钻探、土工试验。

此阶段勘察工作主要内容为：

（1）根据拟选建筑方案范围，按本阶段的勘察要求，布置一定的勘探与测试工作。

（2）查明建筑场地内地质构造和不良地质作用的具体位置。

（3）探测场地内的地震效应。

（4）查明地下水性质及含水层的渗透性。

（5）搜集当地已有建筑经验及已有勘察资料。

3. 详细勘察阶段

此阶段的目的与任务是对地基基础设计、地基处理与加固、不良地质现象的防治工程进行岩土工程计算与评价，满足工程施工图设计的要求。此阶段要求的成果资料更详细可靠，而且要求提供更多、更具体的计算参数。

此勘察阶段的主要工作和任务是：

（1）获取附有坐标及地形的工程建筑总平面布置图，各建筑物的平面整平标高和建筑物的性质、规模、结构特点，提出可能采取的基础形式、尺寸、埋深，对地基基础设计的要求。

（2）查明不良地质作用的成因、类型、分布范围、发展趋势、危害程度，提出评价与整治所需的岩土技术参数和整治方案建议。

（3）查明建筑范围内各岩土层的类别、结构、厚度、坡度、工程特性，计算和评价地基的稳定性和承载力。

（4）对需要进行基础沉降计算的建筑物，提供地基变形量计算的参数，预测建筑物的沉降性质。

（5）对抗震设防烈度不小于Ⅵ度的场地，划分场地土的类型和场地类别；对抗震设防烈度不小于Ⅶ度的场地，还应分析预测地震效应，判定饱和砂土或饱和粉土的地震液化势，并计算液化指数。

（6）查明地下水的埋藏条件，当进行基坑降水设计时还应查明水位变化幅度与规律，提供地层渗透性参数。

（7）判定水和土对建筑材料及金属的腐蚀性。

（8）判定地基土及地下水在建筑物施工和使用期间可能产生的变化及其对工程的影响，提供防治措施和建议。

（9）对地基基础处理方案进行评价。一般包括地基持力层的选择、承载力验算和变形估算等。当需要进行地基处理时，应提供复合地基或桩基础设计所需的岩土技术参数，选择合适的桩端持力层和桩型，估算单桩承载力，提出基础施工时应注意的问题。

（10）对深基坑支护、降水还应提供稳定计算和支护设计所需的岩土技术参数，对基坑开挖、支护、降水提出初步意见和建议。

（11）在季节性冻土地区提供场地土的标准冻结深度。

4. 施工勘察

施工勘察不作为一个固定阶段，视工程的实际需要而定，对条件复杂或有特殊施工要求的重大工程地基，需进行施工勘察。施工勘察包括施工阶段的勘察和施工后一些必要的勘察工作，如检验地基加固效果。

任务1.2　工程地质测绘

工程地质测绘是岩土工程勘察中一项最重要、最基本的勘察方法，也是走在其他勘察工作前面的一项勘察工作。工程地质测绘和调查应在可行性研究或初步勘察阶段进行，详细勘察时可在初步勘察测绘和调查的基础上，对某些专门地质问题（如滑坡、断裂构造）作必要的补充调查。工程地质测绘的目的是详细观察和描述与工程建设有关的各种地质现象，以查明拟定建筑区内工程地质条件的空间分布和各要素之间的内在联系，按照精度要求反映在一定比例尺的地形底图上，配合工程地质勘探、试验等所取得的资料编制成工程地质图。

在切割强烈的基岩裸露山区，只进行工程地质测绘，就能较全面地了解该区的工程地质条件、岩土工程性质的形成和空间变化，判明物理地质现象和工程地质现象的空间分布、形成条件和发育规律。在第四系覆盖的平原区，工程地质测绘也有着不可忽视的作用，其测绘工作重点放在地貌和松软土上。

由于工程地质测绘能够在较短时间内查明广大地区的工程地质条件，在区域性预测和对比评价中能够发挥重大作用，配合其他勘察工作能够顺利地解决建筑区的选择和建筑物的合理配置等问题，所以在工程设计的初期阶段，往往是岩土工程勘察的主要手段。

1.2.1　工程地质测绘范围的确定

工程地质测绘不像一般的区域地质或区域水文地质测绘那样，严格按照比例尺寸大小由地理坐标确定测绘范围，而是根据建筑物的需要在与该项目工程有关的范围内进行。原则上测绘范围包括场地及邻近地段。

根据实践经验，工程地质测绘范围由以下两方面确定。

1. 拟建建筑物的类型和规模、设计阶段

建筑物的类型、规模不同，与自然地质环境相互作用的广度和强度也不同，确定测绘范围时首先应考虑这一点。例如，房屋建筑和构筑物一般仅在小范围内与自然地质环境发生作用，通常不需要进行大面积工程地质测绘。而道路工程、水利工程涉及的地质单元相对较多，必须在建筑物涉及范围内进行工程地质测绘。工程初期设计阶段，为选择适宜的建筑场地，一般都有若干比较方案，为了进行技术经济论证和方案比较，应把这些方案场地包括在同一测绘范围内，测绘范围比较大。当建筑场地选定之后，特别在设计的后期阶段，各建筑物的具体位置和尺寸均已确定，就只需在建筑地段的较小范围内进行大比例尺的工程地质测绘。可见，工程地质测绘范围是随着建筑物设计阶段（即岩土工程勘察阶段）的提高而缩小的。

2. 工程地质条件的复杂程度和研究程度

一般情况下工程地质条件愈复杂，研究程度愈差，工程地质测绘范围相对愈大。工程地质条件复杂程度包含两种情况：①场地内工程地质条件非常复杂，如构造变动强烈、有活动断裂分布、不良地质现象强烈发育、地质环境遭到严重破坏、地形地貌条件十分复杂；②虽然场地内工程地质条件较简单，但场地附近有危及建筑物安全的不良地质现象存在。如山区的城镇和厂矿企业往往兴建于地形比较平坦开阔的洪积扇上，对场地本身来说工程地质条件并不复杂，但一旦泥石流暴发则有可能摧毁建筑物。此时工程地质测绘范围应将泥石流形成区包括在内。又如位于河流、湖泊、水库岸边的房屋建筑，场地附近若有大型滑坡存在，当其突然失稳滑落所激起的涌浪可能会导致灭顶之灾，此时工程地质测绘范围不能仅在建筑物附近，还应包括滑坡区。

一般情况下工程地质测绘和调查的范围，应包括场地及其附近地段。

1.2.2　工程地质测绘比例尺的选择

工程地质测绘的比例尺和精度应根据《岩土工程勘察规范》（GB 50021—2001）的要求，符合下列条件：

（1）测绘的比例尺，可行性研究勘察阶段可选用 1∶5000～1∶5 万，属中、小比例尺测绘；初步勘察阶段可选用 1∶2000～1∶1 万，属中、大比例尺测绘；详细勘察阶段可选用 1∶500～1∶2000 或更大，属大比例尺测绘；条件复杂时，比例尺可适当放大。

（2）对工程有重要影响的地质单元体（滑坡、断层、软弱夹层、洞穴等），可采用扩大比例尺表示，以便更好地解决岩土工程的实际问题。

（3）地质界线和地质观测点的测绘精度，在图上不应低于 3mm。

同时选择测绘的比例尺应与使用部门的要求及其提供的图件的比例尺一致或相当；在同一设计阶段内，比例尺的选择取决于工程地质条件的复杂程度、建筑物类型、规模及重要性。在满足工程建设要求的前提下，尽量节省测绘工作量。

为了保证工程地质图的精度和各种地质界线准确无误。按规定，在大比例尺的图上地质界线的误差不得超过 0.5mm，所以在大比例尺的工程地质测绘中要采用仪器定点法。观察点描述的详细程度以各单位测绘面积上观察点的数量和观察线的长度来控制。各种比例尺的误差范围见表 1.6。

通常不论其比例尺多大一般都以图上每 1cm² 范围内有一个观察点来控制观察点的平均数。比例尺增大，同样实际面积内的观察点数就相应增多，见表 1.7。

表 1.6　　　　　　　各种不同比例尺反应地质单元尺寸和误差范围

比 例 尺	1∶10 万	1∶5 万	1∶1 万	1∶1000
地质单元体尺寸/m	200	100	20	2
误差/m	50	25	5	0.5

表 1.7　　　　　　综合工程地质测绘每平方公里内观察点数及观察路线平均长度

比 例 尺	地质条件复杂程度					
	简单		中等		复杂	
	观察点个数	线路长度/km	观察点个数	线路长度/km	观察点个数	线路长度/km
1∶20 万	0.49	0.5	0.61	0.6	1.10	0.7
1∶10 万	0.96	1.0	1.44	1.2	2.16	1.4
1∶5 万	1.91	2.0	2.94	2.4	5.29	2.8
1∶2.5 万	3.96	4.0	7.50	4.8	10.00	5.6
1∶1 万	13.8	6.0	26.00	8.0	34.6	10.0

1.2.3　地质观测点的布置、密度和定位

地质观测点的布置是否合理，是否具有代表性，对于成图的质量至关重要。

1. 地质观测点的布置和密度

观察点的分布一般不应是均匀的，而在工程地质条件复杂的地段多一些，简单的地段少一些，都应布置在工程地质条件的关键位置上。为了保证工程地质图的详细程度，还要求工程地质条件各因素的单元划分与图的比例尺相适应。一般规定岩层厚度在图上的最小投影宽度大于 2mm 者均应按比例尺反映在图上。厚度或宽度小于 2mm 的重要工程地质单元，如软弱夹层、能反映构造特征的标志层、重要的物理地质现象等，则应采用超比例尺或符号的办法在图上表示出来。

（1）地质观测点应布置在地质构造线、地层接触线、岩性分界线、不整合面和不同地貌单元、微地貌单元的分界线和不良地质作用分布的地段，标准层位和每个地质单元体应有地质观测点。

（2）地质观测点应充分利用天然和已有的人工露头，例如采石场、路堑、井、泉等。当露头不足时，可采用人工露头补充，根据具体情况布置一定数量的探坑、探槽、剥土等轻型坑探工程；条件适宜时，还可配合进行物探工作，探测地层、岩性、构造、不良地质作用等问题。

地质观测点的密度应根据场地的地貌、地质条件、成图比例尺和工程要求等确定，并应具代表性。

2. 地质观测点的定位

地质观测点的定位标测对成图的质量影响很大，地质观测点的定位应根据精度要求和地质条件的复杂程度选用目测法、半仪器法、仪器法、卫星定位系统。

（1）目测法。适用于小比例尺的工程地质测绘，该法根据地形、地物和其他测点以目估或步测距离标测。

（2）半仪器法。适用于中等比例尺的工程地质测绘，该法是借助罗盘仪、气压计等简单的仪器测定方位和高度，使用步测或测绳测距离。

（3）仪器法。适用于大比例尺的工程地质测绘，该法是借助经纬仪、水准仪等较精确的仪器测定地质观测点的位置和高程，对于有特殊意义的地质观测点和对工程有重要影响的地质观测点。如地质构造线、地层接触线、岩性分界线、软弱夹层、地下水露头以及不良地质作用等特殊地质观测点，均应采用仪器法。

（4）卫星定位系统（GPS）。满足精度条件下均可采用。

3. 工程地质测绘和调查方法

实地工程地质测绘方法一般有三种：

（1）路线法。沿一定的路线穿越测绘场地，详细观察沿途地质情况并把观测路线和沿线查明的地质现象、地质界线、地貌界线、构造线、岩性、各种不良地质现象等填绘在地形图上。路线形式有直线形或 S 形等，用于各类比例尺的测绘。

（2）布点法。根据地质条件复杂程度和不同的比例尺的要求，预先在地形图上布置一定数量的观测点及观测路线。观测路线的长度应满足各类勘察的要求，路线避免重复，尽可能以最优观察路线达到最广泛的观察地质现象的目的。布点法适用于大、中比例尺测绘，是工程地质测绘的基本方法。

（3）追索法。沿地层、地质构造的延伸方向和其他地质单元界线布点追索，以便追索某些重要地质现象（例如，标志层、矿层、地质界线、断层等）的延展变化情况和地质体的轮廓，查明某些局部复杂构造布置地质观察路线的一种方法。追索法多用于大比例尺测绘或专项地质调查，是一种辅助测绘方法，常配合前两种方法使用。对于一些中、小型地质体，采用追索法还可起到全面圈定其分布范围的作用，在这种情况下，也可将追索法称为圈定法。在航空相片解译程度良好的地区，可直接依据其影像标志圈定某些地质体的范围，以减少地面追索的工作量。

遥感制图法可用于各种比例尺测绘，其方法步骤是：第一步采用目视、光学仪器或计算机等方法对航空照片、卫星照片进行地质解译；第二步结合区域地质资料，调绘整理成图、表和文字说明；第三步到实地验证地质解译成果，经补充修改最后成图。野外工作应包括：检查解译标志、检查解译结果、检查外推结果、对室内解译难以获得的资料进行野外补充。在利用遥感影像资料解译进行工程地质测绘时，现场检验地质观测点数宜为工程地质测绘点数的 30%～50%。

1.2.4　工程地质测绘研究的内容

工程地质测绘是在收集、分析已有临近地区的地质资料基础上，结合项目情况，明确工作重点和难点；布置观测路线和实地查勘；绘制实测标准地层剖面；编制综合地层柱状图。

根据成图比例尺的大小和岩层厚薄的关系，确定岩层填图单位的工作。其工作内容包括如下几个方面。

1．地层岩性

地层岩性是工程地质条件中最基本的要素，也是研究各种地质现象的基础。对地层岩性研究的内容包括：

（1）确定地层的时代和填图单位。

（2）各类岩土层的分布、岩性、岩相及成因类型。

（3）岩土层的层序、接触关系、厚度及其变化规律。

（4）岩土的工程性质等。

2．地质构造

地质构造是工程地质条件中对建筑物危害最严重的要素。对地质构造的研究内容包括：

（1）岩层的产状及各种构造形迹的分布、形态和规模。

（2）软弱结构面（带）的产状及其性质，包括断层的位置、类型、产状、断距、破碎带宽度及充填胶结情况。

（3）岩土层各种接触面及各类构造岩的工程特性。

（4）近期构造活动的形迹、特点及与地震活动的关系等。

3．地形地貌

地形地貌是工程地质条件中对建筑物选址影响最大的要素。对地形地貌研究的内容包括：

（1）地貌形态特征、分布和成因。

（2）划分地貌单元，以及地貌单元的形成与岩性、地质构造及不良地质现象等的关系。

（3）各种地貌形态和地貌单元的发展演化历史。

4．不良地质作用

不良地质作用影响建筑物的选址及其运营期间的稳定性。对不良地质作用研究的内容包括：研究各种不良地质作用（岩溶、滑坡、崩塌、泥石流、冲沟、河流冲刷、岩石风化等）的分布、形态、规模、类型和发育程度，分析它们的形成机制和发展演化趋势，并预测其对工程建设的影响。

5．水文地质条件

水文地质条件影响建筑物地基基础的安全稳定性，对水文地质条件研究的内容包括：从地下水露头的分布、类型、水量、水质等入手，并结合必要的勘探、测试工作，查明测区内地下水的类型、分布情况和埋藏条件；含水层、透水层和隔水层（相对隔水层）的分布，各含水层的富水性和它们之间的水力联系；地下水的补给、径流、排泄条件及动态变化；地下水与地表水之间的补、排关系；地下水的物理性质和化学成分等。在此基础上分析水文地质条件对岩土工程实践的影响。

6．已有建筑物

已有建筑物的存在对新建建筑物的基础类型和埋深的选择、施工方法等影响极大，对已有建筑物的调查研究分析重点见表1.8。

对已有建筑物的观察实际上相当于一次 1∶1 的原型试验。根据建筑物变形、开裂情况分析场地工程地质条件及验证已有评价的可靠性。

表 1.8		对已有建筑物的调查研究分析重点
地质环境	建筑物变形	调查分析研究重点
不良	有	1. 分析变形原因、控制因素； 2. 已有防治措施的有效性
不良	无	1. 工程地质评价是否合理； 2. 如评价合理，则说明建筑物结构设计合理，可适应不良地质条件
有利	有	1. 是否与建材或施工质量有关； 2. 是否存在隐蔽的不良地质因素
有利	无	1. 如建筑物未采取任何特殊结构，表明该区地质条件确实良好； 2. 如建筑物因采取特殊结构而未出现变形，应进一步研究是否存在某种不良地质因素

7. 天然建筑材料

天然建筑材料影响建筑物基础形式及建筑结构形式的选择，对天然建筑材料的研究应结合工程建筑的要求，就地寻找适宜的天然建材，作出质量和储量评价。当前各类工程都特别重视建筑材料质量及美学价值的研究。

8. 人类活动对场地稳定性的影响

测区内或测区附近人类的某些工程、经济活动，往往影响建筑场地的稳定性。例如，人工洞穴、地下采空、大挖大填、抽（排）水和水库蓄水引起的地面沉降、地表塌陷、诱发地震，渠道渗漏引起的斜坡失稳等，都会对场地稳定性带来不利影响，对它们的调查应予以重视。此外，场地内如有古文化遗迹和古文物，应妥善保护发掘，并向有关部门报告。

1.2.5 工程地质测绘成果

工程地质测绘资料整理应贯穿整个测绘工作的全过程，边搜集现场资料、边分析整理成图，并要及时总结。有些专门性问题要反复调查研究，寻找论据。测绘外业工作结束后，即应提出各种原始资料，包括地质记录、照片、素描图等。经过检查校核后，编制各种综合分析图表和正式图件，如工程地质平面图、地质剖面图和有关专门性地质图。

工程地质测绘和调查的成果资料包括实际材料图、综合工程地质图、工程地质分区图、综合地质柱状图、工程地质剖面图以及各种素描图、照片和文字说明等。

任务 1.3 岩土工程勘探

岩土工程勘探是在工程地质测绘的基础上，利用各种设备、工具直接或间接深入岩土层，查明地下岩土性质、结构构造、空间分布、地下水条件等内容的勘查工作，是探明深部地质情况的一种可靠方法。岩土工程勘探主要有钻探、坑探、物探方法。

1.3.1 岩土工程勘探任务和手段

1.3.1.1 岩土工程勘探的任务

1. 探明拟建场地或地段的岩土体工程特性和地质构造

确定各地层的岩性特征、厚度及其横向变化，按岩性详细划分地层，尤其需注意软弱岩层的岩性及其空间分布情况；确定天然状态下各岩、土层的结构和性质，基岩的风化深度和不同风化程度的岩石性质，划分风化带；确定岩层的产状，断层破碎带的位置、宽度和性质，节理、裂隙发育程度及随深度的变化，作裂隙定量指标的统计。

2. 探明拟建场地及其周围的水文地质条件

了解岩土的含水性，查明含水层、透水层和隔水层的分布、厚度、性质及其变化；各含水层地下水的水位（水头）、水量和水质；借助水文地质试验和监测，以了解岩土的透水性和地下水动态变化。

3. 探明拟建场地地貌和不良地质现象

查明各种地貌形态，如河谷阶地、洪积扇、斜坡等的位置、规模和结构；各种不良地质现象，如滑坡的范围、滑动面位置和形态、滑体的物质和结构；岩溶的分布、发育深度、形态及充填情况等。

4. 取样和提供野外试验条件

勘探工程进行同时采取岩、土、水样，供室内岩土试验和水质分析用。

在勘探工程中可作各种原位测试，如载荷试验、标准贯入试验、剪切试验、波速测试等岩土物理力学性质试验，岩体地应力量测，水文地质试验以及岩土体加固与改良的试验等。

5. 提供检验与监测的条件

利用勘探工程布置岩土体性状、地下水和不良地质现象的监测、地基加固与改良和桩基础的检验与监测。

6. 其他

如进行孔中摄影及孔中电视，喷锚支护灌浆处理钻孔，基坑施工降水钻孔，灌注桩钻孔，施工廊道和导坑等。

1.3.1.2　岩土工程勘探的特点

岩土工程勘探的任务决定了岩土工程勘探有如下特点：

（1）勘探范围取决于场地评价和工程影响所涉及的空间，除了深埋隧道和为了解专门地质问题而进行的勘探外，通常限定于地表以下较浅的深度范围内。

（2）除了深入岩体的地下工程和某些特殊工程外，大多数工程都坐落于第四系土层或基岩风化壳上。为了工程安全、经济和正常使用，对这一部分地质体的研究应特别详细。例如，应按土体的成分、结构和工程性质详细划分土层，尤其是软弱土层。风化岩体要根据其风化特性进行风化壳垂直分带。

（3）为了准确查明岩土的物理力学性质，在勘探过程中必须注意保持岩土的天然结构和天然湿度，尽量减少人为的扰动破坏。为此需要采用一些特殊的勘探技术，如采用薄壁取土器静压取土。

（4）为了实现工程地质、水文地质、岩土工程性质的综合研究以及与现场试验、监测等紧密结合，要求岩土工程勘探发挥综合效益，对勘探工程的结构、布置和施工顺序也有特殊的要求。

1.3.1.3　岩土工程勘探的手段

岩土工程勘探常用的手段有钻探工程、坑探工程及物探三类方法。

钻探和坑探工程是直接勘探手段，能较可靠地了解地下地质情况。钻探工程是使用最广泛的一类勘探手段，普遍应用于各类工程的勘探；由于它对一些重要的地质体或地质现象有时可能会误判、遗漏，所以也称它为"半直接"勘探手段。坑探工程勘探人员可以在其中观察编录，以掌握地质结构的细节；但是重型坑探工程耗资高，勘探周期长。物探是一种间接的勘探手段，它的优点是较之钻探和坑探轻便、经济而迅速，能够及时解决工程地质测绘中难于推断而又急待了解的地下地质情况，所以常常与测绘工作配合使用。它又可作为钻探和坑探的先行或辅助手段。

上述三种勘探手段在不同勘察阶段的使用应有所侧重。可行性研究勘察阶段的任务，是对拟建场地的稳定性和适宜性作出评价，主要进行工程地质测绘，勘探往往是配合测绘工作而开展的，而且较多地使用物探手段，钻探和坑探主要用来验证物探成果和取得基准剖面。初步勘察阶段应对建筑地段的稳定性做出岩土工程评价，勘探工作比重较大，以钻探工程为主，并利用勘探工程取样，作原位测试和监测。在详细勘察阶段，须提出详细的岩土工程资料和设计所需的岩土技术参数，并应对基础设计、地基处理以及不良地质现象的防治等具体方案作出论证和建议，以满足施工图设计的要求。因此须进行直接勘探，与其配合还应进行大量的原位测试工作。各类工程勘探坑孔的密度和深度都有详细严格的规定。在复杂地质条件下或特殊的岩土工程（或地区），还应布置重型坑探工程。此阶段的物探工作主要为测井，以便沿勘探井孔研究地质剖面和地下水分布等。

钻探、坑探和物探的原理和方法在相关教程中论述，这里重点论述这三类勘探手段在岩土工程勘察中的适用条件、所能解决的主要问题、编录要求，以及勘探工作的布置和施工等问题。

1.3.2　钻探方法

钻探方法是利用一定的设备、工具（即钻机）来破碎地壳岩石或地层，在地壳中形成一个钻孔，通过钻孔来了解地层深部地质情况的过程。

1.3.2.1　钻探方法的应用

1. 钻探特点

钻探是岩土工程勘察中应用最为广泛的一种可靠的勘探方法，与坑探、物探相比较，钻探有以下特点：

（1）钻探工程的布置，不仅要考虑自然地质条件，还需结合工程类型及其结构特点。如房屋建筑与构筑物一般应按建筑物的轮廓线布孔。

（2）除了深埋隧道以及为了解专门地质问题而进行的钻探外，孔深一般十余米至数十米，所以经常采用小型、轻便的钻机。

（3）钻孔多具综合目的，除了查明地质条件外，还要取样、作原位测试和监测等；有些原位测试往往与钻进同步进行，所以不能盲目追求进尺。

（4）在钻进方法、钻孔结构、钻进过程中的观测编录等方面，均有特殊的要求。如岩芯采取率、分层止水、水文地质观测、采取原状土样和软弱夹层、断层破碎带样品等要求。

2. 钻探类型和适用性

我国岩土工程勘探常用的钻探方法有冲击钻探、回转钻探、振动钻探和冲洗钻探；按动力来源又将它们分为人力和机械两种。其中机械回转钻探的钻进效率高，孔深大，又能采取岩芯，因此在岩土工程钻探中使用最广。

（1）冲击钻探。是利用钻具重力和下落过程中产生的冲击力使钻头冲击孔底岩土体并使其产生破坏，从而达到在岩土层中钻进的目的。包括冲击钻探和锤击钻探。根据适用工具不同还可以分为钻杆冲击钻探和钢绳冲击钻探。对于硬质岩土层（岩石层或碎石土）一般采用孔底全面冲击钻进；对于其他土层一般采用圆筒形钻头的刃口借助于钻具冲击力切削土层钻进。

（2）回转钻探。是采用底部焊有硬质合金的圆环状钻头进行钻进，钻进时一般要施加一定的压力，使钻头在旋转中切入岩土层以达到钻进的目的。它包括岩芯钻探、无岩芯钻探和螺旋钻探，岩芯钻探为孔底环状钻进，螺旋钻探为孔底全面钻进。

（3）振动钻探。是采用机械动力产生的振动力，通过连接杆和钻具传到钻头，振动力的作用使钻头能更快地破碎岩土层，因而钻进较快。该方法适合于在砂土层中，特别适合于颗粒组成相对均匀细小的中细砂土层中。

（4）冲洗钻探。利用高压水流冲击孔底土层，使之结构破坏，土颗粒悬浮并最终随水流循环流出孔外的钻进方法。由于是靠水流直接冲洗，因此无法对土体结构及其他相关特性进行观察鉴别。

上述四种常用钻探方法的适用范围详细情况见表 1.9。

表 1.9　　　　　　　　　　　　　　　钻探方法适用范围

钻探方法		钻 进 地 层					勘 察 要 求	
		黏性土	粉土	砂土	碎石土	岩石	直观鉴别、采取不扰动试样	直观鉴别、采取扰动试样
回转	螺旋钻探	++	+	+	-	-	++	++
	无岩芯钻探	++	++	++	+	++	-	-
	岩芯钻探	++	++	+	++	++	++	++
冲击	冲击钻探	-	+	++	++	-	-	-
	锤击钻探	++	+	++	+	-	++	++
振动钻探		++	++	++	+	-	+	++
冲洗钻探		+	++	++	-	-	-	-

注　"++"表示适用；"+"表示部分适用；"-"表示不适用。

3. 岩土工程钻探的一般要求

（1）当需查明岩土的性质和分布，采取岩土试样或进行原位测试时，可采用钻探、井探、槽探、洞探和地球物理勘探等。勘探方法的选取应符合勘察目的和岩土的特征。

（2）布置勘探工作时应考虑勘探对工程自然环境的影响，防止对地下管线、地下工程和自然环境的破坏。钻孔、探井和探槽完工后应妥善回填。

（3）静力触探、动力触探作为勘探手段时，应与钻探等其他勘探方法配合使用。

（4）进行钻探、井探、槽探和洞探时，应采取有效措施，确保施工安全。

（5）勘探浅部土层可采用的钻探方法有：①小口径麻花钻（或提土钻）钻进；②小口径勺形钻钻进；③洛阳铲钻进。

（6）钻探口径和钻具规格应符合现行国家标准的规定。成孔口径应满足取样、测试和钻进工艺的要求。

（7）钻探应符合下列规定：①钻进深度和岩土分层深度的量测精度，不应低于±5cm；

②应严格控制非连续取芯钻进的回次进尺，使分层精度符合要求；③对鉴别地层天然湿度的钻孔，在地下水位以上进行干钻；当必须加水或使用循环冲洗液时，应采用双层岩芯管钻进；④岩芯钻探的岩芯采取率，对完整和较完整岩体不应低于 80％，较破碎和破碎岩体不应低于 65％；⑤对需重点查明的部位（滑动带、软弱夹层等）应采用双层岩芯管连续取芯；⑥当需确定岩石质量指标（RQD）时，应采用 75 mm 口径（N 型）双层岩芯管和金刚石钻头；⑦定向钻进的钻孔应分段进行孔斜测量；倾角和方位的量测精度应分别为 ±0.0° 和 3.00°。

（8）钻探现场编录柱状图应按钻进回次逐项填写，在每一回次中发现变层时应分行填写，不得将若干回次、或若干层合并一行记录。现场记录不得誊录转抄，误写之处可以划去，在旁边作更正，不得在原处涂抹修改。

（9）为便于对现场记录检查核对或进一步编录，勘探点应按要求保存岩土芯样。土芯应保存在土芯盒或塑料袋中，每一回次至少保留一块土芯。岩芯应全部存放在岩芯盒内，顺序排列，统一编号。岩土芯样应保存到钻探工作检查验收为止。必要时应在合同规定的期限内长期保存，也可在检查验收结束后拍摄岩土芯样的彩色照片，纳入勘察成果资料。

（10）钻孔完工后，可根据不同要求选用合适材料进行回填。临近堤防的钻孔应采取干泥球回填，泥球直径以 2cm 左右为宜。回填时应均匀投放，每回填 2m 进行一次捣实。对隔水有特殊要求时，可用 4∶1 的水泥、膨润土浆液通过泥浆泵由孔底逐渐向上灌注回填。

（11）钻探操作的具体方法，应按《建筑工程地质钻探技术标准》（JGJ 87—92）执行。

1.3.2.2　钻孔的地质编录和资料整理

1. 钻孔观测与编录

（1）钻孔的记录和编录应符合下列要求：

1）野外记录应由经过专业训练的人员承担；记录应真实及时，按钻进回次逐段填写，严禁事后追记。

2）钻探现场可采用肉眼鉴别和手触方法，有条件或勘察工作有明确要求时，可采用微型贯入仪等定量化、标准化的方法。

3）钻探成果可用钻孔野外柱状图或分层记录表示；岩土芯样可根据工程要求保存一定期限或长期保存，亦可拍摄岩芯、土芯彩照纳入勘察成果资料。

（2）岩心观察、描述和编录。对岩心的描述包括地层岩性名称、分层深度、岩土性质等方面。不同类型的岩土其岩性描述内容为：

1）碎石土。颗粒级配；粗颗粒形状、母岩成分、风化程度，是否起骨架作用；充填物的成分、性质、充填程度；密实度；层理特征。

2）砂类土。颜色；颗粒级配、颗粒形状和矿物成分；湿度；密实度；层理特征。

3）粉土和黏性土。颜色；稠度状态；包含物；层理特征。

4）岩石。颜色；矿物成分；结构和构造；风化程度及风化表现形式，划分风化带；坚硬程度；节理、裂隙发育情况，裂隙面特征及充填胶结情况，裂隙倾角、间距，进行裂隙统计。必要时作岩芯素描。

（3）钻孔水文地质观测。钻进过程中应注意和记录冲洗液消耗量的变化。发现地下水后，应停钻测定其初见水位及稳定水位。如系多层含水层，需分层测定水位时，应检查分层止水情况，并分层采取水样和测定水温。

（4）钻进动态观察和记录。钻进动态能提供许多地质信息，所以钻孔观测、编录人员必须做好此项工作。在钻进过程中注意换层的深度、回水颜色变化、钻具陷落、孔壁塌、卡钻、埋钻和涌沙现象等，结合岩芯以判断孔内情况。

2．钻探资料整理

（1）钻孔柱状图。钻孔柱状图是钻孔观测与编录的图形化，它是钻探工作最主要的成果资料。该图是将钻孔内每一岩土层情况按一定的比例编制成柱状图，并作简明的描述。在图上还应在相应的位置上标明岩芯采取率、冲洗液消耗量、地下水位、岩芯风化分带、孔中特殊情况、代表性的岩土物理力学性质指标以及取样深度等。如果孔内作过测井和试验的话，也应将其成果在相应的位置上标出。所以，钻孔柱状图实际上是反映钻探工作的综合成果（表1.10）。

表1.10 现场钻孔柱状图表

| 工程名称： | 终孔深度： m | 孔口标高： | 钻机型号： | 钻进日期： 年 月 日 |
| 孔号： | 孔位坐标： X m Y m | | 地下水位： | 初见 m 静止 m |

层序	深度及标高/m	层厚	柱状图比例	岩性描述	岩芯		土样	原位测试	
					采取率/%	RQD/%	取样深度及取土器型号	类型	测试结果

编录：   制图：   校对：

（2）钻孔野外记录表和水文地质日志。钻孔野外记录表是最原始的钻孔编录资料。主要内容包括：各钻进回次的进尺及其岩芯采取率；岩层分界面深度；按分层记录的岩性及其采集标本的编号；岩石硬度等级；简易水文地质观测，主要有钻孔水位及耗水量的记录和钻进中发现的孔内情况，如泛水、漏水、掉块等的记录（表1.11）。

（3）岩土芯素描图及其说明。

1.3.3 坑探方法

1.3.3.1 坑探方法的应用

1．坑探的特点

坑探工程也称掘进工程、井巷工程，它是用人工或机械的方法在地下开凿挖掘一定的空间，以便直接观察岩土层的天然状态及各地层之间的接触关系等地质结构，并能取出接近实际的原状结构的岩土样或进行现场原位测试。它在岩土工程勘探中占有一定的地位。

坑探工程与一般的钻探工程相比较，其特点是：勘察人员能直接观察到地质结构，准确可靠，且便于素描；可不受限制地从中采取原状岩土样和用作大型原位测试。尤其对研究断层破碎带、软弱泥化夹层和滑动面（带）等的空间分布特点及其工程性质等，具有重要意义。

表 1.11　　　　　　　　　　　**钻孔野外记录表**

_____工程钻探野外记录　　　　　　　　全____页，第____页

钻井（探井）编号：_____　　　　　　　　　　　　孔（井）口标高：_____

工作地点：_____　　　　　　　　　　　　　　　　钻机型号：_____

钻孔口径　开孔_____ m　　　　　　　　　　　孔（井）口坐标　X =_____
　　　　　终孔_____ m　　　　　　　　　　　　　　　　　　　　Y =_____

地下水位　初见_____ m　　　　　　时间　自____年____月____日起
　　　　　静止_____ m　　　　　　　　　　自____年____月____日止

| 回次 | 进尺 | | 地层名称 | 地层描述 | | | | | 钻具 | | 岩石质量指标RQD | 岩芯采取率 | 土样 | | | | 原位测试类型及成果 | 钻进过程情况记载 |
	自	至		颜色	状态	密度	湿度	成分及其他	钻头	套管			编号	取样深度	取土器型号	回收率		

钻探机长：　　　　　　　　地质编录员：　　　　　　　　项目负责人：

坑探工程的缺点是：使用时往往受到自然地质条件的限制，耗费资金多而勘探周期长；尤其是重型坑探工程不可轻易采用。

2. 坑探的类型和适用性（表 1.12）

岩土工程勘探中常用的坑探工程有：探槽、试坑、浅井、竖井（斜井）、平洞和石门（平巷）。其中前三种为轻型坑探工程，后三种为重型坑探工程。

表 1.12　　　　　　　　　　　**各种坑探工程的特点和适用性**

名　称	特　点	适用条件
探槽	在地表深度小于 3～5m 的长条形槽子	剥除地表覆土，揭露基岩，划分地层岩性，研究断层破碎带；探查残坡积层的厚度和物质、结构
试坑	地表向下、铅直的、深度小于 3～5m 的圆形或方形小坑	局部剥除覆土，揭露基岩；做载荷试验、渗水试验，取原状土样
浅井	铅直的、深度 5～15m 的圆形或方形井	确定覆盖层及风化层的岩性及厚度；做载荷试验，取原状土样
竖井（斜井）	形状与浅井相同，但深度大于 15m，有时需支护	了解覆盖层的厚度和性质，作风化壳分带、软弱夹层分布、断层破碎带及岩溶发育情况、滑坡体结构及滑动面
平洞	在地面有出口的水平坑道，深度较大，有时需支护	调查斜坡地质结构，查明河谷地段的地层岩性、软弱夹层、破碎带、风化岩层等；做原位岩体力学试验及地应力量测，取样；布置在地形较陡的山坡地段
石门（平巷）	不出露地面而与竖井相连的水平坑道，石门垂直岩层走向，平巷平行	了解河底地质结构，做试验等

3. 岩土工程坑探的一般要求

（1）当钻探方法难以准确查明地下情况时，可采用探井、探槽进行勘探。在坝址、地

下工程、大型边坡等勘察中，当需详细查明深部岩层性质、构造特征时，可采用竖井或平洞。

（2）探井的深度不宜超过地下水位。竖井和平洞的深度、长度、断面按工程要求确定。

（3）对探井、探槽和探洞除文字描述记录外，尚应以剖面图、展示图等反映井、槽、洞壁和底部的岩性、地层分界、构造特征、取样和原位试验位置、并辅以代表性部位的彩色照片。

（4）坑探工程的编录应紧随坑探工程掌子面，在坑探工程支护或支撑之前进行。编录时，应于现场做好编录记录和绘制完成编录展示草图。

（5）探井、探槽完工后可用原土回填，每30cm分层夯实，夯实土干重度不小于15kN/m³。有特殊要求时可采用低标号混凝土回填。

1.3.3.2 坑探工程设计书的编制、坑探工程的观察、描述编录

1. 坑探工程设计书的编制

坑探工程设计书是在岩土工程勘探总体布置的基础上编制的。其主要内容包括：

（1）坑探工程的目的、类型和编号。

（2）坑探工程附近的地形、地质概况。

（3）掘进深度及其论证。

（4）施工条件。岩性及其硬度等级，掘进的难易程度，采用的掘进方法（铲、镐挖掘或爆破作业等）；地下水位，可能涌水状况，应采取的排水措施；是否需要支护及支护材料、结构等。

（5）岩土工程要求。包括掘进过程中应仔细观察、描述的地质现象和应注意的地质问题；对坑壁、顶、底板掘进方法的要求，是否许可采用爆破作业及作业方式；取样地点、数量、规格和要求等；岩土试验的项目、组数、位置以及掘进时应注意的问题；应提交的成果。

（6）施工组织、进度、经费及人员安排。

2. 坑探工程的观察、描述

坑探工程观察和描述，是反映坑探工程第一手地质资料的主要手段，所以在掘进过程中应认真、仔细地做好此项工作。观察、描述的内容包括：

（1）量测探井、探槽、竖井、斜井、平洞的断面形态尺寸和掘进深度。

（2）地层岩性的划分。第四系堆积物的成因、岩性、时代、厚度及空间变化和相互接触关系；基岩的颜色、成分、结构构造、地层层序以及各层间接触关系；应特别注意软弱夹层的岩性、厚度及其泥化情况。

（3）岩石的风化特征及其随深度的变化，作风化壳分带。

（4）岩层产状要素及其变化，各种构造形态；注意断层破碎带及节理、裂隙的研究；断裂的产状、形态、力学性质；破碎带的宽度、物质成分及其性质；节理裂隙的组数、产状、穿切性、延展性、隙宽、间距（频度），有必要时作节理裂隙的素描图和统计测量。

（5）水文地质情况描述。如地下水渗出点位置、涌水点及涌水量大小等。

（6）测量点、取样点、试验点的位置、编号及数据。

3. 坑探工程展视图

展视图是坑探工程编录的主要内容，也是坑探工程所需提交的主要成果资料。所谓展视图，就是沿坑探工程的壁、底面所编制的地质断面图，按一定的制图方法将三度空间的图形

展开在平面上。不同类型坑探工程展视图的编制方法和表示内容有所不同，其比例尺应视坑探工程的规模、形状及地质条件的复杂程度而定，一般采用 1：25～1：100。

（1）探槽展视图。首先进行探槽的形态测量。用罗盘确定探槽中心线的方向及其各段的变化，水平（或倾斜）延伸长度、槽底坡度。在槽底或槽壁上用皮尺作一基线（水平或倾斜方向均可），并用小钢尺从零点起逐渐向另一端实测各地质现象，按比例尺绘制于方格纸上。这样便得到探槽底部或某一侧壁的地质断面图。除侧壁和槽底外，有时还要将端壁断面图绘出。作图时需考虑探槽延伸方向和槽底坡度的变化，此种情况应在转折处分开，分段绘制。

展视图展开的方法有两种：一种是坡度展开法，即槽底坡度的大小，以壁与底的夹角表示。此法的优点是符合实际；缺点是坡度陡而槽长时不美观，各段坡度变化较大时也不易处理。另一种是平行展开法，即壁与底平行展开。这是经常被采用的一种方法，它对坡度较陡的探槽更为合适，如图 1.1 所示。

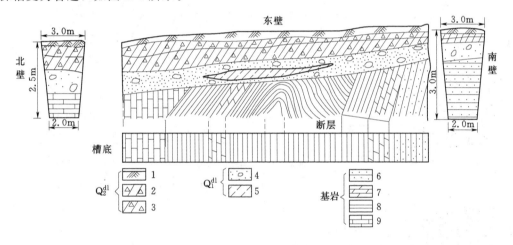

图 1.1　探槽展示图

1—表层土；2—含碎石粉土；3—含碎石粉质黏土；4—含漂石和卵石的砂土；5—粉土；

6—云母砂岩；7—白云岩；8—页岩；9—灰岩

（2）试坑（浅井、竖井）展视图。此类铅直坑探工程的展视图，也应先进行形态测量，然后作四壁和坑（井）底的地质素描。其展开的方法也有两种：一种是四壁辐射展开法，即以坑（井）底为平面，将四壁各自向外翻倒投影而成，一般适用于作试坑展视图；另一种是四壁平行展开法，即四壁连续平行排列，如图 1.2 所示。它避免了四壁辐射展开法因探井较深导致的缺陷。所以这种展开法一般适用于浅井和竖井。四壁平行展开法的缺点是，当探井四壁不直立时图中无法表示。

（3）平洞展视图。平洞在掘进过程中往往需要支护，所以应及时作地质编录。平洞展视图从洞口作起，随掌子面不断推进而分段绘制，直至掘进结束。其具体做法是：先画出洞底中线，平洞的宽度、高度、长度、方向以及各种地质界线和现象，都是以这条中线为基准绘出来的。当中线有弯曲时，应于弯曲处将位于凸出侧之洞壁裂一叉口，以调整该壁内侧与外侧的长度。如果弯曲较大时，则可分段表示。洞底的坡度用高差曲线表示。该展视图五个洞壁面全面绘出，平行展开，如图 1.3 所示。

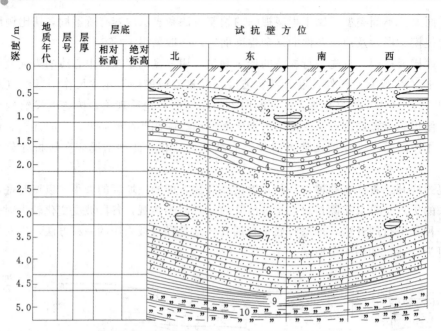

图 1.2　用四壁平行展开法绘制的浅井展示图

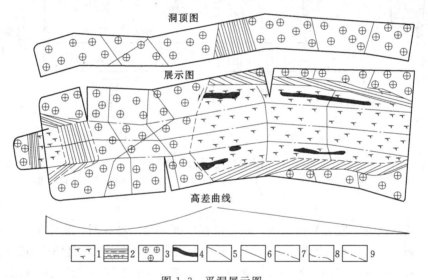

图 1.3　平洞展示图

1—凝灰岩；2—凝灰质页岩；3—斑岩；4—细粒凝灰岩夹层；5—断层；
6—节理；7—洞底中线；8—洞底壁分界线；9—岩层分界线

1.3.4　物探方法

1.3.4.1　物探方法的应用

物探工程是以地下岩土层（或地质体）的物性差异为基础，利用专门的仪器观测自然或人工物理场的变化，确定各种地质体物理场的分布情况（规模、形状、埋深等）。通过对其数据及绘制的曲线进行分析解释，从而划分地层、判定地质构造、水文地质条件及各种不良地质现象的勘探方法，又称为地球物理勘探。由于地质体具有不同的物理性质（导电性、弹性、磁性、密度、放射性等）和不同的物理状态（含水率、空隙性、固结状态等），它们为利用物探方法研究各种不同的地质体和地质现象的物理场提供了前提。通过量测这些物理场的分布和变化特征，结合已知的地质资料进行分析研究，就可以达到推断地质性状的目的。

1. 常用工程物探方法及特点

电法勘探：包括电剖面法、电测深法、高密度电法、充电法、自然电场法、激发极化法、瞬变电磁法、可控源音频大地电磁测深法等方法。

利用探地雷达，可选择剖面法、多剖面法、单孔法、宽角法、环形法、透射法等多种方法。

利用地震勘探，可采用浅层折射波法、浅层反射波法和瑞雷波法等方法。

利用弹性波测试，包括声波法和地震波法。声波法可选用单孔声波、穿透声波、表面声波、声波反射、脉冲回波等；地震波法可选用地震测井、穿透地震波速测试、连续地震波速测试等。

层析成像，包括声波层析成像、地震波层析成像、电磁波吸收系数层析成像或电磁波速度层析成像等。

物探工程的特点是：速度快、效率高、成本低、设备轻便，但结果具有多解性，属于间接的方法。因此，在工程勘察中应与其他勘探工程（钻探和坑探）等直接方法相结合使用。

物探工程的主要作用有：

（1）作为钻探的先行手段，了解隐蔽的地质界限、界面或异常点（如基岩面、风化带、断层破碎带、岩溶洞穴等）。

（2）作为钻探的辅助手段，在钻孔之间增加地球物理勘探点，为钻探成果的内插、外推提供依据。

（3）作为原位测试手段，测定岩土体的波速、动弹性模量、土对金属的腐蚀性等参数。

物探工程主要解决的问题有：

（1）测定覆盖层的厚度，确定基岩的埋深和起伏变化。

（2）追溯断层破碎带和裂隙密集带。

（3）研究岩石的弹性性质，测定岩石的动弹性模量和泊松比。

（4）划分岩体的风化带、测定风化壳厚度和新鲜基岩的起伏变化。

物探工程的种类很多，在岩土工程勘察中运用最普遍的是电阻率法和地震折射波法。近年来，地质雷达和声波测井的运用效果较好，本节重点介绍几种物探方法及适用范围。

2. 物探一般要求

（1）应用地球物理勘探方法时，应具备下列条件：

1）被探测对象与周围介质之间有明显的物理性质差异。

2）被探测对象具有一定的埋藏深度和规模，且地球物理异常有足够的强度。

3）能抑制干扰，区分有用信号和干扰信号。

4）在有代表性地段进行方法的有效性试验。

（2）地球物理勘探，应根据探测对象的埋深、规模及其与周围介质的物性差异，选择有效的方法。

（3）地球物理勘探成果判释时，应考虑其多解性，区分有用信息与干扰信号。需要时应采用多种方法探测，进行综合判释，并应有已知物探参数或一定数量的钻孔验证。

1.3.4.2　常见物探方法简介

常见物探方法及其在岩土工程中的应用见表1.13。下面介绍电阻率法和地震折射波法。

表 1.13　　　　　　　　　　　　物探方法及其在岩土工程中的应用

类别	方法名称		适用范围
电法	电阻率法	电剖面法	测定基岩埋深，探测隐伏断层、破碎带，探测地下洞穴，探测地下或水下隐埋物体
		电测深法	测定基岩埋深，划分松散沉积层序和基岩风化带，探测隐伏断层、破碎带，探测地下洞穴，测定潜水面深度和含水层分布，探测地下或水下隐埋物体
	充电法		探测地下洞穴，测定地下水流速、流向，探测地下或水下隐埋物体，探测地下管线
	自然电场法		探测隐伏断层、破碎带，测定地下水流速、流向
	激发极化法		探测隐伏断层、破碎带，探测地下洞穴，划分松散沉积层序，测定潜水面深度和含水层分布，探测地下或水下隐埋物体
	高密度电阻率法		测定潜水面深度和含水层分布，探测地下或水下隐埋物体
电磁法	电磁感应法		测定基岩埋深，探测隐伏断层、破碎带，探测地下洞穴，探测地下或水下隐埋物体，探测地下管线
	频率测深		测定基岩埋深，划分松散沉积层序和基岩风化带，探测隐伏断层、破碎带，探测地下洞穴，探测河床水深及沉积泥沙厚度，探测地下或水下隐埋物体，探测地下管线
	甚低频法		探测隐伏断层、破碎带，探测地下或水下隐埋物体，探测地下管线
	地质雷达		测定基岩埋深、划分松散沉积层序和基岩风化带，探测隐伏断层、破碎带，探测地下洞穴，测定潜水面深度和含水层分布，探测河床水深及沉积泥沙厚度，探测地下或水下隐埋物体，探测地下管线
	地下电磁波法		探测隐伏断层、破碎带，探测地下洞穴，探测地下或水下隐埋物体，探测地下管线
地震波法	折射波法		测定基岩埋深、划分松散沉积层序和基岩风化带，测定潜水面深度和含水层分布，探测河床水深及沉积泥沙厚度
	反射波法		测定基岩埋深、划分松散沉积层序和基岩风化带，探测隐伏断层、破碎带，探测地下洞穴，测定潜水面深度和含水层分布，探测河床水深及沉积泥沙厚度，探测地下或水下隐埋物体，探测地下管线
	直达波法		划分松散沉积层序和基岩风化带
	瑞雷波法		测定基岩埋深、划分松散沉积层序和基岩风化带，探测地下洞穴，探测地下隐埋物体，探测地下管线
声波法	声波法		测定基岩埋深、划分松散沉积层序和基岩风化带，探测隐伏断层、破碎带，探测洞穴和地下或水下隐埋物体，探测地下管线，探测滑坡体的滑动面
	声纳法		探测河床水深及沉积泥沙厚度，探测地下或水下隐埋物体，河床断面测量
地球物理测井（放射性测井、电测井、电视测井）			划分松散沉积层序和基岩风化带，探测地下洞穴，测定潜水面深度和含水层分布，探测地下或水下隐埋物体

1. 电阻率法

电阻率法是依靠人工建立直流电场，在地表测量某点垂直方向或水平方向的电阻率变化，从而推断地表下地质体性状的方法。

设地层为均质各向同性的，当向地表下通过电流时，地层电阻率的大小都一样，电流线的分布如图 1.4 所示。A、B 为供电电极，M、N 为测量电极，当 A 和 B 供电时，用仪器测出 M 点和 N 点之间的电位差和电流值，则可计算地层的视电阻率（非真实电阻率，是非均质体的综合反映）。当地层结构沿水平方向或垂直方向发生变化时，其电阻率的分布也发生变化，通过调整电极的间距并在地表上沿测线移动，就可测出不同水平方向或垂直方向

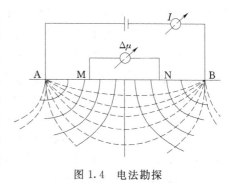

图 1.4　电法勘探

上地质体的电阻率变化，从而了解地表下地质体的结构变化。

电阻率法主要可以解决下列地质问题：

（1）确定不同的岩性，进行地层岩性的划分。

（2）探查褶皱构造形态，寻找断层。

（3）探查覆盖层厚度、基岩起伏及风化壳厚度。

（4）探查含水层的分布情况、埋藏深度及厚度，寻找充水断层及主导充水裂隙方向。

（5）探查岩溶发育情况及滑坡体的分布范围。

（6）寻找古河道的空间位置。

2. 地震折射波法

地震折射波法是通过人工激发的地震波在地壳内传播的特点来探查地质体的一种物探方法。在岩土工程勘察中运用最多的是高频（小于 200～300Hz）地震波浅层折射法，可以研究深度在 100m 以内的地质体。

地震折射波法主要解决的问题：

（1）测定覆盖层的厚度，确定基岩的埋深和起伏变化。

（2）追索断层破碎带和裂隙密集带。

（3）研究岩石的弹性性质，测定岩石的动弹性模量和动泊松比。

（4）划分岩体的风化带，测定风化壳厚度和新鲜基岩的起伏变化。

1.3.5　勘探工作的布置和施工顺序

布置勘探工程总的要求，应是以尽可能少的工作量取得尽可能多的地质资料。在勘探设计之前，应明确各项勘察工作执行的规范标准，除了应遵守各项国家的有关规范校外，还应遵守地方及行业的有关规范标准，特别是国家的强制性规范标准，要不折不扣地予以执行，并应符合规范的具体要求。为此，作勘探设计时，必须要熟悉勘探区已取得的地质资料，并明确有关规范标准及勘探的目的和任务。将每一个勘探工程都布置在关键地点，且发挥其综合效益。

1. 勘探工作的布置

（1）勘探总体布置形式。

1）勘探线。按特定方向沿线布置勘探点（等间距或不等间距），了解沿线工程地质条

件，绘制工程地质剖面图。用于初勘阶段、线形工程勘察、天然建材初查。

2）勘探网。勘探网选布在相互交叉的勘探线及其交叉点上，形成网状。

3）结合建筑物基础轮廓，一般工程建筑物设计要求，勘探工作按建筑物基础类型、型式、轮廓布置，并提供剖面及定量指标。

（2）布置勘探工作时应遵循的原则。

1）勘探工作应在工程地质测绘基础上进行。

2）无论是勘探的总体布置还是单个勘探点的设计，都要考虑综合利用。

3）勘探布置应与勘察阶段相适应。不同的勘察阶段，勘探的总体布置、勘探点的密度和深度、勘探手段的选择及要求等，均有所不同。

4）勘探布置应随建筑物的类型和规模而异。不同类型的建筑物，其总体轮廓、荷载作用的特点以及可能产生的岩土工程问题不同，勘探布置亦应有所区别。

5）勘探布置应考虑地质、地貌、水文地质等条件。一般勘探线应沿着地质条件等变化最大的方向布置。勘探点的密度应视工程地质条件的复杂程度而定。

6）在勘探线、网中的各勘探点，应视具体条件选择不同的勘探手段，以便互相配合，取长补短，有机地联系起来。

（3）勘探坑孔布置的原则。

1）地貌单元及其衔接地段，勘探线应垂直地貌单元界限，每个地貌单元应有控制坑孔，两个地貌单元之间过渡地带应有钻孔。

2）断层，在上盘布坑孔，在地表垂直断层走向布置坑探，坑孔应穿过断层面。

3）滑坡，沿滑坡纵横轴线布孔、井，查明滑动带数量、部位、滑体厚度。坑孔深应穿过滑带到稳定基岩。

4）河谷，垂直河流布置勘探线，钻孔应穿过覆盖层并深入基岩5m以上，防止误把漂石当作基岩。

5）查明陡倾地质界面，使用斜孔或斜井，相邻两孔深度所揭露的地层相互衔接为原则，防止漏层。

2. 勘探坑孔间距的确定

各类建筑勘探坑孔的间距，是根据勘察阶段和岩土工程勘察等级来确定的。坑孔间距的确定原则：

（1）勘察阶段。不同的勘察阶段，其勘察的要求和岩土工程评价的内容不同，因而勘探坑孔的间距也各异。初期勘察阶段的主要任务是为选址和进行可行性研究，对拟选场址的稳定性和适宜性作出岩土工程评价，进行技术经济论证和方案比较，满足确定场地方案的要求。由于有若干个建筑场址的比较方案，勘察范围大，因此勘探坑孔稀少，其间距较大。当进入到详细、施工勘察阶段，要对场地内建筑地段的稳定性做出岩土工程评价，确定建筑总平面布置，进而对地基基础设计、地基处理和不良地质现象的防治进行计算与评价，以满足施工设计的要求。此时勘察范围缩小而勘探坑孔增多，因而勘探坑孔间距较小。

（2）岩土工程勘察等级。不同的岩土工程勘察等级，表明了建筑物的规模和重要性以及场地工程地质条件的复杂程度、地基的复杂程度。显然，在同一勘察阶段内，属甲级勘察等级者，因建筑物规模大而重要或场地工程地质复杂，勘探坑孔间距较小。而乙、丙级勘察等级的勘探坑孔间距相对较大。

（3）《岩土工程勘察规范》（GB 50021—2001）明确规定了各类建筑在不同勘察阶段和岩土工程勘察等级的勘探线、点间距，以指导勘探工程的布置。在实际工作中，应在满足《规范》要求的基础上，根据具体情况合理地确定勘探工程的间距，决不能机械照搬。

3. 勘探坑孔深度的确定

确定勘探坑孔深度的含义包括两个方面：一是确定坑孔深度的依据；二是施工时终止坑孔的标志。概括起来说，勘探坑孔深度应根据建筑物类型、勘察阶段、岩土工程勘察等级以及所评价的岩土工程问题等综合考虑。

根据各工程勘察部门的实践经验，大致依据《岩土工程勘察规范》（GB 50021—2001）规定、对岩土工程问题分析评价的需要以及具体建筑物的设计要求等，确定勘探坑孔的深度。

《岩土工程勘察规范》（GB 50021—2001）规定的勘探坑孔深度，是在各工程勘察部门长期生产实践的基础上确定的，有重要的指导意义。例如，对房屋建筑与构筑物明确规定了初勘和详勘阶段勘探坑孔深度，还就高层建筑采用不同基础型式时勘探孔深度的确定作出了规定。

分析评价不同的岩土工程问题，所需要的勘探深度是不同的。例如，为评价滑坡稳定性时，勘探孔深度应超过该滑体最低的滑动面。为房屋建筑地基变形验算需要，勘探孔深度应超过地基有效压缩层范围，并考虑相邻基础的影响。

作勘探设计时，有些建筑物可依据其设计标高来确定坑孔深度。例如，地下洞室和管道工程，勘探坑孔应穿越洞底设计标高或管道埋设深度以下一定深度。

此外，还可依据工程地质测绘或物探资料的推断确定勘探坑孔的深度。

在勘探坑孔施工过程中，应根据该坑孔的目的任务而决定是否终止，切不能机械地执行原设计的深度。例如，对岩石风化分带目的的坑孔，当遇到新鲜基岩时即可终止。为探查河床覆盖层厚度和下伏基岩面起伏的坑孔，当穿透覆盖层进入基岩内数米后才能终止，以免将大孤石误认为是基岩。

4. 勘探工程的施工顺序

设计勘探工程的合理施工顺序，既能提高勘探效率，取得满意的成果，又节约勘探工作量。为此，在勘探工程总体布置的基础上，须重视和研究勘探工程的施工顺序问题。

一项建筑工程，尤其是场地地质条件复杂的重大工程，需要勘探解决的问题往往较多。由于勘探工程不可能同时全面施工，而必须分批进行。这就应根据所需查明问题的轻重主次，同时考虑到设备搬迁方便和季节变化，将勘探坑孔分为几批，按先后顺序施工。先施工的勘探坑孔，必须为后继勘探坑孔提供进一步地质分析所需的资料。所以在勘探过程中应及时整理资料，并利用这些资料指导和修改后继坑孔的设计和施工。因此选定第一批施工的勘探坑孔具有的重要意义。

根据实践经验，第一批施工的勘探坑孔应为：对控制场地工程地质条件具关键作用和对选择场地有决定意义的坑孔；建筑物重要部位的坑孔；为其他勘察工作提供条件，而施工周期又比较长的坑孔；在主要勘探线上的控制性勘探坑孔。考虑到洪水的威胁，应在枯水期尽量先施工水上或近水的坑孔。由此可知，第一批坑孔的工程量是比较大的。

【实例1.1】 郑州某高层建筑场地勘察报告对勘探工作布置描述

1. 工程概况

该工程位于郑州市东区某繁华地段，该建筑物为高级商务办公综合楼，楼顶设有直升机停机坪，主楼地上25层，高95.0m，框筒结构，裙楼为4层商业餐厅、大堂，框架结构，主裙房均设2层地下室，预估基础埋深9.0m，拟采用复合地基或桩基础。工程特性见表1.14。

表 1.14　　　　　　　　　　　工 程 特 征 一 览 表

工程名称	主　楼	裙　楼	地 下 车 库
建筑物层数	25层 (99.9m)	4	
地下室层数/层	2	2	2
基础埋深/m	9.0	9.0	9.0
结构型式	框筒结构	框架结构	框架结构
预估基底压力/kPa	530	152	80
预估单柱荷载/kN	35000	4608	
柱网尺寸/(m×m)	9.7×8.0	8.0×8.0	8.0×8.0
地基基础形式	复合地基或桩基础	复合地基或桩基础	复合地基或桩基础

2. 勘察工作布置

(1) 勘察工作布置依据：

1)《岩土工程勘察规范》(GB 50021—2001)。

2)《高层建筑岩土工程勘察规程》(JGJ 72—2004)。

3)《建筑地基基础设计规范》(GB 50007—2002)。

4)《建筑抗震设计规范》(GB 50011—2010)。

5)《建筑桩基技术规范》(JGJ 94—94)。

6)《建筑地基处理技术规范》(JGJ 79—2012)。

7)《建筑基坑支护技术规程》(JGJ 120—99)。

8)《静力触探技术标准》(CECS 04：88)。

9)《建筑工程地质钻探技术标准》(JGJ 87—92)。

10)《原状土取样技术标准》(JGJ 89—92)。

11)《土工试验方法标准》(GB/T 50123—1999)。

(2) 勘察工作布置。依据 GB 50021—2001 及 JGJ 72—2004，结合建筑物结构及荷载特点，勘探点位置沿建筑物角点、周边和中心布置，共布置勘探孔17个。

1) 勘探点间距的确定。按照 GB 50021—2001 第4.1.15 条及 JGJ 72—2004 第4.1.3 条，考虑建筑物的周边、角点并兼顾控制整个场地，确定主楼勘探点间距19.0～31.0m，裙楼及地下车库勘探点间距20.0～35.0m。

2) 勘探孔深度的确定。考虑到主楼可能采用柱下承台桩基础，按照 JGJ 94—94 结合该建筑的特征及场地地质条件，预估有效桩长40m左右，因基础埋深9.0m左右，则桩入土深度50m左右，按照 JGJ 94—94 第3.1.2.2 条，一般性勘探点应深入桩端平面下3～5m。因此，确定主楼一般性孔深 55m，控制性孔深 70m；若按桩筏基础考虑，根据按照 JGJ 72—2004 第 4.2.4 条，控制孔按桩端平面下（1.0～1.5）B 的深度考虑，桩入土深度 35m，本建筑地基基础宽度约 35m，控制孔深为桩端以下 1B 考虑，则主楼控制性勘探孔深 70m；考虑到主楼和裙楼为同一结构体宜采用同一基础形式，因此裙楼可采用承台下钻孔灌注桩桩基础方案，根据场地地质条件，预估桩长 15m 左右，因此确定裙楼的一般性孔深 28～30m，控制性孔深 35m。

对于两层地下室，考虑到抗浮作用，拟采用抗浮锚杆（桩），根据邻近场地的建筑经验，预估抗浮锚杆长 15m 左右，因此确定本场地二层地下室勘探孔深为 30m。

同时为确定场地土类型，判定建筑场地类别及确定本场地覆盖层厚度，在本场地布置波速测试孔 2 个，孔深为 85.0m。

（3）勘探方法的选择简述。为准确测定有关岩土参数及相关勘察评价指标，以针对性、实用性为原则，综合采用钻探、静探、标贯、波速测试、室内试验等多种勘察手段开展本次勘察工作。

1）钻探。采用 DPP - 100 型车装钻机进行施工，目的是查明地层结构及分布规律，回转钻进，泥浆护壁，全部采芯，黏性土岩芯采取率不低于 90%，砂土层岩芯采取率不低于 75%，并观察记录各土层宏观特征，通过对不同深度的土体采样分析试验，确定地基土承载力及其物理力学性质指标。

2）静探。静力触探采用原装 20t 液压静力触探双桥探头测试，微机自动采集信息，经处理后绘制单孔静力触探曲线，目的是准确划分地层，评价地基土的均匀程度，确定地基土承载力及变形参数。

3）标准贯入试验。标准贯入试验采用 ϕ42mm 钻杆，63.5kg 标准落锤，自由落体法进行试验。本场地共布置标贯孔 4 个，20m 以上一米一标贯，主要用于液化判别；其他勘探孔见砂土层均进行一定数量的标贯，以确定各层地基土承载力、变形参数及成桩的难易程度。

4）波速测试。本工程布置波速测试孔 2 个，采用单孔检层法，沿钻孔不同深度测定土层剪切波速的变化。目的是提供各层土的剪切波速值，确定场地覆盖层厚度，判定场地土类型，划分建筑场地类别。

（4）室内试验方法的选择。根据本工程存在的岩土工程问题有针对性地进行室内试验。通过室内试验，确定地基土的有关物理力学性质指标，为岩土工程综合评价提供依据：

1）一般物性指标试验。测定土的一般物理性质指标，用来判定土的一般物理性质。

2）固结试验（包括高压固结试验）。用来判定土的压缩性，测定各层土的压缩模量、压缩系数等变形参数，高压固结试验用于提供桩端以下各层土在不同压力段下的变形参数。

3）静三轴剪切试验。测定浅部土层的固结不排水抗剪强度，为基坑开挖支护工程提供设计参数。

4）直剪试验。测定土层的直接剪切强度指标，与静三轴抗剪强度指标相互印证，综合判定地基土的抗剪强度。

5）颗粒分析及黏粒分析。20m 以上饱和粉土以六偏磷酸钠做分散剂，作黏粒含量分析。砂层样作颗粒分析，确定砂土名称。

6）渗透试验。测定土层的渗透性，为基坑降水和地基基础设计提供参数。

7）水质分析。主要用来判定地下水对建筑材料的腐蚀性。

8）有机质含量分析。为准确确定土层名称及分析评价有机质土对工程施工的影响并调整有关设计及施工参数，对场地第⑧层软塑状态粉质黏土取样作有机质含量分析。

【实例1.2】　成都市某建筑场地勘察报告对勘探工作布置描述

1. 工程概况

××投资有限公司拟在成都市××县投资兴建××项目，受其委托，我公司承担了该项目详细勘察阶段的岩土工程勘察工作。设计工作由××建筑设计有限公司完成。

根据设计方提供的总平面图，该项目由5栋建筑物组成，建筑物详细情况见表1.15，具体位置详见勘探点平面位置图（NO：01）。

表1.15　　　　　　　　　　　　建筑物概况一览表

建筑物名称	结构类型	筑物层数	±0.00标高	拟采用基础类型	单位荷重/[kN/（m²·层）]
小学	框架	4F	497.50	独立基础	20
幼儿园	框架	3F	497.50	独立基础	20
篮、排、乒场地	—	—	—	—	—
游泳馆及配套用房	框架	2F	494.50	独立基础	20
厕所	框架	1F	492.70	独立基础	20
体育公园配套用房	框架	2F	494.50	独立基础	20

2. 岩土工程勘察等级

本工程重要性等级为二级，场地和地基等级均为二级，根据《岩土工程勘察规范》（GB 50021—2001）（2009年版）综合判定，该工程勘察等级为乙级。

3. 勘察目的和要求

针对拟建物建筑性质，按现行规范的有关规定，本次岩土工程勘察的主要目的是：

（1）查明场地稳定性及有无不良地质作用。

（2）查明建筑范围内岩土的类型、深度、分布、工程特性、分析和评价地基的稳定性、均匀性和承载力。

（3）查明场地内有无河道、沟浜、墓穴、防空洞及孤石等对工程不利的埋藏物。

（4）确定场地土类型、建筑场地类别；判定场地内是否存在液化土层，评价场地抗震性能，并提供场地抗震设计的有关参数。

（5）了解场地内地下水的埋藏条件，提供地下水水位及其变化幅度，并判定水和土对建筑材料的腐蚀性等。

（6）对地基土的工程性质进行评价，提供地基基础设计和施工所需的有关岩土参数，并对基础设计、地基处理、不良地质作用的防治及施工提出合理建议。

4. 勘察工作的依据

本次勘察依据下列现行国家标准及行业规范：

（1）《岩土工程勘察规范》（GB 50021—2001）（2009年版）。

（2）《建筑地基基础设计规范》（GB 50007—2011）。

（3）《建筑抗震设计规范》（GB 50011—2010）。

（4）《建筑桩基技术规范》（JGJ 94—2008）。

（5）《成都地区建筑地基基础设计规范》（DB 51/T 5026—2001）。

（6）《膨胀土地区建筑技术规范》（GBJ 112—87）。

（7）《工程岩体分级标准》（GB 50218—94）。

（8）《土工试验方法标准》（GB/T 50123—1999）。

（9）《原状土取样技术标准》（JGJ 89—92）。

（10）《建筑工程地质钻探技术标准》（JGJ 87—92）。

（11）《建筑工程地质勘探与取样技术规范》（JGJ/T 87—2012）。

（12）《建筑地基处理技术规范》（JGJ 79—2002）。

5. 勘察方案及实施情况

（1）勘探点平面布置。依据《岩土工程勘察规范》（GB 50021—2001）（2009 年版）的有关规定，按照拟建建（构）筑物的平面形式及荷载分布，本次勘察勘探点沿拟建物的角点及建筑物轴线进行针对性布置，按照总平面图布置钻孔 81 个，勘探深度 4.6～9.9m。整个场地取岩、土样孔 24 个，标贯试验孔 18 个。各勘探孔位置详见勘探点平面位置图（NO：01）。

（2）勘探点深度。根据场地的条件和设计提供的±0.00m 地面设计标高，并结合《岩土工程勘察规范》（GB 50021—2001）（2009 年版）的详细勘察深度要求，钻孔勘探深度进入±0.00m 以下的稳定基岩不小于 3～5m。

（3）勘探方法及手段：

1）工程地质调查。收集和研究场地区域地质、地震资料及场地附近已有的工程勘察、设计和施工技术资料和经验，进行现场踏勘及工程地质调查。

2）钻探。目的是查明地基土结构、性质、鉴别土质类别及特性，确定各工程地质层及亚层的分布埋藏界限，采取岩（土）及地下水试样。

3）原位测试。本次主要为标准贯入试验（$N_{63.5}$），是评价黏性土及可塑黏土、硬塑黏土、强风化砂岩力学性质的有效方法之一。

4）室内土工试验。对采取的岩（土）试样及地下水试样进行室内土工试验，以得到其物理力学参数。

5）资料整理。对野外资料及搜集资料进行分析整理，编制岩土工程报告。

（4）勘探工作量。本工程本次实际工作量汇总情况见表 1.16。

表 1.16　　　　　　　　　勘 探 工 作 量 一 览 表

项　　　目		单　　　位	工　　作　　量	质 量 评 述
回旋钻进	钻孔	个	81	本次钻探所取岩芯进行的岩性分层、试样采集、孔内原位测试，钻孔深度垂直、岩芯编录、岩芯采取率符合规范和设计要求，满足规范和设计要求
	进尺	m	615.4	
取样	取土样	件	12	
	取岩样	件	12	
	取水样	件	0	
原位测试	标贯试验	次	18	符合规范要求

续表

项　目		单　位	工 作 量	质 量 评 述
室内试验	土工试验	件	24	本次所采集的试样，密封储运较好，测试精度高，成果可靠。
	土腐蚀性分析	件	2	高，成果可靠。
	水质分析	组	2	出水点采集的试样，用于评价地下水的腐蚀性，测试按规程进行，成果可靠
勘探测放点		孔点	81	采用高精度激光全站仪进行放样定位，测量精度满足规范要求，成果可靠

任务 1.4　岩土工程室内试验、原位测试

1.4.1　岩土工程室内试验的项目内容

1. 土的室内试验项目内容

砂土：颗粒级配、相对密度、天然含水率、天然密度、最大和最小密度。（无法取得 I 级、II 级、III 级土试样时，可只进行颗粒级配试验）

粉土：天然含水率、天然密度、饱和度、孔隙比、液限、塑限、相对密度、有机质含量、黏粒含量。

黏性土：孔隙比、天然密度、饱和度、液限、塑限、相对密度、天然含水率、和有机质含量。

目测鉴定不含有机质时，可不进行有机质含量试验。

测定液限时，应根据分类评价要求，选用《土工试验方法标准》（GB/T 50123—1999）规定的方法，并应在试验报告上注明。有经验的地区，相对密度可根据经验确定。

当需进行渗流分析，基坑降水设计等要求提供土的透水性参数时，可进行渗透试验。常水头试验适用于砂土和碎石土；变水头试验适用于粉土和黏性土；透水性很低的软土可通过固结试验测定固结系数、体积压缩系数，计算渗透系数。土的渗透系数取值应与野外抽水试验或注水试验的成果比较后确定。

当需对土方回填或填筑工程进行质量控制时，应进行击实试验，测定土的干密度与含水率关系，确定最大干密度和最优含水率。

2. 岩石的室内实验项目内容

岩石的成分和物理性质试验可根据工程需要选定下列项目。

（1）岩矿鉴定。

（2）颗粒密度和块体密度试验。

（3）吸水率和饱和吸水率试验。

（4）耐崩解性试验。

（5）膨胀试验。

（6）冻融试验。

单轴抗压强度试验应分别测定干燥和饱和状态下的强度，并提供极限抗压强度和软化系数。岩石的弹性模量和泊松比，可根据单轴压缩变形试验测定。对各向异性明显的岩石应分别测定平行和垂直层理面的强度

岩石三轴压缩试验宜根据其应力状态选用四种围压，并提供不同围压下的主应力差与轴向应变关系、抗剪强度包络线和强度参数 C、ϕ 值。

岩石直接剪切试验可测定岩石以及节理面、滑动面、断层面或岩层层面等不连续面上的抗剪强度，并提供 C、ϕ 值和各法向应力下的剪应力与位移曲线。

岩石抗拉强度试验可在试件直径方向上，施加一对线性荷载，使试件沿直径方向破坏，间接测定岩石的抗拉强度。

当间接确定岩石的强度和模量时，可进行点荷载试验和声波速度测试。

1.4.2　原位测试的试验项目内容

1. 土体力学性质试验

常见的土体力学原位测试方法有静力载荷试验、静力触探试验、动力触探试验、十字板剪切试验、旁压实验。

（1）静荷载试验。保持地基土天然状态下，在一定面积的承压板上向地基土逐级施加荷载，观察每级荷载下地基土的变形特征。测试反映了承压板下 1.5～2.0 倍承压板宽的深度内土层应力-应变-时间关系的综合形状。

静荷载试验的优点是对地基土不产生扰动；利用其成果确定的地基承载力最可靠，可直接用于工程设计；其成果预估建筑物的沉降量效果也很好。不足之处是费用较高，耗时长。

静荷载试验适用于所有类型地基土层；试验成果用于确定地基土承载力和变形模量。

（2）静力触探试验。把具有一定规格的圆锥形探头借助机械匀速压入土中，以测定探头阻力等参数的一种原位测试方法。

静力触探试验优点是兼有勘探与测试双重作用；测试数据精度高，再现性好，且测试快速、连续、效率高、功能多；采用电子技术，便于实现测试过程自动化。

静力触探试验适用于黏性土、粉土、砂土，不适用于碎石土和岩石。其试验成果科应用于划分土层和土的类别；测定砂土的相对密实度和内摩擦角；测定黏性土的不排水抗剪强度；测定土的压缩模量、变形模量；确定地基承载力和单桩承载力；判别砂土液化；检验地基加固处理质量。

（3）动力触探试验。利用一定的锤击动能，将一定规格的探头打入土中，根据每打入土中一定深度的锤击数（或以能量表示）来判定土的性质，并对土进行粗略的力学分层的一种原位测试方法。

动力触探技术在国内外应用极为广泛，是一种主要的土的原位测试技术，这是和它所具有的独特优点分不开的。其优点是：设备简单且坚固耐用；操作及测试方法容易；适应性广；快速、经济，能连续测试土层；有些动力触探测试（如标准贯入），可同时取样观察描述。

虽然动力触探试验方法很多，但可以归为两大类，即圆锥动力触探试验和标准贯入试验。前者根据所用穿心锤的重量将其分为轻型、重型及超重型动力触探试验。后者是动力触探测试方法的一种，其设备规格和测试程序在世界上已趋于统一，它和圆锥动力触探测试的区别，主要是探头不同。标贯探头是空心圆柱形，常称的标准贯入器。在测试方法上也不同，标贯是间断贯入，每次测试只能按要求贯入 0.45m，只计贯入 0.30m 的锤击数 N，称标贯击数 N。一般将圆锥动力触探试验简称为动力触探或功探，将标准贯入试验简称为标贯。

动力触探试验适用于填土、砂土、粉土、黏性土、碎石土、各类强—全风化的岩石及软质岩石。其试验成果应用于划分土类和土层剖面；确定砂土密实度和液化势；确定地基持力层及承载力；检测地基加固与改良质量。

（4）十字板剪切。十字板剪切试验是将插入软黏土中的十字板头，以一定的速率旋转，在土层中形成圆柱形破坏面，测出土的抵抗力矩，然后换算成土的抗剪强度。

十字板剪切试验开始于1928年。1954年我国南京水利科学研究所引进了这种测试技术并在软土地区得到了广泛应用，主要用其测定饱水软黏土的不排水抗剪强度十字板剪切试验具有下列明显优点：①不用取样，特别是对难以取样的灵敏度高的黏性土，可以在现场对基本上处于天然应力状态下的土层进行扭剪，所求软土抗剪强度指标比其他方法都可靠；②野外测试设备轻便，操作容易；③测试速度较快，效率高，成果整理简单。

长期以来，野外十字板剪切试验被认为是一种有效的、可靠的土的原位测试方法，国内外应用很广。必须注意的是，此法对较硬的黏性土和含有砾石、杂物的土不宜采用；否则会损伤十字板。

（5）旁压试验。旁压试验又称横压试验。是在钻孔中放入一个可扩张的圆筒形旁压器，通过地面控制装置，使旁压器对钻孔壁施加横向均匀压力，孔壁土体产生变形，直至破坏，通过量测施加的压力和土变形之间的关系，即可得到地基土在水平方向上的应力-应变关系，这实质上是在钻孔中进行横向荷载试验。

根据将旁压器设置于土中的方法，可以将旁压仪分为预钻式旁压仪、自钻式旁压仪和压入式旁压仪。其中，预钻式旁压仪需有钻机掘进竖向钻孔，自钻式旁压仪利用自转的方式钻到预定试验位置后进行试验，压入式旁压仪以静压方式压到预定试验位置后进行旁压试验。

旁压试验的优点是和静力载荷测试比较而显现出来的。它可在不同深度上进行测试，所求地基承载力值基本和平板载荷测试所求的相近，精度很高。预钻式设备轻便，测试时间短。其缺点是受成孔质量影响大，在软土中测试精度不高。

旁压试验适用于测定黏性土、粉土、砂土、碎石土、软岩的承载力、旁压模量。

岩土工程室内实验、原位测试的方法步骤和成果整理在《岩土测试技术》课程中讲述，此处不再赘述。

1.4.3　水和土的腐蚀性测试

1.4.3.1　取样和测试

1. 采取水、土试样的要求

（1）水、土有可能对建筑材料产生腐蚀危害。因此只有当有足够经验或充分资料，认定工程场地的土或水（地下水或地表水）对建筑材料不具腐蚀性时，可不取样进行腐蚀性评价。否则，应取水试样或土试样进行试验并进行腐蚀性评价。

（2）混凝土结构处于地下水位以上时，应采取土试样作土的腐蚀性试验。

（3）混凝土结构处于地下水或地表水中时，应取水试样作水的腐蚀性试验。

（4）混凝土结构部分处于地下水位以上、部分处于地下水位以下时，应分别取土试样和水试验作腐蚀性试验。

（5）水和土的试样应在混凝土结构所在深度采取，每个场地不应少于各2件。当土中的盐分和含量分布不均匀时，应分区、分层取样，每区、每层不应少于两件。

　　2．水和土的腐蚀性测试项目

　　水和土腐蚀性测试项目见表 1.17。

表 1.17　　　　　　　　　　　　　　水和土腐蚀性测试项目

序号	1	2	3	4	5	6	7	8	9	10	11	12	13	14	15	16
试验项目	pH 值	Ca^{2+}	Mg^{2+}	Cl^-	SO_4^{2-}	HCO_3^-	CO_3^{2-}	侵蚀性 CO_2	游离 CO_2	NH_4^+	OH^-	TDS[①]	氧化还原电位	极化曲线	电阻率	质量损失
适用范围	判定受严重污染水的腐蚀性												判定土对钢结构的腐蚀性			
	判定水腐蚀性															
	判定土腐蚀性															

　　① 溶解性总固体（旧称矿化度），英文缩写 TDS，全书下同——编辑注。

1.4.3.2　腐蚀性评价

　　（1）受环境类型影响，水土腐蚀性应按照表 1.18 规定判定。

表 1.18　　　　　　　按环境类型水和土对混凝土结构的腐蚀性评价

腐蚀等级	腐蚀介质	环境类型		
		Ⅰ	Ⅱ	Ⅲ
微	硫酸盐含量 SO_4^{2-} /(mg/L)	<200	<300	<500
弱		200~500	300~1500	500~3000
中		500~1500	1500~3000	3000~6000
强		>1500	>3000	>6000
微	镁盐含量 Mg^{2+} /(mg/L)	<1000	<2000	<3000
弱		1000~2000	2000~3000	3000~4000
中		2000~3000	3000~4000	4000~5000
强		>3000	>4000	>5000
微	铵盐含量 NH_4^+ /(mg/L)	<100	<500	<800
弱		100~500	500~800	800~1000
中		500~800	800~1000	1000~1500
强		>800	>1000	>1500
微	苛性碱含量 OH^- /(mg/L)	<35000	<43000	<57000
弱		35000~43000	43000~57000	57000~70000
中		43000~57000	57000~70000	70000~100000
强		>57000	>70000	>100000
微	总 TDS /(mg/L)	<10000	<20000	<50000
弱		10000~20000	20000~50000	50000~60000
中		20000~50000	50000~60000	60000~70000
强		>50000	>60000	>70000

　　注　1．表中数值适用于有干湿交替作用的情况，Ⅰ、Ⅱ类腐蚀环境无干湿交替作用时，表中数值应乘以 1.3 的系数。

　　　　2．表中数值适用于水的腐蚀性评价，对土的腐蚀性评价，应乘以 1.5 的系数；单位以 mg/kg 表示。

　　　　3．表中苛性碱（OH^-）含量（mg/L）应为 NaOH 和 KOH 中的 OH^- 含量（mg/L）。

（2）受地层渗透性影响，水和土对混凝土结构的腐蚀性评价应按照表1.19规定判定。

表 1.19　　　　　　　按地层渗透性水和土对混凝土结构的腐蚀性评价

腐蚀等级	pH 值		侵蚀性 CO_2/(mg/L)		HCO_3^-/(mmol/L)
	A	B	A	B	A
微	>6.5	>5.0	<15	<30	>1.0
弱	6.5～5.0	5.0～4.0	15～30	30～60	1.0～0.5
中	5.0～4.0	4.0～3.5	30～60	60～100	<0.5
强	<4.0	<3.5	>60	—	—

注　1. 表中 A 是指直接临水或强透水层中的地下水；B 是指弱透水层中的地下水。强透水层是指碎石土和砂土；弱透水层是指粉土和黏性土。
　　2. HCO_3^- 含量是指水的 TDS 低于 0.1g/L 的软水时，该类水质 HCO_3^- 的腐蚀性。
　　3. 土的腐蚀性评价只考虑 pH 值指标；评价其腐蚀性时，A 是指强透水土层；B 是指弱透水土层。

当按表1.18和表1.19评价的腐蚀性等级不同时，应按下列规定综合判定：

1）腐蚀等级中，只出现弱腐蚀，无中等腐蚀或强腐蚀时，应综合评价为弱腐蚀。

2）腐蚀等级中，无强腐蚀，最高为中等腐蚀时，应综合评价为中等腐蚀。

3）腐蚀等级中，有一个或一个以上为强腐蚀，应综合评价为强腐蚀。

（3）水和土对钢筋混凝土中的钢筋的腐蚀性评价应符合表1.20规定。

表 1.20　　　　　　　　　对钢筋混凝土中的钢筋的腐蚀性评价

腐蚀等级	水中的 Cl^- 含量/(mg/L)		土中的 Cl^- 含量/(mg/kg)	
	长期浸水	干湿交替	A	B
微	<10000	<100	<400	<250
弱	10000～20000	100～500	400～750	250～500
中	—	500～5000	750～7500	500～5000
强	—	>5000	>7500	>5000

注　A 是指地下水位以上的碎石土、砂土，坚硬、硬塑的黏性土；B 是湿、很湿的粉土，可塑、软塑、流塑的黏性土。

（4）土对钢结构的腐蚀性评价，应符合表1.21的规定。

表 1.21　　　　　　　　　　土对钢结构腐蚀性评价

腐蚀等级	pH 值	氧化还原电位/mV	视电阻率/(Ω·m)	极化电流密度/(mA/cm²)	质量损失/g
微	>5.5	>400	>100	<0.02	<1
弱	5.5～4.5	400～200	100～50	0.02～0.05	1～2
中	4.5～3.5	200～100	50～20	0.05～0.20	2～3
强	<3.5	<100	<20	>0.20	>3

【实例1.3】　成都市某建筑场地勘察中对于水、土腐蚀性的评价和分析

根据场地地层岩性、地形地貌以及区域水文地质资料，判定场地内主要存在两种类型的

地下水。

第一种是赋存于各土层孔隙、裂隙中的上层滞水，受大气降水和地表水等渗透补给，分布不连续，无统一的自由水面，水量大小直接受大气降水和季节控制。

第二种类型地下水是赋存于基岩层中的基岩裂隙水。主要受邻区地下水侧向补给，各地段富水性存在较大差异，一般无统一的自由水面。水量主要受裂隙发育程度、连通性及隙面充填特征等因素的控制。总体上看，该类水水量一般不大，仅对深埋基础的基坑及人工挖孔桩基础施工造成一定影响。

地下水及土的腐蚀性评价

结合《岩土工程勘察规范》（GB 50021—2001）第 12.2.1～第 12.2.5 条对水腐蚀性分析详见表 1.22，对土腐蚀性分析详见表 1.23～表 1.25。

据表 1.22 的结果判定：场地地下水对混凝土结构具微腐蚀性，在干湿交替环境下对钢筋混凝土结构中的钢筋具有微腐蚀性。

根据表 1.23～表 1.25 的结果判定：土对混凝土结构、钢结构具有微腐蚀性，在浸水环境下对钢筋混凝土结构中的钢筋具微腐蚀性。

表 1.22　　　　　　　　　　　地下水腐蚀性判定分析表

评价类型		腐蚀介质含量			判别指标	判定结果
		项目	单位	测试指标		
混凝土结构	环境类型（Ⅱ类）	SO_4^{2-}	mg/L	22.1～27.6	＜300	微腐蚀性
		Mg^{2+}	mg/L	23.7～25.1	＜2000	
		总 TDS	mg/L	379.9～396.0	＜20000	
	地层渗透性（B 类）	侵蚀性 CO_2	mg/L	0.0	＜30	
		HCO_3^-	mmol/L	63.5～70.0	＞1.0	
钢筋混凝土结构中钢筋	干湿交替	$Cl^- + 0.25SO_4^{2-}$	mg/L	13.25～15.46	500～5000	微腐蚀性

注　该数据引用场地东南侧 H 地块地下水分析试验

表 1.23　　　　　　　　　　　土腐蚀性判定分析表

对混凝土结构的腐蚀性												
		按环境类型						按地层渗透性				
土样号	环境类型	指标	SO_4^{2-} /(mg/kg)	Mg^{2+} /(mg/kg)	NH_4^+ /(mg/kg)	OH^- /(mg/kg)	总 TDS /(mg/kg)	渗透类型	指标	pH 值	侵蚀性 CO_2 /(mg/kg)	HCO_3^- /(mg/kg)
1	Ⅱ	含量	18.2	5.6	—	—		B	含量	6.71	0.00	36.9
		腐蚀等级	微	微	—				腐蚀等级	微	微	微
2		含量	84.7	1.3					含量	6.80	0.00	72.5
		腐蚀等级	微	微					腐蚀等级	微	微	微

表 1.24 对钢筋混凝土结构中钢筋的腐蚀性

土样号	浸水状态	Cl⁻含量/(mg/kg)	腐蚀性等级
3	B	48.4	微
4		25.8	微

表 1.25 对 钢 结 构 的 腐 蚀 性

土样号	pH 值	腐蚀等级
5	6.71	微
6	6.80	微

注 该数据引用场地东南侧 H 地块土腐蚀性试验。

任务 1.5 岩土工程现场检验和监测

1.5.1 现场检验与监测方法

1. 现场检验方法

现场检验指的是在施工阶段对勘察成果的验证核查和施工质量的监控。因此检验工作应包含两方面内容：

（1）验证核查岩土工程勘察成果与评价建议，即施工时通过基坑开挖等手段揭露岩土体，所获得的工程地质和水文地质资料较之勘察阶段更为确切，可以用来补充和修正勘察成果。如果实际情况与勘察成果出入较大时，还应进行施工阶段的补充勘察。

（2）对岩土工程施工质量的控制与检验，即施工监理与质量控制。例如，天然地基基槽的尺寸、槽底标高的检验，局部异常的处理措施；桩基础施工中的一系列质量监控；地基处理施工质量的控制与检验；深基坑支护系统施工质量的监控等。

2. 现场监测方法

现场监测指的是在工程勘察、施工以至运营期间，对工程有影响的不良地质现象、岩土体性状和地下水等进行监测，其目的是为了工程的正常施工和运营，确保安全。监测工作对保证工程安全有重要作用，例如，建筑物变形监测、基坑工程的监测、边坡和洞室稳定的监测、滑坡监测、崩塌监测等，当监测数据接近安全临界值时，必须加密监测并迅速向有关方面报告，以便及时采取措施保证工程和人身安全。监测工作主要包含三方面内容：

（1）施工和各类荷载作用下岩土反应性状的监测。例如，土压力观测、岩土体中的应力量测、岩土体变形和位移监测、孔隙水压力观测等。

（2）对施工或运营中结构物的监测。对于像核电站等特别重大的结构物，则在整个运营期间都要进行监测。

（3）对环境条件的监测。包括对工程地质和水文地质条件中某些要素的监测，尤其是对工程构成威胁的不良地质现象，在勘察期间就应布置监测（如滑坡、崩塌、泥石流、土洞等）；除此之外，还有对相邻结构物及工程设施在施工过程中可能发生的变化、施工振动、噪声和污染等的监测。

监测工作对保证工程安全有重要作用，例如，建筑物变形监测，基坑工程监测，边坡和洞室稳定的监测，滑坡监测，崩塌监测等。当监测数据接近安全临界值时，必须进行加密监测，并迅速向有关部门报告，以便及时采取措施，保证工程人员安全。

1.5.2 地基基础的检验与监测方法

1.5.2.1 天然地基的基槽检验与监测

1. 现场检验

天然地基的基坑（基槽）开挖后，应检验开挖揭露的地基条件是否与勘察报告一致。如有异常情况，应提出处理措施或修改设计的建议。当与勘察报告出入较大时，应建议进行施工勘察。天然地基的基槽检验是必须做的常规工作，通常由勘察人员会同建设、设计、施工、监理以及质量监督部门共同进行。

检验应包括下列内容：

（1）岩土分布及其性质。

（2）地下水情况。

（3）对土质地基，可采用轻型圆锥动力触探或其他机具进行检验。

下列情况应着重进行检验：

（1）天然地基持力层的岩性、厚度变化较大时；桩基持力层顶面标高起伏较大时。

（2）基础平面范围内存在两种或两种以上的不同地层时。

（3）基础平面范围内存在异常土质，或有坑穴、古墓、古遗迹、古井、旧基础时。

（4）场地存在破碎带、岩脉以及湮废河、湖、沟、浜时。

（5）在雨季、冬季等不良气候条件下施工，土质可能受到影响时。

检验时，一般首先核对基础或基槽的位置、平面尺寸和坑底标高，是否与图纸相符。对土质地基，可用肉眼、微型贯入仪、轻型动力触探等简易方法，检验土的密实度和均匀性，必要时可在槽底普遍进行轻型动力触探。但坑底下埋有砂层，且承压水头高于坑底时，应特别慎重，以免造成冒水涌砂。当岩土条件与勘察报告出入较大或设计有较大变动时，可有针对性地进行补充勘察。

现场检验适用于天然土层为地基持力层的浅基础。主要作基坑开挖后的验槽工作。为了做好此项工作，要求熟悉勘察报告，掌握地基持力层的空间分布和工程性质，并了解拟建建筑物的类型和工作方式，研究基础设计图纸及环境监测资料等。

2. 现场监测

目前基坑工程的设计计算，还不能十分准确，无论计算模式还是计算参数，常常和实际情况不一致。为了保证工程安全，监测是非常必要的。通过对监测数据的分析，必要时可调整施工程序，调整支护设计。遇有紧急情况时，应及时发出警报，以便采取应急措施。

当重要建筑物基坑开挖较深或地基土层较软弱时，可根据需要布置监测工作。基坑工程监测方案，应根据场地条件和开挖支护的施工设计确定，并应包括下列内容：

（1）支护结构的变形、基坑支护系统工作状态的监测。

（2）基坑周边的地面变形、基坑底部回弹观测及各土层的分层沉降观测。

（3）邻近工程和地下设施的变形（建筑物基础沉降）。

（4）地下水位、地下水控制措施的效果及影响的监测。

（5）渗漏、冒水、冲刷、管涌等情况。

（6）监测数据应及时整理，及时报送，发现异常或趋于临界状态时，应立即向有关部门报告。

1.5.2.2　桩基工程的检测

桩基工程应通过试钻或试打，检验岩土条件是否与勘察报告一致。如遇异常情况，应提出处理措施。当与勘察报告差异较大时，应建议进行施工勘察。单桩承载力的检验，应采用载荷试验与动测相结合的方法。对大直径挖孔桩，应逐桩检验孔底尺寸和岩土情况。

1. 桩基工程检测的内容

桩基工程检测的内容，除了核对桩的位置、尺寸、距离、数量、类型，核查选用的施工机械、置桩能量与场地条件和工程要求，核查桩基持力层的岩土性质、埋深和起伏变化，以及桩尖进入持力层的深度等以外，通常应包括桩基强度、变形和几何受力条件等三个方面。

2. 桩身质量检测

桩身质量的检测包括桩的承载力、桩身混凝土灌注质量和结构完整性等内容。

桩长设计一般采用地层和标高双控制，并以勘察报告为设计依据。但在工程实践中，实际地层情况与勘察报告不一致是常有的事，故应通过试打试钻，检验岩土条件是否与设计时预计的一致。在工程桩施工时，也应密切注意是否有异常情况，以便及时采取必要的措施。

1.5.2.3　地基加固和改良的检验与监测

地基处理效果的检验，除载荷试验外，还可采用静力触探、圆锥动力触探、标准贯入试验、旁压试验、波速测试等方法。

1. 现场检验的内容

（1）核查选用方案的适用性，必要时应预先进行一定规模的试验性施工。

（2）核查换填或加固材料的质量。

（3）核查施工机械特性、输出能量、影响范围和深度；对施工速度、进度、顺序、工序搭接的控制。

（4）按有关规范、规程要求，对施工质量的控制。

（5）按计划在不同期间和部位对处理效果的核查。

（6）检查停工及气候变化或环境条件变化对施工效果的影响。

2. 现场监测的内容

（1）对施工中土体性状的改变，如地面沉降、土体变形、超孔隙水压力等的监测。

（2）用取样试验、原位测试等方法，进行场地处理前后性状比较和处理效果的监测。

（3）对施工造成的振动、噪声和环境污染的监测。

（4）必要时作处理后地基长期效果的监测。

1.5.2.4　深基坑开挖和支护的检验与监测

检验与监测内容有以下几方面：

（1）对支护结构施工安设工作的现场监理。检查结构尺寸、规格、质量、施工方法及支撑程序是否与设计一致。在装设过程中，当由于客观情况致使支护系统构造、尺寸或装设位置不能与设计相符时，施工人员与设计人员应协商，及时采取调整措施，以保证施工正常进行。

（2）监测土体变形与支护结构的位移。观测的时间间隔视气象条件和施工进度而定，可为每日、每三日或每周进行一次。

　　（3）对地下水控制设施的装设及运营情况进行监测。观测地下水及土体中孔隙水压力的变化情况，注意施工影响及渗漏、冒水、管涌、流土等不良地质现象的发生。在支护系统运营过程中，观测时间间隔亦视气象条件和施工进度，可定为每日、每三日或每周进行一次。

　　（4）对邻近的建筑物和重要设施进行监测。注意有无沉降、倾斜、裂缝等现象发生。观测的时间间隔，亦应根据施工进度、气象条件、施工影响的范围和程度来确定。

1.5.2.5　建筑物的沉降观测

1. 沉降观测的对象

地基基础设计等级为甲级的建筑物；不均匀地基或软弱地基上的乙级建筑物；加层、接建、邻近开挖、堆载等，使地基应力发生显著变化的工程；因抽水等原因，地下水位发生急剧变化的工程；其他有关规范规定需要做沉降观测的工程。

2. 观测点的布置及观测方法

一般是在建筑物周边的墙、柱或基础的同一高程处设置多个固定的观测点，且在墙角、纵横墙交叉处和沉陷缝两侧都应有测点控制。距离建筑物一定范围设基准点，从建筑物修建开始直至竣工以后的相当长时间内定期观测各测点高程的变化。观测次数和间隔时间应根据观测目的、加载情况和沉降速率确定。当沉降速率小于 1mm/100d 时可停止经常性的观测。建筑物竣工后的观测间隔按表 1.26 确定。

表 1.26　　　　　　　　　　　竣工后观测间隔时间

沉降速率/(mm/d)	观测间隔时间/d
>0.3	15
0.1～0.3	30
0.05～0.1	90
0.02～0.05	180
0.01～0.02	365

　　根据观测结果绘制加载、沉降与时间的关系曲线。由此可以较好地划定地基土的变形性和均一性；与预测的结论对比，以检验计算采用的理论公式、方案和所用参数 的可靠性；获得在一定土质条件下选择建筑结构型式的经验。也可由实测结果进行反分析，即反求土层模量或确定沉降计算经验系数。

　　例如：北京国际信托大厦系一剪力墙内筒外框结构的高层建筑，地面以上 28 层（高104.1m）。地下两层，采用箱形基础，埋深 12.73m。该工程自箱基的隔水架空层浇筑完毕起沿基础的纵横轴线安设了 138 个观测点进行系统的沉降观测，截至竣工后约 4 年的观测资料如图 1.5 所示。

1.5.3　岩土体性质与状态的监测方法

1.5.3.1　岩土体变形监测方法

1. 边坡工程和滑坡的监测

地面位移监测：采用经纬仪、水准仪或光电测距仪重复观测各测点的位移方向和水平、

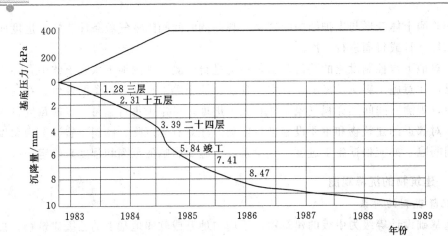

图 1.5   北京国际信托大厦加载、沉降与时间的关系曲线

铅直距离，以此来判定地面位移矢量及其随时间变化的情况。测点可根据具体条件和要求布置成不同型式的线、网，一般在条件较复杂和位移较大的部位测点应适当加密。对于规模较大的滑坡，还可采用航空摄影测量和全球卫星定位系统来进行监测。也可采用伸缩仪和倾斜计等简易方法监测。

滑坡体位移监测时，应建立平面和高程控制测量网，通过定期观测，确定位移边界、位移方向、位移速率和位移量。滑面位置的监测可采用钻孔测斜仪、单点或多点钻孔挠度计、钻孔伸长仪等进行，钻孔应穿过滑面，量测元件应通过滑带。地下水对滑坡的活动极为重要，应根据滑坡体及其附近的水文地质条件精心布置，并应搜集当地的气象水文资料，以便对比分析。

滑坡监测应包括下列内容：

（1）滑坡体的位移。

（2）滑面位置及错动。

（3）滑坡裂缝的发生和发展。

（4）滑坡体内外地下水位、流向、泉水流量和滑带孔隙水压力。

（5）支挡结构及其他工程设施的位移、变形、裂缝的发生和发展。

对滑坡地点和规模的预报，应在搜集区域地质、地形地貌、气象水文、人类活动等资料的基础上，结合监测成果分析判定。对滑坡时间的预报，应在地点预报的基础上，根据滑坡要素的变化，结合地面位移和高程位移监测、地下水监测，以及测斜仪、地音仪、测震仪、伸长计的监测进行分析判定。

当需判定崩塌剥离体或危岩的稳定性时，应对张裂缝进行监测。对可能造成较大危害的崩塌，应进行系统监测，并根据监测结果，对可能发生崩塌的时间、规模、塌落方向和途径、影响范围等作出预报。

2. 岩土体内部变形和滑动面位置监测

目前常用的监测方法有：管式应变计、倾斜计和位移计等。

（1）管式应变计监测是在聚氯乙烯管上隔一定距离贴电阻应变片，随后将其埋置于钻孔中，用于测量由于滑坡滑动引起管子的变形。

（2）倾斜计是一种量测滑坡引起钻孔弯曲的装置，可以有效地了解滑动面的深度。该装置有两种型式：一种是由地面悬挂一个传感器至钻孔中，量测预定各深度的弯曲；另一种是钻孔中按深度装置固定的传感器。

（3）位移计是一种靠测量金属线伸长来确定滑动面位置的装置，一般采用多层位移计量测，将金属线固定于孔壁的各层位上，末端固定于滑床上。它可以用来判断滑动面的深度和滑坡体随时间的位移变形。

1.5.3.2　岩土体内部应力量测

岩土体内部应力量测与变形量测的意义一样，可用来监测建筑物的安全使用，亦可检验计算模型和计算参数的适用性和准确性。

岩土体内部的应力可分为初始应力和二次应力。

岩土压力的量测是借助于压力传感器装置来实现的，一般将压力传感器埋设于结构物与岩土体的接触面上。目前国内外采用的压力传感器多数为压力盒，有液压式、气压式、钢弦式和电阻应变式等不同型式和规格的产品，以后两种较常用。

通过定时观测，便可获得岩土压力随时间变化的资料。

1.5.4　地下水的监测方法

1. 地下水监测的条件

为工程建设进行的地下水监测，与区域性的地下水长期观测不同，监测要求随工程而异，不宜对监测工作的布置作具体而统一规定。

下列情况应进行地下水监测：

（1）地下水位升降影响岩土稳定时。

（2）地下水位上升产生浮托力对地下室或地下构筑物的防潮、防水或稳定性产生较大影响时。

（3）施工降水对拟建工程或相邻工程有较大影响时。

（4）施工或环境条件改变，造成的孔隙水压力、地下水压力变化，对工程设计或施工有较大影响时。

（5）地下水位的下降造成区域性地面沉降时。

（6）地下水位升降可能使岩土产生软化、湿陷、胀缩时。

（7）需要进行污染物运移对环境影响的评价时。

监测工作的布置，应根据监测目的、场地条件、工程要求和水文地质条件确定。

地下水监测方法应符合下列规定：

（1）地下水位的监测，可设置专门的地下水位观测孔，或利用水井、地下水天然露头进行。

（2）孔隙水压力、地下水压力的监测，可采用孔隙水压力计、测压计进行。

（3）用化学分析法监测水质时，采样次数每年不应少于4次，进行相关项目的分析。

2. 孔隙水压力监测

孔隙水压力对岩土体变形和稳定性有很大的影响，因此在饱和土层中进行地基处理和基础施工过程中以及研究滑坡稳定性等问题时，孔隙水压力的监测很有必要。其具体监测目的见表1.27。

表 1.27　　　　　　　　　　　　　　　孔隙水压力的监测项目表

项　目	监测目的
加载预压地基	估计固结度以控制加载速率
强夯加固地基	控制强夯间歇时间和确定强夯度
预制桩施工	控制打桩速率
工程降水	监测减压井压力和控制地面沉降
研究滑坡稳定性	控制和治理

　　监测孔隙水压力所用的孔隙水压力计型号和规格较多，应根据监测目的、岩土的渗透性和监测期长短等条件选择，其精度、灵敏度和量程必须满足要求。

　　3. 地下水压力（水位）和水质监测

　　地下水压力（水位）和水质监测工作的布置，应根据岩土体的性状和工程类型确定。一般顺地下水流向布置观测线。为了监测地表水与地下水之间关系，则应垂直地表水体的岸边线布置观测线。在水位变化大的地段、上层滞水或裂隙水聚集地带，皆应布置观测孔。基坑开挖工程降水的监测孔应垂直基坑长边布置观测线，其深度应达到基础施工的最大降水深度以下1m处。动态监测除布置监测孔外，还可利用地下水天然露头或水井。

　　地下水动态监测应不少于1个水文年。观测内容除了地下水位外，还应包括水温、泉的流量，在某些监测孔中有时尚应进行定期取水样作化学分析和抽水。观测时间间隔视目的和动态变化急缓时期而定。一般雨汛期加密，干旱季节放疏，可以3～5d或10d观测一次，而且各监测孔皆同时进行观测。作化学分析的水样，可放宽取样时间间隔，但每年不宜少于4次。观测上述各项内容的同时，还应观测大气降水、气温和地表水体（河、湖）的水位等，藉以相互对照。

　　监测成果应及时整理，并根据所提出的地下水和大气降水量的动态变化曲线图、地下水压（水位）动态变化曲线图、不同时期的水位深度图、等水位线图、不同时期有害化学成分的等值线图等资料，分析对工程设施的影响，提出防治对策和措施。

任务1.6　岩土工程分析评价

　　岩土工程分析评价是在工程地质测绘、勘探、测试和搜集已有资料的基础上，结合工程特点和要求进行的。各类建筑工程、各类地质现象的分析评价，应符合相应的规定。

　　岩土工程的分析评价，应根据岩土工程勘察等级区别进行。对丙级岩土工程勘察，可根据邻近工程经验，结合触探和钻探取样试验资料进行；对乙级岩土工程勘察，应在详细勘探、测试的基础上，结合邻近工程经验进行，并提供岩土的强度和变形指标；对甲级岩土工程勘察，除按乙级要求进行外，尚应提供载荷试验资料，必要时应对其中的复杂问题进行专门研究，并结合监测对评价结论进行检验。

1.6.1　岩土工程分析评价的内容

　　岩土工程分析评价是勘察成果整理的核心内容。

　　（1）岩土工程分析评价应符合下列要求：

　　1）充分了解工程结构的类型、特点、荷载情况和变形控制要求。

2）掌握场地的地质背景，考虑岩土材料的非均质性、各向异性和随时间的变化，评估岩土参数的不确定性，确定其最佳估值。

3）充分考虑当地经验和类似工程的经验。

4）对于理论依据不足、实践经验不多的岩土工程问题，可通过现场模型试验或足尺试验取得实测数据进行分析评价。

5）必要时可建议通过施工监测，调整设计和施工方案。

（2）岩土工程分析评价的内容主要包括：

1）场地的稳定性和适宜性。

2）为岩土工程设计提供场地地层结构和地下水空间分布的参数、岩土体工程性质和状态的设计参数。

3）预测拟建工程施工和运营过程中可能出现的岩土工程问题，并提出相应的防治对策和措施以及合理的施工方法。

4）提出地基与基础、边坡工程、地下洞室等各项岩土工程方案设计的建议。

5）预测拟建工程对现有工程的影响、工程建设产生的环境变化，以及环境变化对工程的影响。

（3）为了做好分析评价工作规定的各项内容，要求做到以下几点：

1）必须与工程密切结合，充分了解工程结构的类型、特点和荷载组合情况，分析强度和变形的风险和储备。不仅仅是分析地质规律，而要切实解决工程实际问题。

2）掌握场地的地质背景，考虑岩土材料的非均匀性、各向异性和随时间的变化，评估岩土参数的不确定性，确定其最佳估值。

3）参考类似工程的经验，以作为拟建工程的借鉴。

4）理论依据不足、实践经验不多的岩土工程，可通过现场模型试验和足尺试验进行分析评价。对于重大工程和复杂的岩土工程问题，应在施工过程中进行监测，并根据监测资料适当调整原先制定的设计和施工方案。而且要预测和监控施工、运营的全过程。

1.6.2　岩土工程分析评价的方法

应采用定性分析评价和定量分析评价相结合的方法来进行，一般是在定性分析评价的基础上进行定量分析评价。岩土体的变形、强度和稳定应定量分析；场地的适宜性、场地地质条件的稳定性，可仅作定性分析。定性分析和定量分析都应在详细占有资料和数据的基础上，运用成熟的理论和类似工程的经验进行论证，并宜提出多个方案进行比较。

需作定量分析评价的内容是：

（1）岩土体的变形性状及其极限值。

（2）岩土体的强度、稳定性及其极限值，包括地基和基础、边坡和地下洞室的稳定性。

（3）岩土体应力的分布与传递。

（4）其他各种临界状态的判定问题。

定量计算方法可采用解析法、图解法或数值法。其中解析法是使用最多的方法，它以经典的刚体极限平衡理论为基础。这种方法的数学意义严格，但由于应用时对实际地质体有一定的前提假设条件，边界条件的确定和计算参数的选取也都存在误差和不确定性，甚至有一定的经验性，所以应有足够的安全储备以保证工程的可靠性。

解析法可分为定值法和概率分析法。

1. 定值法（也称稳定性系数法或安全系数法）

它将各种计算参数皆取一确定值。因稳定性系数就是各种参数的函数，即 $K=f(C, \phi, \gamma, \cdots)$，因而所获得的稳定性系数也是一确定值。为可靠起见，根据工程的重要性和地质条件的复杂程度，一般用安全系数来保证计算的安全度。即在强度上根据经验打一折扣，作为安全储备。其表达式为

$$K=R/S \geqslant [K] \tag{1.1}$$

式中　R、S、K、$[K]$——分别为抗力、作用力、稳定性系数和安全系数。

2. 概率分析法

由于岩土性质的差异性以及勘探、取样和测试的误差，导致许多参数并不是一个确定值，而是具有某种分布的随机变量，所获取的稳定性系数亦相应为随机变量。因而采用概率分析法进行稳定性评价更为合理，即按破坏概率量度设计的可靠性，将安全储备建立在概率分析的基础上。

概率分析法的表达式为

$$P_f=P(K<1) \leqslant [P_f] \tag{1.2}$$

式中　P_f、$[P_f]$——分别为破坏概率和目标破坏概率。

而稳定的概率则为

$$R=1-P_f \tag{1.3}$$

对确定稳定性系数 K 的各种计算参数需要进行许多次随机抽样，才能获得 K 值的概率分布图，目前国内的岩土工程计算一般都采用定值法，对特殊工程需要时可辅以概率分析法进行综合评价。

1.6.3　岩土参数的分析和选定

1. 岩土参数的可靠性和适用性

岩土参数的分析与选定是岩土工程分析评价和岩土工程设计的基础。评价是否符合客观实际，设计计算是否可靠，很大程度上取决于岩土参数选定的合理性。岩土参数可分为两类：一类是评价指标，用以评价岩土的性状，作为划分地层鉴定类别的主要依据；另一类是计算指标，用以设计岩土工程，预测岩土体在荷载和自然因素作用下的力学行为和变化趋势，并指导施工和监测。

工程上对这两类岩土参数的基本要求是可靠性和适用性。可靠性是指参数能正确反映岩土体在规定条件下的性状，能比较有把握地估计参数真值所在的区间。适用性是指参数能满足岩土工程设计计算的假定条件和计算精度要求。岩土工程勘察报告应对主要参数的可靠性和适用性进行分析，并在分析的基础上选定参数。岩土参数的可靠性和适用性在很大程度上取决于岩土体受到扰动的程度和试验标准。

岩土参数应根据工程特点和地质条件选用，并按下列内容评价其可靠性和适用性：

（1）取样方法和其他因素对试验结果的影响。

（2）采用的试验方法和取值标准。通过不同取样器和取样方法的对比试验可知，对不同的土体，凡是由于结构扰动强度降低得多的土，数据的离散性也显著增大。

（3）不同测试方法所得结果的分析比较；对同一土层的同一指标，采用不同的试验方法

和标准发现，所获数据差异往往很大。

（4）测试结果的离散程度。

2. 岩土参数统计要求与选定

经过试验、测试获得的岩土工程参数，数量较多，必须经过整理、分析及数理统计计算，获得岩土参数的代表性数值。指标的代表性数值是在试验数据的可靠性和适用性作出分析评价的基础上，参照相应的规范，用统计的方法来整理和选择的。

进行统计的指标一般包括黏性土的天然密度、天然含水量、液限、塑限、塑性指数、液性指数；砂土的相对密实度、粒度成分；岩石的吸水率、各种力学特性指标，特殊性岩土的各种特征指标以及各种原位测试指标。对以上指标在勘察报告中应提供各个工程地质单元或各地层的最小值、最大值、平均值、标准差、变异系数和参加统计数据的数量。通常统计样本的数量应大于 6 个。当统计样本的数量小于 6 个时，统计标准差和变异系数意义不大，可不进行统计，只提供指标的范围值。

岩土参数统计应符合下列要求：

（1）岩土的物理力学指标，应按场地的工程地质单元和层位分别统计。

（2）对工程地质单元体内所取得的试验数据应逐个进行检查，对某些有明显错误，或试验方法有问题的数据应抽出进行检查或将其舍弃。

（3）每一单元体内，岩土的物理力学性质指标，应基本接近。试验数据所表现出来的离散性只能是土质不匀或试验误差的随机因素造成的。

（4）应按照下列公式计算平均值（ϕ_m）、标准差（σ_f）和变异系数（δ）。

$$\phi_m = \frac{1}{n}\sum_{i=1}^{n}\phi_i \tag{1.4}$$

$$\sigma_f = \sqrt{\frac{1}{n-1}\left[\sum_{i=1}^{n}\phi_i^2 - \frac{\left(\sum_{i=1}^{n}\phi_i\right)^2}{n}\right]} \tag{1.5}$$

$$\delta = \frac{\sigma_f}{\phi_m} \tag{1.6}$$

式中　ϕ_m——岩土参数的平均值；

　　　σ_f——岩土参数的标准差；

　　　δ——岩土参数的变异系数；

　　　ϕ_i——岩土的物理力学指标数据；

　　　n——参加统计的数据个数。

（5）岩土参数统计出来后，应对统计结果进行分析判别。如果某组数据比较分散，相互差异大，应分析产生误差的原因，并剔出异常的粗差数据。剔出粗差有不同的标准，常用方法是三倍标准差法。

当离差 d 满足式（1.7）时，该数据应剔除：

$$|d| > g\sigma_f \tag{1.7}$$

$$d = \phi_i - \phi_m \tag{1.8}$$

式中　d——离差；

　　　g——不能标准给出的系数，当采用 3 倍标准差方法时，$g=3$。

3. 岩土参数的标准值和设计值

岩土工程勘察报告中的岩土参数必须由基本值经过数理统计得到标准值，设计部门给出设计值。

基本值 ϕ_0 是指单个岩土参数的测试值或平均值，由岩土原位测试或室内试验提供的岩土参数的基本数值。

标准值 ϕ_k 是在岩土工程设计时所采用的基本代表值，是岩土参数的可靠性估值，岩土参数基本值经过数理统计后得到。

设计值 ϕ 是由建筑设计部门在建筑设计中考虑建筑设计条件所采用的岩土参数的代表数值。

岩土参数标准值一般情况下，按下式计算：

$$\phi_k = \gamma_s \phi_m \tag{1.9}$$

$$\gamma_s = 1 \pm \left(\frac{1.704}{\sqrt{n}} + \frac{4.678}{n^2} \right) \delta \tag{1.10}$$

式中　γ_s——统计修正系数，式中正负号按不利组合考虑。

例如，抗剪强度指标 c、φ 的修正系数应取负号，孔隙比 e、压缩系数 α 的修正系数应取正号。

《岩土工程勘察规范》（GB 50021—2001）规定：在岩土工程勘察报告中，应按下列不同情况提供岩土参数值：

（1）一般情况下，应提供岩土参数的平均值（ϕ_m）、标准差（σ_f）和变异系数（δ）、数据分布范围和数据的数量（n）。

（2）承载能力极限状态计算所需要的岩土参数标准值，应按式（1.9）计算；当设计规范另有专门规定的标准值取值方法时，可按有关规范执行。

（3）岩土工程勘察报告一般只提供岩土参数的标准值，不提供设计值，需要时可用分项系数计算岩土参数的设计值。

$$\phi = \frac{\phi_k}{\gamma} \tag{1.11}$$

式中　γ——岩土参数的分项系数，按有关设计规范的规定取值。

【实例 1.4】　岩土参数统计分析

按照规范要求取样和进行室内土工试验，得到表 1.28。

塑性指数 I_P 大于 17 的为黏土，液性指数 $0 < I_L \leqslant 0.25$ 的为硬塑状态的黏土，$0.25 < I_L \leqslant 0.75$ 的为可塑状态的黏土。据此可知，表 1.26 中的 12 个土样，前 6 个为可塑黏土，后 6 个为硬塑黏土。

以土工试验报告中可塑黏土抗剪强度指标黏聚力 c 统计分析为例，其余指标的统计分析方法相同。

1. 计算黏聚力 c 的平均值

$$\phi_m = \frac{1}{n} \sum_{i=1}^{n} \phi_i = \frac{51 + 64 + 48 + 39 + 55 + 50}{6} = 51.17 (\text{kPa})$$

土工试验结果报告

表1.28

工程名称：××项目

土样编号	取土深度/m	土样名称	含水率 ω_0/%	密度 ρ_0/(g/cm³)	相对密度 G_s	孔隙比 e_0	孔隙率 n/%	饱和度 S_r/%	液限 ω_L/%	塑限 ω_P/%	塑性指数 I_P/%	液性指数 I_L	压缩系数 ($P=100\sim200$kPa)/(1/MPa)	压缩模量 E_{s1-2}/MPa	粘聚力 c/kPa	内摩擦角 φ/(°)	自由膨胀率 δ_{ef}/%	膨胀率(当$P=$50kPa)/%	膨胀力 P_e/kPa	线缩率/%	收缩含水率界限值/%	收缩系数	原状土缩限/%
zk4	1.5~1.8	黏土	25.3	1.9	2.75	0.76	43	92	38.0	18.8	19.2	0.34	0.29	6.1	51.0	18.9	36						
zk11	2.0~2.3	黏土	23.8	1.9	2.74	0.70	41	93	37.3	18.6	18.7	0.28	0.24	7.1	64.0	19.6	44	0.12	62.0	7.35	16.7	0.50	14.7
zk19	2.0~2.3	黏土	26.9	1.9	2.75	0.76	43	97	37.7	18.1	19.6	0.37	0.32	5.5	48.0	17.8	40	0.06	56.0	7.62	17.4	0.54	15.2
zk57	1.5~1.8	黏土	27.2	1.9	2.74	0.76	43	98	38.7	20.1	18.6	0.38	0.34	5.2	39.0	17.3	45	0.04	54.0	7.72	17.8	0.56	15.8
zk73	1.5~1.8	黏土	25.3	2.0	2.76	0.73	42	96	38.6	19.3	19.3	0.31	0.28	6.2	55.0	19.6	38						13.4
zk78	3.7~4.0	黏土	26.1	1.9	2.74	0.75	43	95	38.3	20.1	18.2	0.33	0.29	6.0	50.0	18.5	41	0.21	70.0	6.72	15.3	0.49	13.4
zk2	3.0~3.3	黏土	21.2	1.9	2.74	0.67	40	87	36.0	17.9	18.1	0.18	0.15	11.1	91.0	22.4	39						
zk17	2.8~3.1	黏土	20.6	2.0	2.74	0.63	39	90	37.1	17.9	19.2	0.14	0.12	13.6	96.0	23.8	35						
zk22	3.1~3.4	黏土	23.8	1.9	2.75	0.71	42	92	38.2	19.7	18.5	0.22	0.18	9.5	81.0	20.6	32						
zk27	3.0~3.3	黏土	21.5	2.0	2.75	0.64	39	93	36.4	17.8	18.6	0.20	0.17	9.6	85.0	21.2	34						
zk37	2.5~2.8	黏土	20.4	2.0	2.74	0.65	39	86	36.7	17.3	19.4	0.16	0.15	11.0	87.0	21.9	38						
zk51	3.0~3.3	黏土	21.9	2.0	2.74	0.63	39	95	38.7	19.4	19.3	0.13	0.12	13.6	93.0	23.2	36						

注：
1. 试验依据 GB/T 50123—1999《土工试验方法标准》。
2. 土的分类依据 GB 50021—2001《岩土工程勘察规范》(2009 年版)。
3. 试验仅对来样负责。

2. 计算黏聚力 c 的标准差 σ_f

$$\sigma_f = \sqrt{\frac{1}{n-1}\left[\sum_{i=1}^{n}\phi_i^2 - \frac{\left(\sum_{i=1}^{n}\phi_i\right)^2}{n}\right]}$$

$$= \sqrt{\frac{1}{5}\left[(51^2 + 64^2 + 48^2 + 39^2 + 55^2 + 50^2) - \frac{(51+64+48+39+55+50)^2}{6}\right]}$$

$$= 8.23$$

3. 计算变异系数

$$\delta = \frac{\sigma_f}{\phi_m} = \frac{8.23}{51.17} = 0.16$$

4. 计算离差（表1.29）

$$d = \phi_i - \phi_m$$

表 1.29 　　　　　　　　　　　计 算 离 差

ϕ_i	51	64	48	39	55	50
ϕ_m	51.17	51.17	51.17	51.17	51.17	51.17
d	−0.2	12.8	−3.2	−12.2	3.8	−1.2

$$3\sigma_f = 3 \times 8.23 = 24.69（三倍标准差法）$$

$|d| < 24.69$，即可塑黏土的黏聚力 c 的 6 组数据都是可用的。

5. 计算黏聚力 c 的修正统计系数 γ_s

$$\gamma_s = 1 - \left(\frac{1.704}{\sqrt{n}} + \frac{4.678}{n^2}\right)\delta = 1 - \left(\frac{1.704}{\sqrt{6}} + \frac{4.678}{6^2}\right) \times 0.16 = 0.87$$

6. 计算黏聚力的标准值 ϕ_k

$$\phi_k = \gamma_s \cdot \phi_m = 0.87 \times 51.17 = 44.52$$

其他指标统计结果见表1.30。

表 1.30 　　　　　　　　　　　其他指标统计结果

项目	指标	天然含水量 $\omega/\%$	密度 ρ_0 /(g/cm³)	孔隙比 e	液性指数 I_L	压缩系数 α_{1-2}	压缩模量 E_s/MPa	抗剪强度指标 黏聚力 c /kPa	抗剪强度指标 内摩擦角 φ /(°)
可塑黏土	统计频数	6	6	6	6	6	6	6	6
	最大值	27.2	2.00	0.76	0.38	0.34	7.1	64.00	19.60
	最小值	23.8	1.96	0.71	0.28	0.24	5.2	39.00	17.30
	平均值	25.8	1.98	0.74	0.34	0.29	6.0	51.17	18.62
	标准差	1.25	0.01	0.02	0.04	0.03	0.67	8.23	0.94
	变异系数	0.05	0.01	0.03	0.11	0.12	0.11	0.16	0.05
	修正系数	0.96	0.99	0.97	0.91	0.90	0.91	0.87	0.96
	标准值	24.74	1.97	0.72	0.30	0.26	5.46	44.52	17.84

项目＼指标	天然含水量 ω/%	密度 ρ_0 /(g/cm³)	孔隙比 e	液性指数 I_L	压缩系数 α_{1-2}	压缩模量 E_s/MPa	抗剪强度指标 黏聚力 c /kPa	抗剪强度指标 内摩擦角 φ /(°)
统计频数	6	6	6	6	6	6	6	6
最大值	23.8	2.05	0.70	0.22	0.18	13.6	96.00	23.80
最小值	20.4	1.99	0.63	0.13	0.12	9.5	81.00	20.60
硬塑黏土 平均值	21.6	2.02	0.65	0.17	0.15	11.4	88.83	22.18
标准差	1.23	0.03	0.03	0.03	0.02	1.85	5.53	1.20
变异系数	0.06	0.01	0.04	0.20	0.17	0.16	0.06	0.05
修正系数	0.95	0.99	0.96	0.83	0.86	0.87	0.95	0.96
标准值	20.55	1.99	0.63	0.14	0.13	9.89	84.27	21.19

【实例 1.5】　郑州东区某场地勘察报告中的岩土工程分析评价

1. 岩土参数的分析与选用

在野外钻探、原位测试、室内试验等勘察工作的基础上，结合邻近场地经验，按照可靠性和适用性的基本要求，分别给出两种设计状态的岩土工程参数。

正常使用极限状态计算所需的岩土参数，见表 1.31。

表 1.31　　　　　　　　　　正常使用极限状态计算所需的岩土参数表

层号	岩性	含水率 w /%	重度 γ /(kN/m³)	土粒相对密度 G_s	孔隙比 e	饱和度 S_r /%	液限 ω_L /%	塑限 ω_P /%	液性指数 I_L	塑性指数 I_P
②	粉土	22.1	18.4	2.71	0.914	85.2	26.6	19.0	0.30	7.5
③	粉土	25.6	18.7	2.71	0.923	94.8	27.4	19.6	0.78	7.8
④	粉土	22.3	19.2	2.71	0.931	95.0	26.8	19.9	0.55	8.6
⑤	粉土	21.6	19.5	2.71	0.885	97.0	24.3	17.1	0.68	7.2
⑥	粉土	23.9	19.5	2.71	0.948	99.3	26.7	18.6	0.66	8.3
⑦	粉土	24.9	19.2	2.71	0.877	98.3	27.1	19.4	0.71	8.1
⑧	有机质粉质黏土	27.7	18.5	2.72	1.122	96.3	36.5	22.4	0.49	14.1
⑪	粉质黏土	25.1	19.1	2.73	0.712	97.4	38.3	22.0	0.30	15.3
⑫	粉土	21.0	19.5	2.70	0.628	94.5	25.1	17.4	0.40	7.7
⑬	粉土	24.7	194	2.71	0.663	98.3	27.7	19.4	0.51	8.2
⑭	粉质黏土	22.9	19.2	2.72	0.659	94.4	31.7	19.9	0.27	11.8

注　由于 20m 以上土层土质较软，在取土和运输过程中土的原状结构有所扰动，致使试验数据有些偏差，在设计使用时，建议对主要指标 γ、e 作如下修正：γ 减小 $1\sim1.5$kN/m³，e 值增大 0.2。

承载能力极限状态计算所需的岩土参数（c、φ），见表 1.32。

表 1.32　　　　　　承载能力极限状态计算所需的岩土参数 c、φ

层号	②	③	④	⑤	⑥	⑦	⑧	⑨
c/kPa	18.0	16.0	15.0	16.0	15.0	17.0	15.0	0
φ/(°)	20.0	17.0	16.0	19.0	16.0	22.0	14.0	26.0

（1）各层土承载力特征值及压缩性评价。

按《建筑地基基础设计规范》（GB 50007—2002）规范第 5.2.3 条的规定，依据室内试验、原位测试等资料，结合邻近场地资料综合确定各层土承载力特征值，见表 1.33。

表 1.33　　　　　　　　各层土承载力特征值一览表

层号	②	③	④	⑤	⑥	⑦	⑧
岩性	粉土	粉土	粉土	粉土	粉土	粉土	有机质粉黏
承载力特征值 f_{ak}/kPa	110	85	80	110	90	150	110

层号	⑨	⑩	⑪	⑫	⑫₁	⑬	⑭
岩性	粉砂	中砂	粉黏	粉土	细砂	粉土	粉黏
承载力特征值 f_{ak}/kPa	220	280	240	250	300	260	280

（2）各层土压缩性评价。经对室内试验和原位测试成果综合分析，确定各层土 100～200kPa 压力段的压缩模量值。据此判定，第③、④、⑥、⑧层土为高压缩性土，第⑨、⑩、⑫、⑫₁、⑬层土为低压缩性土，其余各层土为中等压缩性土。各层土不同压力段下的压缩模量值，见表 1.34、表 1.35。

表 1.34　　　　　　　各层土压缩模量及压缩性评价一览表

层号	②	③	④	⑤	⑥	⑦	⑧
岩性	粉土	粉土	粉土	粉土	粉土	粉土	有机质粉黏
压缩模量 E_s/MPa	6.1	3.7	3.2	6.1	4.2	10.2	4.3
压缩性评价	中	高	高	中	高	中	高

层号	⑨	⑩	⑪	⑫	⑫₁	⑬	⑭
岩性	粉砂	中砂	粉黏	粉土	细砂	粉土	粉黏
压缩模量 E_s/MPa	18.5	23.0	13.1	16.5	28.5	18.0	15.2
压缩性评价	低	低	中	低	低	低	低

表 1.35　　　　　各层土不同压力段下高压固结试验结果 E_s（MPa）统计

层　号	岩性	项目	$E_{s0.2\sim0.4}$	$E_{s0.4\sim0.6}$	$E_{s0.8\sim1.2}$	$E_{s1.2\sim1.6}$	$E_{s1.6\sim3.2}$
⑪	粉土	样本数	4	4	4	4	4
		最大值 max	15.43	23.77	36.48	50.21	61.54
		最小值 min	10.82	14.81	18.98	21.51	23.09
		平均值 μ	12.99	18.06	25.19	32.21	37.68

层　号	岩性	项目	$E_{s0.2\sim0.4}$	$E_{s0.4\sim0.6}$	$E_{s0.8\sim1.2}$	$E_{s1.2\sim1.6}$	$E_{s1.6\sim3.2}$
⑫	粉土	样本数	6	6	6	6	6
		最大值 max	25.79	34.16	45.10	61.74	75.96
		最小值 min	10.60	16.06	24.17	31.69	36.81
		平均值 μ	17.81	24.77	35.30	45.65	54.55
⑬	粉土	样本数	7	7	7	7	7
		最大值 max	19.36	25.73	38.32	54.29	67.82
		最小值 min	14.00	20.70	30.45	40.44	47.16
		平均值 μ	16.86	24.45	35.66	46.69	55.69
⑭	粉黏	样本数	8	8	8	8	8
		最大值 max	21.87	26.73	32.47	37.14	44.12
		最小值 min	11.92	14.88	21.84	26.85	30.49
		平均值 μ	14.02	19.24	26.39	33.24	38.47

2. 地下水作用评价

(1) 地下水浮力估算。根据本场地的水文地质条件，从最不利因素考虑，近 3～5 年最高水位为 2.0m 左右，历史最高水位约为 1.0m 左右，抗浮设防水位按 1.0m 考虑。而预估基坑开挖深度为 9.0m，则拟建建筑物基础底面单位面积所承受最大浮力为 80kN/m²。

(2) 地下水潜蚀的可能性评价。潜蚀作用是指在施工降水等过程中产生水头差，在动水压力作用下，细颗粒受到冲击，造成土结构破坏的现象。拟建建筑物基坑开挖深度为 9.0m，基坑降水至 10.0m 深度内主要为第②～⑤层粉土，当不考虑支护结构时，粉土产生潜蚀的临界水力坡度 I_{cr1} 在 1.138～1.163 之间，详见表 1.36。

表 1.36　　　　　　　　　　地下水潜蚀、流沙所需参数计算表

层号	岩性	层底深度 /m	重度 γ /(kN/m³)	比重 G_s	孔隙比 e	孔隙度 n	渗透系数 k /(m/d)	潜蚀临界水力坡度 I_{cr1}	流沙水力坡度 I_{cr2}
②	粉土	2.0～2.3	18.4	2.71	0.864	0.464	0.5	1.149	0.917
③	粉土	4.0～4.9	18.7	2.71	0.873	0.466	0.5	1.146	0.913
④	粉土	6.8～9.4	19.2	2.71	0.881	0.468	0.5	1.144	0.910
⑤	粉土	9.4～10.5	19.5	2.71	0.835	0.455	0.5	1.159	0.932

注　判断潜蚀公式：$I_{cr1} = (G_s - 1)(1 - n) + 0.5n$；
　　　判断流砂公式：$I_{cr1} = (G_s - 1)(1 - n)$；
　　　孔隙度：$n = e/(1 + e)$。

(3) 地下水的流砂的可能性评价。流砂作用是指饱和的砂土、粉土在动水压力即水头差

的作用下，发生悬浮流动的现象，常发生于粉细砂和粉土层中。经计算，发生流砂的临界水力坡度 I_{cr2} 为 $0.910 \sim 0.932$。

综上所述，基坑开挖时，基坑降水的过程中产生的水力坡度大于上述临界值时，地下水有发生潜蚀、流砂的可能性。因此，基坑施工时应采取相应措施，减小水力坡度，从而防止潜蚀和流砂的发生，并防止基坑底部的突涌；保证基坑的安全。

3. 地下水腐蚀性评价

(1) 场地环境类型的划分。根据收集的气象资料了解，郑州市干燥指数 $K < 1.5$。属于湿润区。另外，拟建场地内浅部地基的岩性以粉土为主，属弱透水层，根据《岩土工程勘察规范》（GB 50021—2001）附录 G，综合上述因素，确定拟建场地环境类型为Ⅲ类。

(2) 地下水水质分析结果。为了评价地下水对建筑材料的腐蚀性，从场区钻孔中取 2 组水样作水质简分析，分析结果见表 1.37。

表 1.37　　　　　　　　　地下水腐蚀性评价结果表

评价分项	按环境类型水对混凝土结构的腐蚀性评价					按地层渗透性水对混凝土结构的腐蚀性评价			水对钢筋混凝土中钢筋的腐蚀性评价	水对钢结构腐蚀性评价
评价条件	环境类型：Ⅲ类					弱透水层：A			干湿交替	
项目	SO_4^{2-} /(mg /L)	Mg^{2+} /(mg /L)	NH_4^+ /(mg /L)	OH^- /(mg /L)	总 TDS /(mg /L)	pH 值	侵蚀性 CO_2 /(mg /L)	HCO_3^- /(mmol /L)	$Cl^- +$ $SO_4^{2-} \times 0.25$ /(mg /L)	$Cl^- +$ SO_4^{2-} /(mg /L)
9 号孔水样	164.74	27.6			831.34	7.3	0.0	10.0	93.66	217.21
19 号孔水样	255.52	47.7			987.20	7.3	0.0	9.46	157.11	348.78
腐蚀性评价	无	无	无	无	无		无	无	弱	弱

按照《岩土工程勘察规范》（GB 50021—2001）12.2 条腐蚀性评价标准，该场地地下水对混凝土结构没有腐蚀性，但对钢筋混凝土结构中的钢筋有弱腐蚀性，同时对钢结构也有弱腐蚀性。需根据《工业建筑防腐设计规范》（GB 50046）的有关规定采取防护措施。

说明：本勘察报告为 2005 年编写，故水质评价以当时发布的勘察规范、规程为依据。

4. 近场地震构造评价

根据河南省地震局某单位提供的"某大厦工程场地地震安全性评价工作报告"，近场区位于嵩山隆起与郑汴坳陷接壤处，属河淮地震带，区内发育有北西向的老鸦陈断层、花园口断层、古荥断层和北西西-近东西向的上街断层、须水断层，这些断层在区内交会。其中老鸦陈断层为晚更新世活动断层，距工程场址 4km。该区曾于 928 年发生郑州4.75 级地震。老鸦陈断裂 1974 年 4 月在邙山已发生过 2.7 级地震。近场区存在发生中强地震的背景。

5. 场地地震效应评价

(1) 抗震设防烈度及地震动参数。

据《建筑抗震设计规范》（GB 50011—2001）附录 A，郑州市抗震设防烈度为Ⅶ度，设计地震分组为第一组，设计基本地震加速度值为 0.15g。

（2）波速测试结果。

根据现场 2 个钻孔的波速测试资料，对各土层的剪切波速进行统计，其结果列于表1.38、表 1.39。

表 1.38　　　　　　　　　　　　　　波 速 测 试 参 数 表

| 10 号孔 | | | | 14 号孔 | | | |
深度 H /m	横波速度 v_s /(m/s)	深度 H /m	横波速度 v_s /(m/s)	深度 H /m	横波速度 v_s /(m/s)	深度 H /m	横波速度 v_s /(m/s)
2	175	44	453	2	175	44	443
4	122	46	397	4	184	46	397
6	164	48	454	6	159	48	443
8	176	50	454	8	131	50	454
10	162	52	454	10	183	52	454
12	207	54	455	12	175	54	455
14	263	56	530	14	186	56	523
16	271	58	455	16	226	58	455
18	220	60	456	18	227	60	456
20	196	62	399	20	199	62	421
22	240	64	399	22	212	64	411
24	310	66	456	24	245	66	456
26	345	68	532	26	266	68	532
28	389	70	589	28	354	70	588
30	315	72	558	30	290	72	556
32	316	74	532	32	354	74	532
34	316	76	533	34	319	76	533
36	288	78	553	36	299	78	553
38	317	80	565	38	317	80	562
40	369	82	554	40	372	82	551
42	396			42	394		

表 1.39 剪切波速测试结果统计表

层　号	岩土名称	剪切波速 v_s /(m/s)			
		样本数	最大值	最小值	样本数
②	粉土	2	175	175	175.0
③	粉土	2	184	122	153.0
④	粉土	2	164	159	161.5
⑤	粉土	3	176	131	156.3
⑥	粉土	2	207	183	195.0
⑦	粉土	3	263	175	208.0
⑧	有机质粉质黏土	4	271	220	236.0
⑨	粉砂	3	212	196	202.3
⑩	中砂	9	354	240	306.0
⑪	粉质黏土	3	354	316	328.7
⑫	粉土	7	394	288	340.7
⑬	粉土	16	530	397	454.8
⑭	粉质黏土	14	588	399	486.4
⑮	细砂	4	533	532	532.5
⑯	粉质黏土	6	565	553	556.3

（3）场地土类型和建筑场地类别。

根据河南省地震局某单位提供的波速测试结果，场地土层的等效剪切波速的计算深度取20m，则所测两孔处土层的等效剪切波速 V_{se} 分别为 186.0m/s、180.0m/s，平均值为183.0m/s。本场地覆盖层厚度为66m。

根据《建筑抗震设计规范》（GB 50011—2010）第 4.1.3 条，本场地为中软场地土；覆盖层厚度大于 50m，属Ⅲ类建筑场地。

郑州市抗震设防烈度为Ⅶ度，设计基本地震加速度值为 0.15g，设计地震分组为第一组；按照《岩土工程勘察规范》（GB 50021—2001）规范第 5.1.4 条，场地特征周期为 0.45s。

（4）场地和地基土液化评价。

本场地近 3～5 年最高水位为 2.0m 左右，历史最高水位约为 1.0m 左右，抗浮设防水位按 1.0m 考虑。20m 深度范围内为第四系全新统冲洪积物，依据《岩土工程勘察规范》（GB 50021—2001）第 4.3.3 条进行初步判定，本场地地基土有液化可能，需进一步进行液化判别。依据《岩土工程勘察规范》（GB 50021—2001）第 4.3.4 条、第 4.3.5 条，根据标准贯入试验结果，按单孔单点法进一步进行液化判别，判定结果见表 1.40。

表1.40　　　　　　　　　　　标准贯入试验液化判别一览表

孔号	层号	岩土名称	试验深度/m	粘粒含量/%	标贯击数/击	液化临界击数/击	代表厚度/m	液化指数	判别结果	液化层液化指数合计	液化等级
6	②	粉土	1.0～1.3	13.7	6				不液化	6.72	中等液化
	③	粉土	2.0～2.3	8.1	4	4.53	1.0	1.17	液化		
			3.0～3.3	8.7	3	4.84	1.0	3.80	液化		
			4.0～4.3	18.8	4				不液化		
	④	粉土	5.0～5.3	>20	5				不液化		
			6.0～6.3	>20	8				不液化		
	⑤	粉土	7.0～7.3	19.6					不液化		
			8.0～8.3	16.0	9				不液化		
			9.0～9.3	7.1	6	8.48	1.0	1.75	液化		
	⑥	粉土	10.0～10.3	8.7	5	8.12	1.0	1.72	液化		
			11.0～11.3	>20	5				不液化		
			12.0～12.3	12.1	6				不液化		
			13.0～13.3	13.7					不液化		
	⑦	粉土	14.0～14.3	5.3	18	12.81			不液化		
			15.0～15.3	5.7	21	12.76			不液化		
	⑨	粉砂	19.0～19.3	3	25	17.60			不液化		
			20.0～20.3	3	28	17.60			不液化		
15	②	粉土	1.0～1.3	9.0	4	3.83				3.66	轻微液化
			2.0～2.3	10.8	5						
	③	粉土	3.0～3.3	12.4	4						
			4.0～4.3	20	5						
	④	粉土	5.0～5.3	13.8	2						
			6.0～6.3	12.1	4						
			7.0～7.3	7.2	5	7.38	1.0	2.42	液化		
	⑤	粉土	8.0～8.3	7.3	6	7.85	1.0	1.65	液化		
			9.0～9.3	9.0	5	7.52	1.0	2.01	液化		
	⑥	粉土	10.0～10.3	20.0	6						
			11.0～11.3	13.8	6						
			12.0～12.3	15.8	7						
	⑦	粉土	13.0～13.3	7.0	18	10.64					
			14.0～14.3	5.6	12	12.48		0.20	液化		
			15.0～15.3	9.0	13	10.16					

续表

孔号	层号	岩土名称	试验深度/m	粘粒含量/%	标贯击数/击	液化临界击数/击	代表厚度/m	液化指数	判别结果	液化层液化指数合计	液化等级
17	②	粉土	1.0～1.3	7.8	4	4.12	1.0	0.29	液化	1.99	轻微液化
			2.0～2.3	12.8	6				不液化		
	③	粉土	3.0～3.3	7.1	7	5.36			不液化		
			4.0～4.3	>20.0	9				不液化		
	④	粉土	5.0～5.3	17.9	7				不液化		
	⑤	粉土	7.0～7.3	11.1	9				不液化		
			8.0～8.3	9.4	5	6.9	1.0	1.93	液化		
			9.0～9.3	7.8	5	8.08	1.0	0.06	液化		
	⑥	粉土	10.0～10.3	8.8	5	8.08	1.0	1.91	液化		
			11.0～11.3	>20.0	5				不液化		
	⑦	粉土	12.0～12.3	9.2	18	8.82			不液化		
			13.0～13.3	9.2	17	9.27			不液化		
			14.0～14.3	5.2	20	12.95			不液化		
			15.0～15.3	5.8	22	12.65			不液化		
	⑨	粉砂	19.0～19.3	3	34	17.6			不液化		
19	②	粉土	1.15～1.45	7.5	6	4.27			不液化	3.72	轻微液化
	③	粉土	2.15～2.45	7.7	5	4.72			不液化		
			3.15～3.45	7.7	4	5.22	1.0	2.34	液化		
			4.15～4.45	7.7	6	5.72			不液化		
	④	粉土	5.15～5.45	20.0	7				不液化		
			6.15～6.45	14.4	7				不液化		
			7.15～7.45	12.9	5				不液化		
	⑤	粉土	8.15～8.45	7.9	6	7.61	1.0	1.38	液化		
			9.15～9.45	8.2	9	7.96			不液化		
	⑥	粉土	10.15～10.45	14.6	2				不液化		
			11.15～11.45	16.3	7				不液化		
	⑦	粉土	12.15～12.45	8.6	15	9.20			不液化		
			13.15～13.45	14.6	9				不液化		
			14.15～14.45	6.2	11	11.94	1.0	0.08	液化		
			15.15～15.45	6.2	8	12.25	1.0	1.14	液化		
	⑨	粉砂	17.15～17.45	3	25	17.6			不液化		
			18.15～18.45	3	20	17.6			不液化		
			19.15～19.45	3	34	17.6			不液化		

　　按照液化判别先横后纵的原则，本场地4个标贯液化判别孔中第②层粉土6个标贯点中仅1个点液化，判定第②层粉土为非液化土层；第③层粉土中10个标贯点中有3个点液化，

判定第③层粉土为液化土层；第④层粉土中 10 个标贯点中 1 个点液化，判定第④层粉土为非液化土层；第⑤层粉土 10 个液化判别点中有 6 个点液化，判定第⑤层粉土为液化土层；第⑥层粉土 9 个液化判别点中有 2 个点液化，判定第⑥层粉土为非液化土层；第⑦层粉土 15 个液化判别点中有 2 个点液化，判定第⑦层粉土为非液化土层；第⑨层粉砂 6 个标贯点中无液化点，判定第⑨层粉砂为非液化土层。

经对场地标准贯入试验成果的对比分析，综合判定本场地第③层粉土和第⑤层粉土为液化土层，其液化指数分别为 6.72（6 号孔）、3.66（15 号孔）、3.72（19 号孔）、1.99（17 号孔），即 4 个孔中 1 个孔为中等液化，3 个孔为轻微液化，综合判定本场地为轻微液化场地。

（5）软土震陷可能性分析。

根据《岩土工程勘察规范》（GB 50021—2001）规范第 5.7.11 条规定，本场地地基土承载力特征值均大于 80kPa，各层土平均剪切波速均大于 90m/s，故本场地可不考虑软土震陷的影响。

综上所述，本场地土为中软场地土，Ⅲ类建筑场地，场地特征周期为 0.45s，属轻微液化场地，按照《岩土工程勘察规范》（GB 50021—2001）规范第 4.3.6 条，对丙类建筑，需对基础和上部结构处理，亦可不采取措施。按照《岩土工程勘察规范》（GB 50021—2001）第 4.1.1 条，判定拟建场地为建筑抗震不利地段。

（6）场地稳定性和适宜性评价。

根据"郑州荣勋大厦工程场地地震安全性评价工作报告"，近场区存在发生中强地震的背景。根据 GB 50011—2001 规范第 4.1.7 条，本工程可不考虑活动断裂错动的影响；场地内无发现不良地质现象，场地为轻微液化场地，属建筑抗震不利地段，但经适当处理后认为本场地是稳定的，适宜建筑施工。

任务 1.7　岩土工程勘察报告的编写

岩土工程勘察报告是岩土工程勘察的文字成果，提供工程建设的规划、设计和施工参考应用。岩土工程勘察报告的编写是在综合分析各项勘察工作所取得的成果基础上进行的，必须结合建筑类型和勘察阶段规定选取内容和格式。各类勘察规范中虽然有编写工岩土工程勘察报告的提纲，但也要根据实际情况适当灵活，不可受其拘束，强求统一。

总的说来，报告应当简明扼要，切合主题，内容安排应当合乎逻辑顺序，前后连贯，成为一个严密的整体；所提出的论点，应有充分的实际资料为依据，并附有必要的插图、照片以及表格，以佐文字说明。有些报告书，甚至可以适当采用表格形式列举实际资料，能起到节省文字，加强对比的作用。但对论证问题来说，文字说明应作为主要形式。因而，以"表格化"代替报告书是不可取的。

报告书任务在于阐明工作地区的工程地质条件，分析存在的工程地质问题，从而对建筑地区作出工程地质评价，提出合理的防治措施，最终得出结论。

1.7.1　岩土工程勘察报告的编制程序

1. 岩土工程勘察报告的编制程序

（1）外业和实验资料的汇集、检查和统计。此项工作应于外业结束后即进行。首先应检查各项资料是否齐全，特别是实验资料是否齐全，同时可编制测量成果表、勘察工作量统计表和勘探点（钻孔）平面位置图。

（2）对照原位测试和土工试验资料，校正现场地质编录。这是一项很重要的工作，但往往被忽视，从而出现野外对岩土的定名与实验资料相矛盾，当野外对岩土定名与原位测试和实验资料相矛盾时，应找出原因，并修改校正，使野外对岩土的定名及状态鉴定与实验资料和原位测试数据相吻合。

（3）编绘钻孔工程地质综合柱状图。

（4）划分岩土地质分层，编制分层统计表，进行数理统计。地基岩土的分层恰当与否，直接关系到评价的正确性和准确性。因此，此项工作必须按地质年代、成因类型、岩性、状态、风化程度、物理力学特征来综合考虑，正确地划分每一个单元的岩土层。然后编制分层统计表，包括各岩土层的分布状态和埋藏条件统计表，以及原位测试和室内试验测试的物理力学统计表等。最后，进行分层试验资料的数理统计，查算分层地基承载力。

（5）编绘工程地质剖面图和其他专门图件。

（6）编写文字报告。按以上顺序进行工作可减少重复，提高效率；避免差错，保证质量。在较大的勘察场地或地质地貌条件比较复杂的场地，应分区进行勘察评价。

2. 岩土工程勘察报告编写的基本要求

（1）岩土工程勘察报告所依据的原始资料，应进行整理、检查、分析，确认无误后方可使用。

（2）岩土工程勘察报告应资料完整、真实准确、数据无误、图表清晰、结论有据、建议合理、便于使用和适宜长期保存，并应因地制宜，重点突出，有明确的工程针对性。

（3）岩土工程勘察报告应根据任务要求、勘察阶段、工程特点和地质条件等具体情况编写。

（4）岩土工程勘察报告应对岩土利用、整治和改造的方案进行分析论证，提出建议；对工程施工和使用期间可能发生的岩土工程问题进行预测，提出监控和预防措施的建议。

（5）成果报告应附的图件有：勘探点平面布置图、工程地质柱状图、工程地质剖面图、原位测试成果图表、室内试验成果图表。需要时可附综合工程地质图、综合地质柱状图、地下水等水位线图、素描、照片、综合分析图表以及岩土利用、整治和改造方案的有关图表、岩土工程计算简图及计算成果图表等。

（6）对岩土的利用、整治和改造的建议，宜进行不同方案的技术经济论证，并提出对设计、施工和现场监测要求的建议。

（7）任务需要时，可提交的专题报告有：①岩土工程测试报告；②岩土工程检验或监测报告；③岩土工程事故调查与分析报告；④岩土利用、整治或改造方案报告；⑤专门岩土工程问题的技术咨询报告等。

（8）勘察报告的文字、术语、代号、符号、数字、计量单位、标点，均应符合国家有关标准的规定。

（9）对丙级岩土工程勘察的成果报告内容可适当简化，采用以图表为主，辅以必要的文字说明；对甲级岩土工程勘察的成果报告除应符合本节规定外，尚可对专门的岩土工程问题提交专门的试验报告、研究报告或监测报告。

（10）岩土工程勘察报告的编制除应符合《岩土工程勘察规范》（GB 50021—2001）外，特别应当严格执行《工程建设标准强制性条文》的规定。

1.7.2　岩土工程勘察报告的基本内容

岩土工程勘察报告应根据任务要求、勘察阶段、地质条件、工程特点和地质条件等具体情况编写。鉴于岩土工程的规模大小各不相同，目的要求、工程特点、自然条件等差别很大，要制定一个统一的适用于每个工程的岩土工程勘察报告内容和章节内容，显然是不切实际的。因此只能提出勘察报告基本内容，一般应包括下列各项。

1．报告的内容

（1）报告的基本内容。

岩土工程勘察报告的内容，应根据任务要求、勘察阶段、地质条件、工程特点等情况确定。鉴于岩土工程勘察的类型、规模各不相同，目的要求、工程特点和自然地质条件等差别很大，一般的岩土工程勘察报告应包括以下基本内容。

1）委托单位、场地位置、工作简况，勘察的目的、要求和任务，以往的勘察工作及已有资料情况。

2）勘察方法及勘察工作量布置，包括各项勘察工作的数量布置及依据，工程地质测绘、勘探、取样、室内试验、原位测试等方法的必要说明。

3）场地工程地质条件分析，包括地形地貌、地层岩性、地质构造、水文地质和不良地质现象等内容，对场地稳定性和适宜性作出评价。

4）岩土参数的分析与选用，包括各项岩土性质指标的测试成果及其可靠性和适宜性，评价其变异性，提出其标准值。

5）工程施工和运营期间可能发生的岩土工程问题的预测及监控、预防措施的建议。

6）根据地质和岩土条件、工程结构特点及场地环境情况，提出地基基础方案、不良地质现象整治方案、开挖和边坡加固方案等岩土利用、整治和改造方案的建议，并进行技术经济论证。

7）对建筑结构设计和监测工作的建议，工程施工和使用期间应注意的问题，下一步岩土工程勘察工作的建议等。

岩土工程勘察报告应对岩土利用、整治和改造的方案进行分析论证，提出建议；进行不同方案的技术经济论证，并提出对设计、施工和现场监测要求的建议。对工程施工和使用期间可能发生的岩土工程问题进行预测，提出监控和预防措施的建议。

（2）专题报告。

任务需要时，可提交下列专题报告：

1）岩土工程测试报告，如某工程旁压试验报告（单项测试报告）。

2）岩土工程检验或监测报告，如某工程验槽报告（单项检验报告）、某工程沉降观测报告（单项监测报告）。

3）岩土工程事故调查与分析报告，如某工程倾斜原因及纠倾措施报告（单项事故调查分析报告）。

4）岩土利用、整治或改造方案报告，如某工程深基开挖的降水与支挡设计（单项岩土工程设计）。

5）专门岩土工程问题的技术咨询报告，如某工程场地地震反应分析（单项岩土工程问题咨询）、某工程场地土液化势分析评价（单项岩土工程问题咨询）。

2．报告的内容结构

工程地质报告书既是工程地质勘察资料的综合、总结，也是工程设计的地质依据。应明确回答工程设计所提出的问题，并应便于工程设计部门的应用。报告书正文应简明扼要，但足以说明工作地区工程地质条件的特点，并对工程场地做出明确的工程地质评价（定性、定量）。报告由正文、附图、附件三部分组成。

正文部分包含以下内容

（1）绪论，说明勘察工作任务，要解决的问题，采用方法及取得的成果。并应附实际材料图及其他图表。

（2）通论，阐明工程地质条件、区域地质环境，论述重点在于阐明工程的可行性。通论在规划、初勘阶段中占有重要地位，随勘察阶段的深入，通论比重减少。

（3）专论，是报告书的中心，重点内容着重于工程地质问题的分析评价。对工程方案提出建设性论证意见，对地基改良提出合理措施。专论的深度和内容与勘察阶段有关。

（4）结论，在论证基础上，对各种具体问题作出简要、明确的回答。

1.7.3　岩土工程勘察报告应附的图表

在绘制图表时，图例样式，图表上线条的粗细、线条的样式、字体大小、字形的选择等应符合有关的规范和标准。主要的图件有以下几种。

1. 勘探点（钻孔）平面位置图

表示的主要内容包括：①建筑平面轮廓；②钻孔类别、编号、深度和孔口标高，应区分出技术孔、鉴别孔、抽水试验孔、取水样孔、地下水动态观测孔、专门试验孔（如孔隙水压力测试孔）；③剖面线和编号：剖面线应沿建筑周边、中轴线、柱列线、建筑群布设，较大的工地，应布设纵横剖面线；④地质界线和地貌界线；⑤不良地质现象、特征性地貌点；⑥测量用的坐标点、水准点或特征地形地物；⑦地理方位。勘探点平面位置图如图1.6所示。

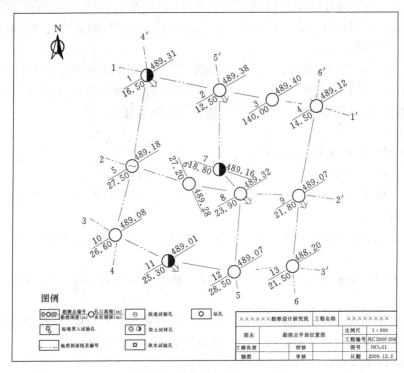

图1.6　勘探点平面布置图

2. 钻孔工程地质柱状图

岩土单元综合柱状图，是在综合地层柱状图基础上，按地质年代进一步划出工程地质单元绘制成的图件。柱状图的内容主要有地层代号、岩土分层序号、层顶深度、层顶标高、层厚、地质柱状图、钻孔结构、岩芯采取率、岩土性质描述、岩土取样深度和样号和相关数据。在地质柱状图上，第四系与下伏基岩应表示出不整合接触关上方，应标明钻孔编号、坐标、孔口标高、地下水静止水位埋深、施工日期等。柱状图一般采用 1∶100 或 1∶200 比例尺（图 1.7）。

钻孔柱状图

工程名称	××××项目								
工程编号	KC-				钻孔编号	zk			
孔口高程/m	1486.84	坐	X=		开工日期		稳定水位深度/m		
孔口直径/mm	127.00	标	Y=		竣工日期		测量水位日期		
地层编号	成因时代	层底标高/m	层底深度/m	层厚/m	柱状图比例尺 1∶100	岩土名称及其特征	取样位置/m	标贯击数/击	
①	Q₄ᵐˡ	1486.44	0.4000	0.40		耕填土：褐、红褐色，主要由黏性土、角砾、少量植物根系组成，结构松散，一般厚度为 1.5～3.5m			
③	Q₄ᵈˡ⁺ᵖˡ	1482.24	4.600	4.20		碎石土：黄褐色、黄色、红褐色，松散—稍密，碎石含量在 50%～70%，呈次棱角状，成分以砂岩、泥岩为主，次为玄武岩；厚度一般为 2.0～8.0m，该层在场地内部分地段分布连续			
④₂		1478.54	8.3000	3.70		强风化泥岩：紫—紫红，泥质结构，层状构造，部分矿物成分已风化、蚀变褪色；质软，亲水性强，遇水易泥化，锤击易碎，易崩解，力学强度一般不高，岩芯以碎块石状为主，短柱状次之，钻进较易			
⑤₁	P₂l	1471.84	15.0000	6.70		强风化砂岩：灰黑、灰白色等，矿物成分除石英外，大部分已经风化、蚀变褪色；节理裂隙发育，部分节理面被红褐色铁锰质氧化物浸染；岩芯多呈短柱状和碎块状，取芯岩样破碎，锤击声哑，钻进较易			
⑤₂		1468.24	18.6000	3.60		中等风化砂岩：褐灰—灰黑色，岩芯多呈短—长柱状，节理裂隙较发育，部分节理面被红褐色铁锰质氧化物侵染；取芯岩样较完整，岩体坚硬，锤击声清脆			
×××工程设计院有限公司		技术负责			审核		图号	NO:100	日期　2012.×.××

图 1.7　钻孔柱状图

3. 工程地质剖面图

工程地质剖面图是了解建筑场地深部地质条件和进行地基基础设计的主要图件。这种图直接用钻孔、探井等勘探资料（探井、钻孔综合柱状图）绘制而成。绘图时，先绘水平坐标，定出钻孔或探井间的距离，再绘纵坐标，定各钻孔或探井的地面标高，各标高点连线表示地面。然后再在钻孔（或探井）线上用符号及一定比例尺按岩层由上而下的次序表明其厚度和岩性，将同地质时代的同种岩层连线后，绘上岩层符号、图例和比例尺，即是工程地质剖面图。绘图比例尺常采用 1∶100～1∶500。剖面各孔柱应标明分层深度、钻孔孔深和岩性花纹，以及岩土取样位置及原位测试位置和相关数据（如标贯锤击数、静力触探曲线、动力触探曲线、分层承载力建议值等）。在剖面图旁侧，应用垂直线比例尺标注标高，孔口高程须与标注的标高一致。剖面上邻孔间的距离用数字写明，并附上岩性图例（图 1.8）。

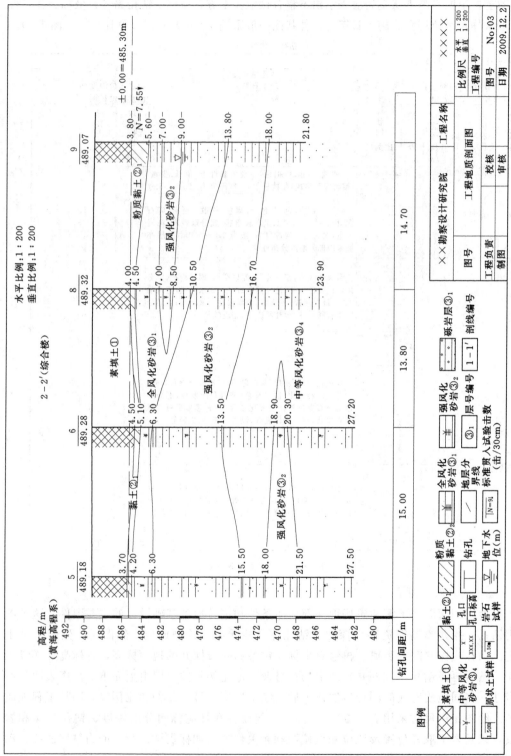

图 1.8 工程地质剖面图

4. 专门性图件

常见的专门性图件有第四系地层分布图，水文地质图，地下水等水位线图，表层软弱土等厚线图，软弱夹层底板等深线图，基岩顶面等深线图，强风化、中风化或微风化岩顶面等深线图，硬塑或坚硬土等深线图，持力层层面等高线图等等。不言而喻，这些图件对于建筑工程设计、地基基础设计、建筑工程的施工各有用途。有的图件还可以反映隐伏的地质条件，如中风化顶面等深线图，可以反映隐伏的断层；等深线上呈线状伸展的沟部，往往是断层通过地段。专门性图件并非每一勘察报告都做，视勘察要求、反映重点而定。

5. 主要的附表、插表

（1）岩土试验成果表。室内试验成果图表、原位测试成果图表等，见表 1.42、表 1.43。

表 1.41　　　　　　　　　　　**室内试验和原位测试成果图表**

土层序号及名称　　指标	天然含水率 $w/\%$	天然重度 $r/(kN/m^3)$	天然孔隙比 e	液限 $w_L/\%$	塑性指数 I_P	液性指数 I_L	压缩系数 $a/(1/MPa)$	压缩模量 E_s/MPa	黏聚力 C/kPa	内摩擦角 $\varphi/(°)$	标贯击数 /击
组　数											
范围值											
均　值											
标准差											
变异系数											
标准值											

表 1.42　　　　　　　　　　　**勘察场地各岩土层原位测试成果统计结果**

土层编号	土层名称	指标名称	标准贯入试验 N/击数		静力触探试验			剪切波试验
					单桥	双桥		
			实际击数 N/击	修正后击数 N/击	比贯入阻力 P_s/kPa	锥尖阻力 q_c/kPa	侧壁阻力 f_s	剪切波速 v_s
		统计个数						
		取舍个数						
		最大值						
		最小值						
		平均值						

（2）地基土物理力学指标数理统计成果表。按岩、土分别分层，按孔号、样号顺序编制；每一分层之后列出统计值，如区间值、一般值、平均值、最大平均值、最小平均值、标准差、变异系数等。

（3）原位测试成果表。分层按孔号、试验深度编制，要列统计值，并查算地基承载力特征值。

（4）钻孔抽水试验成果表。按孔号、试段深度编制，列出静止水位、降深、涌水量、单位涌水量、水温和水样编号。

（5）桩基力学参数表。如果建议采用桩基础，应按选用的桩型列出分层桩周摩擦力，并考虑桩的入土深度确定桩端土承载力。除上述附表之外，有的分层复杂时，应编制地基岩土划分及其埋藏深度。

（6）其他。当需要时，尚可附素描、照片、综合分析图表以及岩土利用、整治和改造方案的有关图表、岩土工程计算简图及计算成果图表等。

【实例1.6】　一般性岩土勘察报告目录

目　录

　　注：岩土工程勘察报告并没有固定的内容和格式，在编写过程中要按照相关规范要求，结合场地地质情况和建筑物特征来确定具体的内容，切忌生搬硬套。

项目2 特殊性岩土的勘察

【学习目标】掌握膨胀土、红黏土、软土、湿陷性岩土的特征、勘察要点和分析评价方法；了解混合土、填土、多年冻土、盐渍岩土、风化岩和残积土、污染土的特征和勘察要点。

【重点】膨胀土、红黏土、软土、湿陷性岩土的勘察要点和分析评价方法。

【难点】膨胀土、红黏土、软土、湿陷性岩土的分析评价方法。

任务2.1 膨胀岩土的勘察

膨胀岩土包括膨胀岩和膨胀土。膨胀岩的资料较少，对于膨胀岩的判定还没有统一指标，膨胀岩作为地基时可参照膨胀土的判定方法进行判定，在此主要讨论膨胀土。膨胀土是指由黏粒成分（主要由强亲水性矿物质）组成，并且具有显著胀缩性的黏性土。膨胀土具有强烈的亲水性，遇水后含水率增大，土体液化而丧失强度，导致雨后久久不能进入施工。

2.1.1 膨胀岩土的判别

国内外不同的研究者对膨胀岩土的判别标准和方法也不相同，大多采用综合判别法。《岩土工程勘察规范》（GB 50021—2001）规定对膨胀岩土的判别分为初判和终判两步。

2.1.1.1 膨胀岩土的初判

对膨胀岩土的初判主要是依据地貌形态、土的外观特征和自由膨胀率；终判是在初判的基础上结合各种室内试验及邻近工程损坏原因分析进行。

具有下列特征的土可初判为膨胀土：①多分布在二级或二级以上阶地、山前丘陵和盆地边缘；②地形平缓，无明显自然陡坎；③常见浅层滑坡、地裂、新开挖的路堑、边坡、基槽易发生塌；④裂缝发育、方向不规则，常有光滑面和擦痕，裂缝中常充填灰白、灰绿色黏土；⑤干时坚硬，遇水软化，自然条件下呈坚硬或硬塑状态；⑥自由膨胀率一般大于40%；⑦未经处理的建筑物成群破坏，低层较多层严重，刚性结构较柔性结构严重；⑧建筑物开裂多发生在旱季，裂缝宽度随季节变化。

2.1.1.2 膨胀岩土的终判

初判为膨胀土的地区，应计算土的膨胀变形量、收缩变形量和胀缩变形量，并划分胀缩等级。计算和划分方法应符合《膨胀土地区建筑技术规范》（GB 50112—2013）的规定。有地区经验时，亦可根据地区经验分级。

分析判定过程中应注意，虽然自由膨胀率是一个很有用的指标，但不能作为唯一依据，否则易造成误判；从实用出发，应以是否造成工程的损害为最直接的标准，但对于新建工程，不一定有已有工程的经验可借鉴，此时仍可通过各种室内试验指标结合现场特征判定；初判和终判不是互相分割的，应互相结合，综合分析，工作的次序是从初判到终判，但终判时仍应综合考虑现场特征，不能只凭个别试验指标确定。

对于膨胀岩，膨胀率与时间的关系曲线，以及在一定压力下膨胀率与膨胀力的关系对洞室的设计和施工具有重要的意义。

2.1.2 膨胀岩土的勘察要点

2.1.2.1 膨胀岩土地区的工程地质测绘和调查内容

为了综合判定膨胀土，从岩性条件、地形条件、水文地质条件、水文和气象条件以及当地建筑损坏情况和治理膨胀土的经验等诸方面，判定膨胀土及其膨胀潜势，进行膨胀岩土评价并为治理膨胀岩土提供资料。

（1）查明膨胀岩土的岩性、地质年代、成因、产状、分布以及颜色、节理、裂缝等外观特征。

（2）划分地貌单元和场地类型，查明有无浅层滑坡、地裂、冲沟以及微地貌形态和植被情况。

（3）调查地表水的排泄和积聚情况以及地下水类型、水位和变化规律。

（4）搜集当地降水量、蒸发力、气温、地温、干湿季节、干旱持续时间等气象资料，查明大气影响深度。

（5）调查当地建筑经验。

2.1.2.2 膨胀土地区勘探工作量的布置

（1）勘探点宜结合地貌单元和微地貌形态布置；其数量应比非膨胀岩土地区适当增加，其中采取试样的勘探点不应少于全部勘探点的 1/2。

（2）勘探孔的深度，除应满足基础埋深和附加应力的影响深度外，尚应超过大气影响深度；控制性勘探孔不应小于 8m，我国平坦场地的大气影响深度一般不超过 5m，故一般性勘探孔不应小于 5m。

（3）在大气影响深度内，每个控制性勘探孔均应采取Ⅰ级、Ⅱ级土试样，采取试样要求从地表下 1m 开始，取样间距不应大于 1.0m，在大气影响深度以下，取样间距可为 1.5～2.0m；一般性勘探孔从地表下 1m 开始至 5m 深度内，可取Ⅲ级土试样，测定天然含水率。大气影响深度是膨胀土的活动带，在活动带内，应适当增加试样数量。

2.1.2.3 膨胀岩土的室内试验

膨胀岩土的室内试验除应包括常规试验项目外，还应测定下列指标：

（1）自由膨胀率 δ_{ef}。《土工试验方法标准》（GB/T 50123—1999）规定自由膨胀率是指用人工制备的烘干土，在纯水中膨胀稳定后增加的体积与原有体积之比值，用百分数表示。按下式计算：

$$\delta_{ef} = \frac{V_w - V_0}{V_0} \tag{2.1}$$

式中　V_w——土样在水中膨胀稳定后的体积，mL；

V_0——土样原有体积，mL。

自由膨胀率可用来定性地判别膨胀土及其膨胀潜势。

（2）膨胀率 δ_{ep}。膨胀率是一定压力下，浸水膨胀稳定后试样增加的高度（稳定后高度与初始高度之差）与试样初始高度之比，用百分比表示。按下式计算：

$$\delta_{ep} = \frac{h_w - h_0}{h_0} \tag{2.2}$$

式中 h_w——土样在水中膨胀稳定后的高度，mm；

h_0——土样原有高度，mm。

膨胀率可用来评价地基的膨胀等级，计算膨胀土地基的变形量以及测定膨胀力。

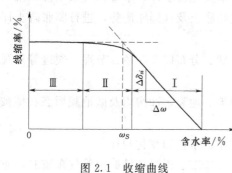

图 2.1 收缩曲线

（3）收缩系数。黏性土的收缩性是由于水分蒸发引起的。其收缩过程可分为两个阶段：第一阶段是土体积的缩小与含水率的减小成正比，呈直线关系；土减小的体积等于水分散失的体积；第二阶段土体积的缩小与含水率的减少呈曲线关系。土体积的减少小于失水体积，随着含水率的减少，土体积收缩愈来愈慢。收缩曲线如图 2.1 所示。

原状土样在直线收缩阶段，含水率减少 1% 时的竖向线缩率，即为收缩系数，用 λ_s 表示。

$$\lambda_s = \frac{\Delta\delta_{si}}{\Delta\omega} \tag{2.3}$$

式中 $\Delta\delta_{si}$——收缩曲线上第 I 段两点线缩率之差，%；

$\Delta\omega$——相应于 δ_{si} 两点含水率之差，%。

收缩系数可用来评价地基的胀缩等级，计算膨胀土地基变形量。

（4）膨胀力（p_e）。不扰动土试样体积不变时，由于浸水膨胀产生的最大应力。膨胀力可用来衡量土的膨胀势和考虑地基的承载能力。膨胀力的测量方法有压缩膨胀法、自由膨胀法、等容法。

2.1.3 膨胀土地基评价

2.1.3.1 膨胀岩土场地分类

按地形地貌条件可分为平坦场地和坡地场地。大量调查研究资料表明，坡地膨胀岩土的问题比平坦场地复杂得多，故将场地类型划分为平坦和坡地场地。

符合下列条件之一者应划为平坦场地：

（1）地形坡度小于 5°，且同一建筑物范围内局部高差不超过 1m。

（2）地形坡度大于 5°小于 14°，与坡肩水平距离大于 10m 的坡顶地带。

不符合以上条件的应划为坡地场地。

2.1.3.2 膨胀潜势

膨胀土的膨胀潜势可按其自由膨胀率分为三类（表 2.1）。

表 2.1	膨 胀 土 的 膨 胀 潜 势
自由膨胀率/%	膨胀潜势
$40 \leqslant \delta_{ef} < 65$	弱
$65 \leqslant \delta_{ef} < 90$	中
$\delta_{ef} \geqslant 90$	强

2.1.3.3　膨胀土的胀缩等级

根据地基的膨胀、收缩变形对低层砖混房屋的影响，地基土的膨胀等级可按分级变形量分为三级（表 2.2）。

表 2.2	膨胀土地基的胀缩等级
地基分级变形量/mm	级　别
$15 \leqslant s_c < 35$	I
$35 \leqslant s_c < 70$	II
$s_c \geqslant 70$	III

地基分级变形中膨胀率采用的压力应为 50kPa。由于各地区的膨胀土的特征不同，性质各有差异，有的地区对本地区的膨胀土有深入的研究。因此，膨胀土的分级，亦可按地区经验划分。

2.1.3.4　膨胀土地基的变形量

膨胀土地基的计算变形量应符合下式要求：

$$s_j \leqslant [s_j] \tag{2.4}$$

式中　　s_j——天然地基或人工地基及采取其他处理措施后的地基变形量计算值，mm；

$[s_j]$——建筑物的地基容许变形值，mm，可按照表 2.3 取值。

表 2.3	建筑物地基容许变形值		
结　构　类　型	相对变形		变形量 /mm
	种类	数量	
砖混结构	局部倾斜	0.001	15
房屋三到四开间及四角有构造柱或配筋砖混承重结构	局部倾斜	0.0015	30
工业与民用建筑相邻桩基 （1）框架结构无填充墙 （2）框架结构有填充墙 （3）当基础不均匀升降时不产生附加应力的结构	变形差 变形差 变形差	$0.001l$ $0.005l$ $0.003l$	30 20 40

注　l 为相邻桩基的中心距离，m。

膨胀土地基变形量的取值应符合下列规定：

（1）膨胀变形量应取基础某点的最大膨胀上升量。

（2）收缩变形量应取基础某点的最大收缩下沉量。

（3）胀缩变形量应取基础某点的最大膨胀上升量与最大收缩下沉量之和。

（4）变形差应取相邻两基础的变形量之差。

（5）局部倾斜应取砖混承重结构沿纵墙 6～10m 内基础两点的变形量之差与其距离的比值。

2.1.3.5　膨胀土地基承载力确定

（1）载荷试验法。对荷载较大或没有建筑经验的地区，宜采用浸水载荷试验方法确定地基土的承载力。

（2）计算法。采用饱和单轴不排水快剪试验确定土的抗剪强度，再根据建筑地基基础设计规范或岩土工程勘察规范的有关规定计算地基土的承载力。

（3）经验法。对已有建筑经验的地区，可根据成功的建筑经验或地区经验值确定地基土的承载力。

2.1.3.6　膨胀岩土地基的稳定性

位于坡地场地上的建筑物的地基稳定性按下列几种情况验算：

（1）土质均匀且无节理同时按圆弧滑动法验算。

（2）岩土层较薄，层间存在软弱层时，取软弱层面为潜在滑动面进行验算。

（3）层状构造的膨胀岩土，当层面与坡面斜交角小于 45°时，验算层面的稳定性。

验算稳定性时，必须考虑建筑物和堆料荷载，抗剪强度应为土体沿潜在滑动面的抗剪强度，稳定安全系数可取 1.2。

2.1.3.7　膨胀土地区岩土工程评价的要求

当拟建场地或其邻近有膨胀岩土损坏的工程时，应判定为膨胀岩土，并进行详细调查，分析膨胀岩土对工程的破坏机制，估计膨胀力的大小和胀缩等级。

（1）对建在膨胀岩土上的建筑物，其基础埋深、地基处理、桩基设计、总平面布置、建筑和结构措施、施工和维护，应符合《膨胀土地区建筑技术规范》（GB 50112—2013）的规定。

（2）一级工程的地基承载力应采用浸水载荷试验方法确定；二级工程宜采用浸水载荷试验；三级工程可采用饱和状态下不固结不排水三轴剪切试验计算或根据已有经验确定。

（3）对边坡及位于边坡上的工程，应进行稳定性验算；验算时应考虑坡体内含水率变化的影响；均质土可采用圆弧滑动法，有软弱夹层及层状膨胀岩土应按最不利的滑动面验算；具有胀缩裂缝和地裂缝的膨胀土边坡，应进行沿裂缝滑动的验算。

【实例 2.1】　成都东部某建筑场地地基土胀缩性评价

拟建场地位于岷江水系二级阶地，其分布的黏土可具胀缩性；通过对场地大气影响深度范围内的 6 件黏土试样进行胀缩性试验，其自由膨胀率为 38%～62%，平均值约 45%，其中 5 件试样自由膨胀率大于 40%（40%～62%），具弱膨胀潜势。室内胀缩试验结果统计见表 2.4。

表 2.4　　　　　　　　　黏土胀缩性试验结果统计一览表

统计项目　　　指标	自由膨胀率 Δe_p/%	膨胀率（$P=50\text{kPa}$）/%	线缩率/%	收缩含水量比例限值/%	收缩系数	原状土缩限/%
统计数	6	5	5	5	5	5
最大值	62.0	0.5	71.0	6.4	15.7	0.5

续表

统计项目 ＼ 指标	自由膨胀率 $\Delta e_p/\%$	膨胀率 $(P=50\text{kPa})$ /%	线缩率 /%	收缩含水量比例限值 /%	收缩系数	原状土缩限 /%
最小值	38.0	(0.3)	32.0	4.3	14.0	0.4
平均值	45.0	0.1	54.2	5.6	14.6	0.5
变异系数	0.208					

依据《膨胀土地区建筑技术规范》（GB 50112—2013）及《成都地区建筑地基基础设计规范》（DB51/T 5026—2001）进行胀缩性分析评价如下。

根据《成都地区建筑地基基础设计规范》（DB51/T 5026—2001）第 10.1.1 条，成都膨胀土基本上是以收缩为主，计算该地基土的收缩变形量如下。计算公式为：

$$S_s = \psi_s \times \sum_{i=1}^{n} \lambda_{si} \times \Delta\omega_i \times h_i$$

式中　S_s——地基土的收缩变形量；

　　　ψ_s——计算收缩变形的经验系数，取 0.8；

　　　$\Delta\omega_i$——地基土收缩过程中第 i 层土可能发生的含水量变化平均值；

　　　n——自基底面至计算深度内所划分的土层数；

　　　h_i——第 i 层土的计算厚度。

选择场地代表性地段的部分钻孔进行分级变形量计算（计算结果见表 2.5），其分级变形量为 $10.71\sim19.21$mm，平均值为 15.56mm，可见本场地地基胀缩等级为Ⅰ级。

表 2.5　　　　　　　　　　　地基土收缩变形量结果表

土层名称	勘探孔号	湿度系数	$\Delta\omega_i$	地基土收缩变形量计算结果	均值	胀缩等级
黏土	9	0.89	6.40	10.71	15.56	Ⅰ
	7		6.46	19.21		
	17		7.17	16.13		
	21		6.29	15.42		
	16		6.04	16.31		

据成都地区膨胀土地基的建筑施工经验，成都地区膨胀土以收缩作用为主，膨胀土地基上建筑物的变形破坏多发生在三层以下的轻型建筑，破坏程度一般比较轻微，这些建筑物的基础类型多为浅埋的条形基础。成都地区膨胀土地基上的建筑一般以控制基础埋深为主要防治措施。本区大气影响深度为 3.0m，大气影响急剧深度为 1.35m。

本项目 1 号楼为 3 层的多层建筑物，地基基础设计时应考虑黏土胀缩性影响，基础埋置深度应满足相关规范（成都地区一般不小于 1.5m）；2 号楼为 21 层高层建筑，设两层地下室，基础埋深约 −8.1m（暂定），黏土已属于开挖深度范围，该 2 号楼地基基础设计时可不考虑其胀缩影响，但基坑开挖过程中应考虑地基土胀缩对基坑可能造成的不利影响。

任务 2.2　红黏土的勘察

红黏土是指在湿热气候条件下碳酸盐系岩石经过第四纪以来的红土化作用形成并覆盖于

基岩上，呈棕红、褐黄等色的高塑性黏土。

红黏土是一种区域性特殊土，主要分布在贵州、广西、云南等地区，在湖南、湖北、安徽、四川等省也有局部分布。地貌上一般发育在高原夷平面、台地、丘陵、低山斜坡及洼地上，厚度多在5～15m，天然条件下，红黏土含水量一般较高，结构疏松，但强度较高，往往被误认为是较好的地基土。由于红黏土的收缩性很强，当水平方向厚度变化大时，极易引起不均匀沉陷而导致建筑破坏。

2.2.1 红黏土的工程地质特性

1. 红黏土物理力学性质的基本特点

红黏土的物理力学性质指标与一般黏性土有很大区别，主要表现在以下几点：

(1) 粒度组成的高分散性。红黏土中小于0.005mm的黏粒含量为60%～80%；其中小于0.002mm的胶粒含量占40%～70%，使红黏土具有高分散性。

(2) 天然含水率、饱和度、塑性界限（液限、塑限、塑性指数）和天然孔隙比都很高，却具有较高的力学强度和较低的压缩性。这与具有类似指标的一般黏性土力学强度低、压缩性高的规律完全不同。

(3) 很多指标变化幅度都很大，如天然含水率、液限、塑限、天然孔隙比等。与其相关的力学指标的变化幅度也较大。

(4) 土中裂隙的存在，使土体与土块的力学参数尤其是抗剪强度指标相差很大。

2. 红黏土的矿物成分

红黏土的矿物成分主要为高岭石、伊利石、绿泥石。黏性矿物具有稳定的结晶格架、细粒组结成稳固的团粒结构、土体近于两相体且土中水又多为结合水，这三者使红黏土具有良好力学性能的基本因素。

3. 厚度分布特征

(1) 红黏土层总的平均厚度不大，这是由其成土特性和母岩岩性所决定的。在高原或山区分布较零星，厚度一般5～8m，少数达15～30m；在准平原或丘陵区分布较连续，厚度一般约10～15m，最厚超过30m。因此，当作为地基时，往往是属于有刚性下卧层的有限厚度地基。

(2) 土层厚度在水平方向上变化很大，往往造成可压缩性土层厚度变化悬殊，地基沉降变形均匀性条件很差。

(3) 土层厚度变化与母岩岩性有一定关系。厚层、中厚层石灰岩、白云岩地段，岩体表面岩溶发育，岩面起伏大，导致土层厚薄不一；泥灰岩、薄层灰岩地段则土层厚度变化相对较小。

(4) 在地貌横剖面上，坡顶和坡谷土层较薄，坡麓则较厚。古夷平面及岩溶洼地、槽谷中央土层相对较厚。

4. 上硬下软现象

在红黏土地区天然竖向剖面上，往往出现地表呈坚硬、硬塑状态，向下逐渐变软，成为可塑、软塑甚至流塑状态的现象。随着这种由硬变软现象，土的天然含水率、含水比和天然孔隙比也随深度递增，力学性质则相应变差。

据统计，上部坚硬、硬塑土层厚度一般大于5m，约占统计土层总厚度的75%以上；可塑土层占10%～20%；软塑土层占5%～10%。较软土层多分布于基岩面的低洼处，水平分布往往不连续。

当红黏土作为一般建筑物天然地基时，基底附加应力随深度减小的幅度往往快于土随深度变软或承载力随深度变小的幅度。因此，在大多数情况下，当持力层承载力验算满足要求时，下卧层承载力验算也能满足要求。

5. 岩土接触关系特征

红黏土是在经历了红土化作用后由岩石变成土的，无论外观、成分还是组织结构上都发生了明显不同于母岩的质地变化。除少数泥灰岩分布地段外，红黏土与下伏基岩均属岩溶不整合接触，它们之间的关系是突变而不是渐变的。

6. 红黏土的胀缩性

红黏土的组成矿物亲水性不强，交换容量不高，交换阳离子以 Ca^{2+}、Mg^{2+} 为主，天然含水率接近缩限，孔隙呈饱和水状态，以致表现在胀缩性能上以收缩为主，在天然状态下膨胀量很小，收缩性很高；红黏土的膨胀势能主要表现在失水收缩后复浸水的过程中，一部分可表现出缩后膨胀，另一部分则无此现象。因此，不宜把红黏土与膨胀土混淆。

7. 红黏土的裂隙性

红黏土在自然陡态下呈致密状，无层理，表部呈坚硬、硬塑状态，失水后含水率低于缩限，土中即开始出现裂缝，近地表处呈竖向开口状，向深处渐弱，呈网状闭合微裂隙。裂隙破坏土的整体性，降低土的总体强度；裂隙使失水通道向深部土体延伸，促使深部土体收缩，加深、加宽原有裂隙。严重时甚至形成深长地裂。

土中裂隙发育深度一般为 $2\sim4m$，已见最深者可达 $8m$。裂面中可见光滑镜面、擦痕、铁锰质浸染等现象。

8. 红黏土中的地下水特征

当红黏土呈致密结构时，可视为不透水层；当土中存在裂隙时，碎裂、碎块或镶嵌状的土块周边便具有较大的透气、透水性，大气降水和地表水可渗入其中，在土体中形成依附网状裂隙赋存的含水层。该含水层很不稳定，一般无统一水位，在补给充分、地势低洼地段，才可测到初见水位和稳定水位，一般水量不大，多为潜水或上层滞水，水对混凝土一般不具腐蚀性。

红黏土综合分类见表 2.6。

表 2.6　　　　　　　　红 黏 土 综 合 分 类 表

红黏土的状态		红黏土的结构		红黏土的复浸水特性			红黏土的地基均匀性	
状态	含水比 α_ω	土体结构	裂隙发育特征	类别	I_r 与 I'_r 的关系	复浸水特性（收缩后复浸水膨胀）	地基均匀性	地基压缩层范围内岩土组成
坚硬	$\alpha_\omega<0.55$	致密状	偶见裂隙（<1 条/m）	I	$I_r>I'_r$	能恢复到原位	均匀	全为红黏土
硬塑	$0.55<\alpha_\omega\leqslant0.70$	巨块状	较多裂隙（1~2 条/m）	II	$I_r<I'_r$	不能恢复到原位	不均匀	红黏土和岩石
可塑	$0.70<\alpha_\omega\leqslant0.85$	碎块状	富裂隙（>5 条/m）					
软塑	$0.85<\alpha_\omega\leqslant1.00$							
流塑	$\alpha_\omega>1.00$							

注　$\alpha_\omega=\omega/\omega_L$，$I_r=\omega_L/\omega_P$，$I'_r=1.4+0.0066\omega_L$。

2.2.2 红黏土勘察要点

2.2.2.1 红黏土地区的工程地质测绘和调查内容

红黏土地区的工程地质测绘和调查应符合一般的工程地质测绘和调查规定，是在一般性的工程地质测绘基础上进行的。除此之外，还应着重查明下列内容：

（1）不同地貌单元红黏土的分布、厚度、物质组成、土性等特征及其差异。

（2）下伏基岩岩性、岩溶发育特征及其与红黏土土性、厚度变化的关系。

（3）地裂分布、发育特征及其成因，土体结构特征，土体中裂隙的密度、深度、延展方向及其发育规律。

（4）地表水体和地下水的分布、动态及其与红黏土状态垂向分带的关系。

（5）现有建筑物开裂原因分析，当地勘察、设计、施工经验等。

2.2.2.2 红黏土地区勘探工作量的布置

红黏土地区勘探点的布置，应取较密的间距，查明红黏土厚度和状态的变化。初步勘察勘探点间距宜取 30～50m；详细勘察勘探点间距，对均匀地基宜取 12～24m，对不均匀地基宜取 6～12m。厚度和状态变化大的地段，勘探点间距还可加密。各阶段勘探孔的深度可按相应建筑物勘察的有关规定执行。对不均匀地基，勘探孔深度应达到基岩。

对不均匀地基、有土洞发育或采用岩面端承桩时，宜进行施工勘察，其勘探点间距和勘探孔深度根据需要确定。

由于红黏土具有垂直方向状态变化大、水平方向厚度变化大的特点，故勘探工作应采用较密的点距，特别是土岩组合的不均匀地基。红黏土底部常有软弱土层，基岩面的起伏也很大，故勘探孔的深度不宜单纯根据地基变形计算深度来确定，以免漏掉对场地与地基评价至关重要的信息。对于土岩组合的不均匀地基，勘探孔深度应达到基岩，以便获得完整的地层剖面。

基岩面上土层特别软弱，有土洞发育时，详细勘察阶段不一定能查明所有情况，为确保安全，在施工阶段补充进行施工勘察是必要的，也是现实可行的。基岩面高低不平、基岩面倾斜或有临空面时嵌岩桩容易失稳，进行施工勘察是必要的。

当岩土工程评价需要详细了解地下水埋藏条件、运动规律和季节变化时，应在测绘调查的基础上补充进行地下水的勘察、试验和观测工作。水文地质条件对红黏土评价是非常重要的因素，仅仅通过地面的测绘调查往往难以满足岩土工程评价的需要，此时补充进行水文地质勘察、试验、观测工作是必要的。

2.2.2.3 试验工作

红黏土的室内试验应满足室内试验的一般规定，对裂隙发育的红黏土应进行三轴剪切试验或无侧限抗压强度试验。必要时，可进行收缩试验和复浸水试验。当需评价边坡稳定性时，宜进行重复剪切试验。

2.2.3 红黏土的岩土工程评价

红黏土的岩土工程评价应符合下列要求：

（1）建筑物应避免跨越地裂密集带或深长地裂地段。

（2）轻型建筑物的基础埋深应大于大气影响急剧层的深度；炉窑等高温设备的基础应考

虑地基土的不均匀收缩变形；开挖明渠时应考虑土体干湿循环的影响；在石芽出露的地段，应考虑地表水下渗形成的地面变形。

（3）选择适宜的持力层和基础形式，在满足第（2）条要求的前提下，基础宜浅埋，利用浅部硬壳层，并进行下卧层承载力的验算；不能满足承载力和变形要求时，应建议进行地基处理或采用桩基础。

（4）基坑开挖时宜采取保湿措施，边坡应及时维护，防止失水干缩。

（5）红黏土的地基承载力确定方法原则上与一般土并无不同，应结合地区经验按有关标准综合确定，应特别注意红黏土裂隙的影响以及裂隙发展和复浸水可能使其承载力下降，考虑到各种不利的临空边界条件，尽可能选用符合实际的测试方法。过去积累的确定红黏土承载力的地区性成熟经验应予充分利用，当基础浅埋、外侧地面倾斜、有临空面或承受较大水平荷载时，应结合以下因素综合考虑确定红黏土的承载力：土体结构和裂隙对承载力的影响；开挖面长时间暴露，裂隙发展和复浸水对土质的影响。

（6）地裂是红黏土地区的一种特有的现象，地裂规模不等，长可达数百米、深可延伸至地表下数米，所经之处地面建筑无一不受损坏，故评价时应建议建筑物绕避地裂。红黏土中基础埋深的确定可能面临矛盾。从充分利用硬层，减轻下卧软层的压力而言，宜尽量浅埋；但从避免地面不利因素影响而言，又必须深于大气影响急剧层的深度。评价时应充分权衡利弊，提出适当的建议。如果采用天然地基难以解决上述矛盾，则宜放弃天然地基，改用桩基。

任务 2.3　软 土 的 勘 察

天然孔隙比不小于 1.0，且天然含水率大于液限的细粒土为软土，包括淤泥、淤泥质土、泥炭、泥炭质土等（表 2.7）。软土一般是指在静水或缓慢水流环境中以细颗粒为主的近代沉积物。按地质成因，软土有滨海环境沉积、海陆过渡环境沉积、河流环境沉积、湖泊环境沉积和沼泽环境沉积。

表 2.7　　　　　　　　　　　　软 土 的 分 类 标 准

土 的 名 称	划 分 标 准	备 注
淤泥	$e \geqslant 1.5$，$I_L > 1$	e—天然孔隙比；I_L—液性指数；W_u—有机质含量
淤泥质土	$1.5 > e \geqslant 1.0$，$I_L > 1$	
泥炭	$W_u > 60\%$	
泥炭质土	$10\% < W_u \leqslant 60\%$	

我国软土主要分布在沿海地区，如东海、黄海、渤海、南海等沿海地区。内陆平原以及一些山间洼地亦有分布。我国软土的主要分布区域见表 2.8。

2.3.1　软土的工程性质

（1）触变性。当原状土受到振动或扰动以后，由于上体结构遭破坏，强度会大幅度降低。触变性可用灵敏度 S 表示，软土的灵敏度一般为 $3 \sim 4$，最大可达 $8 \sim 9$，故软土属于高灵敏度或极灵敏土。软土地基受振动荷载后，易产生侧向滑动、沉降或基础下土体挤出等现象。

表 2.8　　　　　　　　　　　　　　**我国软土主要分布区域**

主要成因类型	主要分布区域
滨海沉积软土	天津塘沽、连云港、上海、舟山、杭州、宁波、温州、福州、厦门、泉州、漳州、广州
湖泊沉积软土	洞庭湖、洪泽湖、太湖、鄱阳湖四周、古云梦泽地区
河滩沉积软土	长江中下游、珠江下游、淮河平原、松辽平原
沼泽沉积软土	昆明滇池周边、贵州水城、盘县

（2）流变性。软土在长期荷载作用下，除产生排水固结引起的变形外，还会发生缓慢而长期的剪切变形。这对建筑物地基沉降有较大影响，对斜坡、堤岸、码头和地基稳定性不利。

（3）高压缩性。软土属于高压缩性土，压缩系数大。故软土地基上的建筑物沉降量大。

（4）低强度。软土不排水抗剪强度一般小于 20kPa。软土地基的承载力很低，软土边坡的稳定性极差。

（5）低透水性。软土的含水量虽然很高，但透水性差，特别是垂直向透水性更差，垂直向渗透系数一般为 $i \times (10^{-6} \sim 10^{-8})$cm/s，属微透水或不透水层。对地基排水固结不利，软土地基上建筑物沉降延续时间长，一般达数年以上。在加载初期，地基中常出现较高的孔隙水压力影响地基强度。

（6）不均匀性。由于沉积环境的变化，土质均匀性差。例如，三角洲相、河漫滩相软土常夹有粉土或粉砂薄层，具有明显的微层理构造，水平向渗透性常好于垂直向渗透性。湖泊相、沼泽相软土常在淤泥或淤泥质土层中夹有厚度不等的泥炭或泥炭质土薄层或透镜体，作为建筑物地基易产生不均匀沉降。

2.3.2　软土的勘察要点

2.3.2.1　软土勘察主要内容

软土勘察除应符合常规要求外，还应查明下列内容：

（1）成因类型、成层条件、分布规律、层理特征、水平向和垂直向的均匀性。

（2）地表硬壳层的分布与厚度、下伏硬土层或基岩的埋深和起伏。

（3）固结历史、应力水平和结构破坏对强度和变形的影响。

（4）微地貌形态和暗埋的塘、浜、沟、坑、穴的分布，埋深及其填土的情况。

（5）开挖、回填、支护、工程降水、打桩、沉井等对软土应力状态、强度和压缩性的影响。

（6）当地的工程经验。

2.3.2.2　软土勘察工作布置

（1）软土地区勘察宜采用钻探取样与静力触探结合的手段。在软土地区用静力触探孔取代相当数量的勘探孔，不仅减少钻探取样和土工试验的工作量，缩短勘察周期，而且可以提高勘察工作质量。静力触探是软土地区十分有效的原位测试方法，标准贯入试验对软土并不适用，但可用于软土中的砂土硬黏性土等。

（2）勘探点布置应根据土的成因类型和地基复杂程度，采用不同的布置原则。当土层变化较大或有暗埋的塘、浜、沟、坑、穴时应予以加密。

（3）软土取样应采用薄壁取土器，并符合一般规格要求。

（4）勘探孔的深度不要简单地按地基变形计算深度确定，应根据地质条件、建筑物特点、可能的基础类型确定，此外，还应预计到可能采取的地基处理方案的要求。

2.3.2.3 试验工作

软土原位测试宜采用静力触探试验、旁压试验、十字板剪切试验、扁铲侧胀试验和螺旋板载荷试验。静力触探最大的优点在于精确的分层，用旁压试验测定软土的模量和强度，用十字板剪切试验测定内摩擦角近似为零的软土强度，实践证明是行之有效的。扁铲侧胀试验和螺旋板载荷试验虽然经验不多，但最适用于软土也是公认的。

软土的力学参数宜采用室内试验、原位测试，结合当地经验确定。有条件时，可根据堆载试验、原型监测反分析确定。抗剪强度指标室内宜采用三轴试验，原位测试宜采用十字板剪切试验。压缩系数、先期固结压力、压缩指数、回弹指数、固结系数可分别采用常规固结试验、高压固结试验等方法确定。

2.3.3 软土的岩土工程评价

软土的岩土工程评价应包括下列内容：

（1）判定地基产生失稳和不均匀变形的可能性；当工程位于池塘、河岸、边坡附近时，应验算其稳定性。

（2）软土地基承载力应根据室内试验，原位测试和当地经验，并结合下列因素综合确定：

1）软土成层条件、应力历史、结构性、灵敏度等力学特性和排水条件。

2）上部结构的类型、刚度、荷载性质和分布，对不均匀沉降的敏感性。

3）基础的类型、尺寸、埋深和刚度等。

4）施工方法和程序。

（3）当建筑物相邻高低层荷载相差较大时，应分析其变形差异和相互影响；当地面有大面积堆载时，应分析对相邻建筑物的不利影响。

（4）地基沉降计算可采用分层总和法或土的应力历史法，并应根据当地经验进行修正，必要时，应考虑软土的次固结效应。

（5）提出基础形式和持力层的建议；对于上为硬层，下为软土的双层土地基应进行下卧层验算。

任务 2.4 湿陷性土的勘察

湿陷性土是指那些非饱和、结构不稳定的土，在一定压力作用下受水浸湿后，其结构迅速破坏，并产生显著的附加下沉。湿陷性土在我国分布广泛，除常见的湿陷性黄土外，在我国干旱和半干旱地区特别是在山前洪坡积扇（裙）中常遇到湿陷性碎石土、湿陷性砂土等。湿陷性黄土的勘察应按《湿陷性黄土地区建筑规范》（GB 50025—2004）执行。干旱和半干旱地区除黄土以外的湿陷性碎石土、湿陷性砂土和其他湿陷性土的岩土工程勘察按《岩土工程勘察规范》（GB 50021—2001）执行。

2.4.1 黄土地区的勘察要点

湿陷性黄土属于黄土。当其未受水浸湿时，一般强度较高，压缩性较低。但受水浸湿后，在上覆土层的自重应力或自重应力和建筑物附加应力作用下，土的结构迅速破坏，并发生显著的附加下沉，其强度也随之迅速降低。

湿陷性黄土分布在近地表几米到几十米深度范围内，主要为晚更新世形成的马兰黄土和全新世形成的黄土状土（包括湿陷性黄土和新近堆积黄土）。而中更新世及其以前形成早更新世的离石黄土和午城黄土一般仅在上部具有较微弱的湿陷性或不具有湿陷性。我国陕西、山西、甘肃等省分布有大面积的湿陷性黄土。

2.4.1.1 湿陷性黄土的工程性质

（1）粒度成分上，以粉粒为主，砂粒、黏粒含量较少，土质均匀。

（2）密度小，孔隙率大，大孔性明显。在其他条件相同时，孔隙比越大，湿陷性越强烈。

（3）天然含水量较少时，结构强度高，湿陷性强烈；随含水量增大，结构强度降低，湿陷性降低。

（4）塑性较弱，塑性指数为 8～13。当湿陷性黄土的液限小于 30％时，湿陷性较强；当液限大于 30％以后，湿陷性减弱。

（5）湿陷性黄土的压缩性与天然含水量和地质年代有关，天然状态下，压缩性中等，抗剪强度较大。随含水量增加，黄土的压缩性急剧增大，抗剪强度显著降低；新近沉积黄土，土质松软，强度低，压缩性高，湿陷性不一。

（6）抗水性弱，遇水强烈崩解，膨胀量小，但失水收缩较明显，遇水湿陷性较强。

2.4.1.2 黄土地区的工程地质测绘和调查内容

黄土地区的工程地质测绘和调查应符合一般的工程地质测绘和调查规定，是在一般性的工程地质测绘基础上进行的。除此之外，还应着重查明下列内容：

（1）查明湿陷性黄土的地层时代、岩性、成因、分布范围。

（2）湿陷性黄土的厚度。

（3）湿陷系数和自重湿陷系数随深度的变化。

（4）场地湿陷类型和地基湿陷等级及平面分布。

（5）湿陷其实压力随深度的变化。

（6）地下水位升降变化的可能性和变化趋势。

（7）提出湿陷性黄土的处理措施。常采用的处理方法有以下几种。

1）垫层法，将湿陷性土层挖去、换上素土或者灰土，分层夯实。可以处理垫层厚度以内的湿陷性，此方法不能用砂土或者其他粗粒土换垫，仅适用于地下水位以上的地基处理。

2）夯实法，可分为重锤夯实法和强夯法。重锤夯实法可处理地表下厚度 1～2m 土层的湿陷性。强夯法可处理 3～6m 土层的湿陷性。适用于饱和度大于 60％的湿陷性黄土地基。

3）挤密法，采用素土或灰土挤密桩，可处理地基下 5～15m 土层的湿陷性。适用于地下水位以上的地基处理。桩基础，起到荷载传递的作用，而不是消除黄土的湿陷性，故桩端应支承在压缩性较低的非湿陷性土层上。

4）预浸水法，可用于处理湿陷性土层厚度大于 10m，自重湿陷量 $\Delta_{zs} \geqslant 50cm$ 的场地，以消除土的自重湿陷性。自地面以下 6m 以内的土层，有时因自重应力不足而可能仍有湿陷性，应采用垫层等处理方法。

5）单液硅化或碱液加固法，将硅酸钠溶液注入土中。对已有建筑物地基进行加固时，在非自重湿陷性场地，宜采用压力灌注；在自重湿陷性场地，应让溶液通过灌注孔自行渗入土中。适宜加固非自重湿陷性黄土场地上的已有建筑物。

2.4.1.3　黄土地区勘探工作量的布置

1. 初步勘察

（1）勘探线应按地貌单元纵横方向布置，在微地貌变化较大的地段予以加密，在平缓地段可按网格布置。初步勘察勘探点的间距，宜按表 2.9 确定。

表 2.9　　　　　　　　　　　　　勘 探 点 的 间 距　　　　　　　　　　　单位：m

场　　地	初步勘察	详细勘察			
		甲	乙	丙	丁
简单场地	120～200	30～40	40～50	50～80	80～100
中等复杂场地	80～120	20～30	30～40	40～50	50～80
复杂场地	50～80	10～20	20～30	30～40	40～50

注　1. 场地的复杂程度可分为：
（1）简单场地：地形平缓、地貌地层简单，场地湿陷类型单一，地基湿陷等级变化不大。
（2）中等复杂场地：地形起伏较大，地貌地层较复杂，不良地作用局部发育，场地湿陷类型、地基湿陷等级变化较复杂。
（3）复杂场地：地形起伏很大，地貌地层复杂，不良地质作用广泛发育，场地湿陷类型、地基湿陷等级分布复杂，地下水位变化显著。
2. 建筑类别按《湿陷性黄土地区建筑规范》（GB 50025—2004）的有关规定划分。

（2）取土和原位测试勘探点，应按地貌单元和控制性地段布置，其数量不得少于全部勘探点的 1/2，其中应包括一定数量的探井。

（3）勘探点的深度，根据湿陷性黄土层的厚度和地基主要压缩层的预估深度确定，控制性勘探点中应有一定数量的取土勘探点穿透湿陷性黄土层。

2. 详细勘察

（1）勘探点的布置应根据建筑物平面和建筑物类别以及工程地质条件的复杂程度等因素确定，勘探点的间距宜按表 2.9 确定。

（2）在单独的甲、乙类建筑场地内，勘探点不应少于 4 个。

（3）采取不扰动土样和原位测试的勘探点不得少于全部勘探点的 2/3；其中采取不扰动土样的勘探点不宜少于 1/2，其中应包括一定数量的探井。

（4）勘探点的深度，应大于地基主要压缩层的深度，并穿透湿陷性土层，对非自重湿陷性黄土场地，自基础底面算起的勘探点深度应大于 10m，对自重湿陷性黄土场地，陇西—陇东—陕北—晋西地区，应大于 15m，其他地区应大于 10m。

对甲、乙类建筑物，应有一定数量的取样勘探点穿透湿陷性土层。

2.4.2　黄土湿陷性评价

黄土地基的岩土工程评价：首先判定黄土是湿陷性黄土还是非湿陷性黄土；如果是湿陷性黄土，再进一步判定湿陷性黄土场地湿陷类型；其次判别湿陷性黄土地基的湿陷等级。

（1）黄土湿陷性判定。黄土湿陷性是按室内浸水压缩试验在规定压力下测定的湿陷值 δ_s 判定。$\delta_s < 0.015$ 时，为非湿陷性黄土；当 $\delta_s \geqslant 0.015$ 时，为湿陷性黄土。

（2）自重湿陷性判别。自重湿陷性的判别是测定在饱和自重压力下黄土的自重湿陷系数 δ_{zs} 值，当 $\delta_{zs} < 0.015$ 时，为非自重湿陷性黄土；当 $\delta_{zs} \geqslant 0.015$ 时，为自重湿陷性黄土。

（3）场地湿陷类型。湿陷性黄土场地湿陷类型应按照自重湿陷量的实测值 Δ_{zs}' 或计算值 Δ_{zs} 判定。湿陷性黄土场地的湿陷类型按下列条件判别：当自重湿陷量的实测值 Δ_{zs}' 或计算值 Δ_{zs} 不大于 7cm 时，应定为非自重湿陷性黄土场地；当自重湿陷量的实测值 Δ_{zs}' 或计算值 Δ_{zs} 大于 7cm 时，应定为自重湿陷性黄土场地；当自重湿陷量的实测值 Δ_{zs}' 和计算值 Δ_{zs} 出现矛盾时，应按自重湿陷量的实测值判定。

（4）地基湿陷性等级判定。湿陷性黄土地基的湿陷等级，应根据湿陷量的计算中和自重湿陷量的计算值等因素按照表 2.10 判定。

表 2.10　　湿陷性黄土地基的湿陷等级

湿陷类型	非自重湿陷性场地	自重湿陷性场地	
	$\Delta_{zs} \leqslant 70mm$	$70mm < \Delta_{zs} \leqslant 350mm$	$\Delta_{zs} > 350mm$
$\Delta_s \leqslant 300$	Ⅰ（轻微）	Ⅱ（中等）	—
$300 < \Delta_s \leqslant 700$	Ⅱ（中等）	Ⅱ（中等）或Ⅲ（严重）	Ⅲ（严重）
$\Delta_s > 700$		Ⅲ（严重）	Ⅳ（很严重）

注　当湿陷量的计算值 $\Delta_s > 600mm$，自重湿陷量的计算值 $\Delta_{zs} > 300mm$ 时，可判定为Ⅲ级，其他情况可判为Ⅱ级。

2.4.3　其他湿陷性土的勘察要点

湿陷性土场地勘察，应遵守一般的勘察要求规定，另外还有如下要求：

（1）由于地貌地质条件比较特殊、土层产状多较复杂，所以勘探点的间距应按各类建筑物勘察规定取小值。对湿陷性土分布极不均匀的场地应加密勘探点。

（2）控制性勘探孔深度应穿透湿陷性土层。

（3）应查明湿陷性土的年代、成因、分布和其中的夹层、包含物、胶结物的成分和性质。

（4）湿陷性碎石土和砂土，宜采用动力触探试验和标准贯入试验确定力学特性。

（5）不扰动土试样应在探井中采取。

（6）不扰动土试样除测定一般物理力学性质外，尚应作土的湿陷性和湿化试验。

（7）对不能取得不扰动土试样的湿陷性土，应在探井中采用大体积法测定密度和含水率。

（8）对于厚度超过 2m 的湿陷性土，应在不同深度处分别进行浸水载荷试验，并应不受相邻试验浸水的影响。

2.4.4　其他湿陷性土的岩土工程评价

（1）湿陷性判别。这类非黄土的湿陷性土一般采用现场浸水载荷试验作为判定湿陷性土的基本方法，并规定以在 200kPa 压力作用下浸水载荷试验的附加湿陷量与承压板宽度之比不小于 0.023 的土，判定为湿陷性土。

（2）湿陷性土的湿陷程度划分。这是根据浸水荷载试验测得的附加湿陷量 ΔF_{si} 的大小划分的（表 2.11）。

表 2.11　　湿 陷 程 度 分 类

湿陷程度	附加湿陷量 ΔF_{si}/cm	
	承压板面积（0.5m²）	承压板面积（0.25m²）
轻微	$1.6 < \Delta F_{si} \leqslant 3.2$	$1.1 < \Delta F_{si} \leqslant 2.3$
中等	$3.2 < \Delta F_{si} \leqslant 7.4$	$2.3 < \Delta F_{si} \leqslant 5.3$
强烈	$\Delta F_{si} > 7.4$	$\Delta F_{si} > 5.3$

注　对能用取土器取得不扰动试样的湿陷性粉砂，其试验方法和评定标准按《湿陷性黄土地区建筑规范》（GB 50025—2004）执行。

（3）湿陷性土地基的湿陷等级判定。这是根据湿陷土总湿陷量 Δ_s 及湿陷土总厚度综合判定的（表 2.12）。

表 2.12　　湿陷性土地基的湿陷等级

总湿陷量 Δ_s/cm	湿陷性土总厚度/m	湿陷等级
$5 < \Delta_s \leqslant 30$	>3	I
	≤3	II
$30 < \Delta_s \leqslant 60$	>3	
	≤3	III
$\Delta_s > 60$	>3	
	≤3	IV

湿陷性土地基受水浸湿至下沉稳定为止的总湿陷量 Δ_s（cm），按下式计算：

$$\Delta_s = \sum_{i=1}^{n} \beta \Delta F_{si} h_i \tag{2.5}$$

式中　ΔF_{si}——第 i 层土浸水荷载试验的附加湿陷量，cm；

　　　h_i——第 i 层土的厚度，cm，从基础底面（初步勘探时自地面下 1.5m）算起，$\Delta F_{si}/b < 0.023$ 的不计入；

　　　β——修正系数，cm^{-1}，承压板面积为 0.5m² 时，$\beta = 0.014$；承压板面积为 0.25m² 时，$\beta = 0.02$。

（4）湿陷性土的地基承载力宜采用载荷试验或其他原位测试确定；

（5）对湿陷性土边坡，当浸水因素引起湿陷性土本身或其与下伏地层接触面的强度降低时，应进行稳定性评价。

（6）湿陷性土的地基处理。处理原则和方法，除地面防水和管道防渗漏外，应以地基处理为主要手段，处理方法同湿陷性黄土的处理方法，包括换土、压实、挤密、强夯、桩基及化学加固等方法，应根据土质特征、湿陷等级和当地经验综合考虑。

任务 2.5　其他特殊性土的勘察

2.5.1　混合土勘察

由细粒土和粗粒土混杂且缺乏中间粒径的土应定名为混合土。当碎石土中粒径小于

0.075mm 的细粒土质量超过总质量的 25% 时，为粗粒混合土；当粉土或黏性土中粒径大于
2mm 的粗粒土质量超过总质量的 25% 时，为细粒混合土。

混合土在颗粒分布曲线上呈不连续状，主要成因有坡积、洪积、冰水沉积形成。经验和
专门研究表明：黏性土、粉土中的碎石组分的质量只有超过总质量的 25% 时，才能起到改
善土的工程性质的作用；而在碎石土中黏粒组分的质量大于总质量的 25% 时，则对碎石土
的工程性质有明显的影响，特别是当含水率较大时。

2.5.1.1 混合土的勘察要点

混合土的勘察应符合下列要求：

(1) 查明地形和地貌特征，混合土的成因、分布，下卧土层或基岩的埋藏条件。

(2) 查明混合土的组成，均匀性及其在水平方向和垂直方向上的变化规律。

(3) 勘探点的间距和勘探孔的深度除应满足各类建筑物勘察要求外，尚应适当加密
加深。

(4) 应有一定数量的探井，并应采取大体积土试样进行颗粒分析和物理力学性质测定。

(5) 对粗粒混合土宜采用动力触探试验，并应有一定数量的钻孔或探井检验。

(6) 现场载荷试验的承压板直径和现场直剪试验的剪切面直径都应大于试验土层最大粒
径的 5 倍，载荷试验的承压板面积不应小于 0.5m²，直剪试验的剪切面面积不宜小
于 0.25m²。

2.5.1.2 混合土的岩土工程评价

混合土的岩土工程评价应包括下列内容：

(1) 混合土的承载力应采用载荷试验、动力触探试验并结合当地经验确定。

(2) 混合土边坡的容许坡度值可根据现场调查和当地经验确定。对重要工程应进行专门
试验研究。

2.5.2 填土的勘察

由于人类活动而堆填的土，统称为填土。在我国大多数城市周边的地表面，普遍覆盖着
一层人工杂土堆积层。这种填土无论其物质的组成、分布特征和工程性质均相当复杂，且具
有地区性特点。

填土根据物质组成和堆填方式，可分为下列四类：

(1) 素填土。由碎石土、砂土、粉土和黏性土等一种或几种材料组成，不含杂物或含杂
物很少。

(2) 杂填土。含有大量建筑垃圾、工业废料或生活垃圾等杂物。

(3) 冲填土。由水力冲填泥沙形成。

(4) 压实填土。按一定标准控制材料成分、密度、含水率、分层压实或夯实而成。

填土的工程性质和天然沉积土比起来有很大的不同。由于堆填时间、环境，特别是物质
来源和组成成分的复杂和差异，造成填土性质很不均匀，分布和厚度变化缺乏规律，带有极
大的人为偶然性，往往在很小的范围内，填土的质量密度会在垂直方向变化较大。

填土往往是一种欠压密土，具有较高的压缩性，在干旱和半干旱地区，干或稍湿的填土
往往具有湿陷性。因此，填土的工程性质主要包括以下几个方面：

(1) 不均匀性。填土由于物质来源、组成成分的复杂和差异，分布范围和厚度变化缺乏

规律性，所以不均匀性是填土的突出特点，而且在杂填土和冲填土中更加显著。

（2）湿陷性。填土由于堆积时未经压实，所以土质疏松，孔隙发育，当进水后会产生附加下陷，即湿陷。通常，新填土比老填土湿陷性强，含有炉灰和变质炉灰的杂填土比素填土湿陷性要强，干旱地区填土的湿陷性比气候潮湿、地下水位高的地区湿陷性强。

（3）自重压密性。填土属欠固结土，在自身重量和大气降水下渗的作用下有自行压密的特点，压密所需的时间随填土的物质成分不同而有很大的差别。例如，由粗颗粒组成的砂和碎石素填土，一般回填时间在 2～5 年即可以达到自重压密基本稳定，而粉土和黏性土质的素填土则需 5～15 年才能达到基本稳定。建筑垃圾和工业废料填土的基本稳定时间需要 2～10 年；而含有大量有机质的生活垃圾填土的自重压密稳定时间可以长达 30 年以上。冲填土的自重压密稳定时间更长，可以达几十年甚至上百年。

（4）压缩性大，强度低。填土由于密度小，孔隙度大，结构性很差，故具有高压缩性和较低的强度。对于杂填土而言，当建筑垃圾的组成物以砖块为主时，则性能优于以瓦片为主的土；而建筑垃圾土和工业废料土一般情况下性能优于生活垃圾土，这是因为生活垃圾土物质成分杂乱，含大量有机质和未分解或半分解状态的动、植物体。对于冲填土，则是由于其透水性弱，排水固结差，土体呈软塑状态之故。

2.5.2.1 填土勘察要点

1. 填土地区岩土工程勘察内容

（1）搜集资料，调查地形和地物的变迁，填土的来源、堆积年限和堆积方式。

（2）查明填土的分布、厚度、物质成分、颗粒级配、均匀性、密实性、压缩性和湿陷性。

（3）判定地下水对建筑材料的腐蚀性。

2. 填土勘探布置

填土勘察应在各类建筑物勘察规定的基础上加密勘探点，确定暗埋的塘、浜、坑的范围。勘探孔的深度应穿透填土层。

3. 填土勘探方法

应根据填土性质确定。对由粉土或黏性土组成的素填土，可采用钻探取样、轻型动力触探与原位测试相结合的方法；对含较多粗粒成分的素填土和杂填土宜采用动力触探、钻探、并应有一定数量的探井；对于冲填土和黏性土素填土可采用静力触探；对于杂填土成分复杂，均匀性很差的填土，单纯依靠钻探难以查明，应有一定数量的探井。

4. 填土的工程特性指标测试方法

（1）填土的均匀性和密实度宜采用触探法，并辅以室内试验。

（2）填土的压缩性、湿陷性宜采用室内固结试验或现场载荷试验。

（3）杂填土的密度试验宜采用大容积法。

（4）对压实填土，在压实前应测定填料的最优含水率和最大干密度，压实后应测定其干密度，计算压实系数。

2.5.2.2 填土的岩土工程评价

（1）阐明填土的成分、分布和堆积年代，判定地基的均匀性、压缩性和密实度；必要时应按厚度、强度和变形特性分层或分区评价。

（2）对堆积年限较长的素填土、冲填土和由建筑垃圾或性能稳定的工业废料组成的杂填土，当较均匀和较密实时可作为天然地基；由有机质含量较高的生活垃圾和对基础有腐蚀性的工业废料组成的杂填土，不宜作为天然地基。

（3）填土地基承载力应结合地区经验、室内外测试结果按有关标准综合确定。当填土底面的天然坡度大于 20% 时，应验算其稳定性。

（4）填土地基基坑开挖后应进行施工验槽。处理后的填土地基应进行质量检验。对复合地基，宜进行大面积载荷试验。

（5）填土的成分比较复杂，均匀性差，厚度变化大，工程上一般要进行地基处地基。处理方法有换土垫层法，适用于地下水位以上，可减少和调整地基不均匀沉降；碾压、重锤夯实及强夯法，适用于加固浅埋的松散低塑性或无黏性填土；挤密桩、灰土桩，适用于地下水位以上；砂、碎石桩适用于地下水位以上，处理深度一般可达 6~8m。

2.5.3　多年冻土勘察

多年冻土为含有固态水，且冻结状态持续两年或两年以上的土。我国多年冻土主要分布在青藏高原帕米尔及西部高山（包括祁连山、阿尔泰山、天山等）、东北的大小兴安岭和其他高山的顶部也有零星分布。

2.5.3.1　多年冻土的工程性质

冻土的主要特点是含有冰，并且含冰量是极不稳定，随湿度的升降，冰的含量剧烈变化，导致冻土工程性质发生相应显著变化。多年冻土为不透水层，具有牢固的冰晶胶结联结，从而具有较高的力学性能。抗压强度和抗剪强度均较高，但受湿度和总含水量的变化及荷载作用时间长短的影响；内摩擦角很小，可近似把多年冻土看作理想的黏滞体；在短期荷载作用下，压缩性很低，类似于岩石，可不计算变形，但在长期荷载作用下，冻土的变形增大，特别是温度在近似零度时，变形会更突出。

参照《冻土地区建筑地基基础设计规范》（JGJ 118—2011）对多年冻土的分类，根据土冻胀率 η 的大小可分为不冻胀、弱冻胀、冻胀、强冻胀和特强冻胀土五类。

土冻结时体积膨胀，在于水在转化为冰时体积膨胀，从而使土的孔隙度增大。如果土中的原始孔隙空间足以容纳水在冻结时所增大的体积，则冻胀不会发生；只有在土的原始饱和度很高或有新的水分补充时才会发生冻胀。所以对冻胀性的理解应为：土冻结时体积增大的性能。因此，常用体积的相对变化量来表示冻胀率（η），公式如下：

$$\eta = \frac{V - V_0}{V} \times 100\% \tag{2.6}$$

式中　V_0——冻结前土的体积；

　　　V——冻结后土的体积。

表 2.13　　　　　　　　　　多 年 冻 土 的 分 类

土的名称及代号	冻前天然含水率 w /%	冻结期间地下水位距地面的最小距离 h_w /m	平均冻胀率 η/%	冻胀等级	冻胀类别
碎（卵）石、砾、粗、中砂（粒径<0.074mm，含量<15%）、细砂（粒径<0.074mm，含量<10%）	不考虑	不考虑	$\eta \leqslant 1$	I	不冻胀

续表

土的名称及代号	冻前天然含水率ω/%	冻结期间地下水位距地面的最小距离 h_w /m	平均冻胀率η/%	冻胀等级	冻胀类别
碎（卵）石、砾、粗、中砂（粒径<0.074mm、含量>15%），细砂（粒径<0.074mm、含量>10%）	ω≤12	>1.0	η≤1	Ⅰ	不冻胀
		≤1.0	1<η≤3.5	Ⅱ	弱冻胀
	12<ω≤18	>1.0			
		≤1.0	3.5<η≤6	Ⅲ	冻胀
	ω>18	>0.5			
		≤0.5	6<η≤12	Ⅳ	强冻胀
粉砂	ω≤14	>1.0	η≤1	Ⅰ	不冻胀
		≤1.0	1<η≤3.5	Ⅱ	弱冻胀
	14<ω≤19	>1.0			
		≤1.0	3.5<η≤6	Ⅲ	冻胀
	19<ω≤23	>1.0			
		≤1.0	6<η≤12	Ⅳ	强冻胀
	ω>23	不考虑	η>12	Ⅴ	特强冻胀
粉土	ω≤19	>1.5	η≤1	Ⅰ	不冻胀
		≤1.5	1<η≤3.5	Ⅱ	弱冻胀
	19<ω≤22	>1.5			
		≤1.5	3.5<η≤6	Ⅲ	冻胀
	22<ω≤26	>1.5			
		≤1.5	6<η≤12	Ⅳ	强冻胀
	26<ω≤30	>1.5			
		≤1.5	η>12	Ⅴ	特强冻胀
	ω>30	不考虑			
黏性土	ω≤$ω_P$+2	>2.0	η≤1	Ⅰ	不冻胀
		≤2.0	1<η≤3.5	Ⅱ	弱冻胀
	$ω_P$+2<ω ≤$ω_P$+5	>2.0			
		≤2.0	3.5<η≤6	Ⅲ	冻胀
	$ω_P$+5<ω ≤$ω_P$+9	>2.0			
		≤2.0	6<η≤12	Ⅳ	强冻胀
	$ω_P$+9<ω ≤$ω_P$+15	>2.0			
		≤2.0	η>12	Ⅴ	特强冻胀
	ω>$ω_P$+15	不考虑			

注　1. $ω_P$ 为塑限含水率（%），ω 为冻前天然含水率在冻层内的平均值。

　　2. 盐渍化冻土不在表列。

　　3. 塑性指数大于 22 时，冻胀性降低一级。

　　4. 粒径小于 0.005mm 的颗粒含量大于 60% 时为不冻胀土。

　　5. 当充填物大于全部质量的 40% 时，碎石类土的冻胀性按充填物土的类别判定。

2.5.3.2　多年冻土的勘察要点

1. 多年冻土地区的勘察内容

多年冻土勘察内容应根据多年冻土的设计原则、多年冻土的类型和特征进行，并应查明下列内容：

多年冻土的设计原则为"保持冻结状态的设计""逐渐融化状态的设计"和"预先融化状态的设计"，不同的设计原则对勘察的要求是不同的。

（1）多年冻土的分布范围及上限深度。

（2）多年冻土的类型、厚度、总含水率、构造特征、物理力学和热学性质；多年冻土的类型，按埋藏条件分为衔接多年冻土和不衔接多年冻土；按物质成分有盐渍多年冻土和泥炭多年冻土；按变形特性分为坚硬多年冻土、塑性多年冻土和松散多年冻土。多年冻土的构造特征有整体状构造、层状构造、网状构造等。

（3）多年冻土层上水、层间水和层下水的赋存形式、相互关系及其对工程的影响。

（4）多年冻土的融沉性分级和季节融化层土的冻胀性分级，见表 2.13。

（5）厚层地下冰、冰锥、冰丘、冻土沼泽、热融滑塌、热融湖塘、融冻泥流等不良地质作用的形态特征、形成条件、分布范围、发生发展规律及其对工程的危害程度。

2. 多年冻土勘探布置

勘探点的间距应满足各类建筑物勘探要求，还应适当加密。勘探孔的深度应满足下列要求：

（1）多年冻土勘探孔的深度应符合设计原则的要求。参照《冻土地区建筑地基基础设计规范》（JGJ 118—2011）的规定，对季节冻土地基钻探的钻孔深度可与非冻土地基的钻探要求相同；对多年冻土用作建筑地基的钻孔深度，可采用下列三种状态之一进行设计：①多年冻土以冻结状态用作地基，在建筑物施工和使用期间，地基土始终保持冻结状态；②多年冻土以逐渐融化状态用作地基，在建筑物施工和使用期间，地基土处于逐渐融化状态；③多年冻土以预先融化状态用作地基，在建筑物施工之前，使地基融化至计算深度或全部融化。

（2）对保持冻结状态设计的地基，不应小于基底以下 2 倍基础宽度，对桩基应超过桩端以下 3～5m。

（3）对逐渐融化状态和预先融化状态设计的地基，应符合非冻土地基的要求。

（4）无论何种设计原则，勘探孔的深度均应超过多年冻土上限深度的 1.5 倍。

（5）在多年冻土的不稳定地带，应查明多年冻土下限深度；当地基为饱冰冻土或含土冰层时，应穿透该层查明其厚度。

3. 多年冻土的勘探和测试要求

（1）为减少钻进中摩擦生热，保持岩芯核心土温不变，多年冻土地区钻探应缩短施工时间，应采用大口径低速钻进，一般开孔孔径不应小于 130mm，终孔直径不应小于 108mm，回次钻进时间不应超过 5min，进尺不应超过 0.3m，遇含冰量大的泥炭或黏性土可进尺0.5m；必要时可采用低温泥浆，冲洗液可加入适量食盐，以降低冰点并避免在钻孔周围造成人工融区或孔内冻结。

（2）应分层测定地下水位。

（3）保持冻结状态设计地段的钻孔，孔内测温工作结束后应及时回填。

（4）取样的竖向间隔，应满足各类建筑物勘察取样要求，在季节融化层应适当加密，试样在采取、搬运、储存、试验过程中应避免融化；进行热物理和冻土力学试验的冻土试样，取出后应立即冷藏，尽快试验。

（5）试验项目除按常规要求外，还应根据需要，进行总含水率、体积含冰量、相对含冰量、未冻水含量、冻结温度、导热系数、冻胀量、融化压缩等项目的试验；对盐渍化多年冻土和泥炭化多年冻土，尚应分别测定易溶盐含量和有机质含量。

（6）工程需要时，可建立地温观测点，进行地温观测；由于钻进过程中孔内蓄存了一定热量，要经过一段时间的散热后才能恢复到天然状态的地温，其恢复的时间随深度的增加而增加，一般 20m 深的钻孔需一星期左右的恢复时间，因此孔内测温工作应在终孔 7d 后进行。

（7）当需查明与冻土融化有关的不良地质作用时，调查工作宜在 2—5 月进行；多年冻土上限深度的勘察时间宜在 9 月、10 月。

2.5.3.3　多年冻土的岩土工程评价

多年冻土岩土工程评价应符合下列要求：

（1）多年冻土的地基承载力，应区别保持冻结地基和容许融化地基，结合当地经验用载荷试验或其他原位测试方法综合确定，对次要建筑物可根据邻近工程经验确定。

（2）除次要工程外，建筑物宜避开饱冰冻土、含土冰层地段和冰锥、冰丘、热融湖、厚层地下冰，融区与多年冻土区之间的过渡带，宜选择坚硬岩层、少冰冻土和多冰冻土地段以及地下水位或冻土层上水位低的地段和地形平缓的高地，一定要避开不良地段，选择有利地段。

（3）多年冻土地区地基处理措施。多年冻土地区地基处理措施应根据建筑物的特点和冻土的性质选择适宜有效的方法。一般选择以下处理方法：

1）保护冻结法，宜用于冻层较厚、多年地温较低和多年冻土相对稳定的地带，以及不采暖的建筑物和富冰冻土、饱冰冻土、含土冰层的采暖建筑物或按容许融化法处理有困难的建筑物。

2）容许融化法的自然融化，宜用于地基总融陷量不超过地基容许变形值的少冰冻土或多冰冻土地基；容许融化法的预先融化宜用于冻土厚度较薄、多年地温较高、多年冻土不稳定的地带的富冰冻土、饱冰冻土和含冰土层地基，并可采用人工融化压密法或挖除换填法进行处理。

2.5.4　盐渍岩土勘察

岩土中易溶盐含量大于 0.3%，并具有溶陷、盐胀、腐蚀等工程特性时，称为盐渍岩土。

盐渍岩按主要含盐矿物成分可分为石膏盐渍岩、芒硝盐渍岩等。

盐渍土根据其含盐化学成分和含盐量进行分类见表 2.14。

2.5.4.1　盐渍岩土勘察要点

1. 盐渍岩土地区的勘察的内容

（1）盐渍岩土的成因、分布和特点。

（2）含盐化学成分、含盐量及其在岩土中的分布。

（3）溶蚀洞穴发育程度和分布。

表 2.14 盐 渍 土 分 类 表

盐渍土按含盐化学成分分类			盐渍土按含盐量分类			
				平均含盐量/%		
盐渍土名称	$\dfrac{c(Cl^-)}{2c(SO_4^{2-})}$	$\dfrac{2c(CO_3^{2-})+c(HCO_3^-)}{c(Cl^-)+2c(SO_4^{2-})}$	盐渍土名称	氯及亚氯盐	硫酸及亚硫酸盐	碱性盐
氯盐渍土	>2		弱盐渍土	0.3~1.0		
亚氯盐渍土	2~1		中盐渍土	1~5	0.3~2.0	0.3~1.0
亚硫酸盐渍土	1~0.3		强盐渍土	5~8	2~5	1~2
硫酸盐渍土	<0.3		超盐渍土	>8	>5	>2
碱性盐渍土	—	>0.3				

注 表中 c 为氯离子（Cl^-）在 100g 土中所含毫摩数，其他离子同。

（4）搜集气象和水文资料。

（5）地下水的类型、埋藏条件、水质、水位及其季节变化。

（6）植物生长状况。

（7）含石膏为主的盐渍岩石膏的水化深度，含芒硝较多的盐渍岩，在隧道通过地段的地温情况。

因为硬石膏（$CaSO_4$）经水化后形成石膏（$CaSO_4 \cdot 2H_2O$），在水化过程中体积膨胀，可导致建筑物的破坏；另外，在石膏硬石膏分布地区，几乎都发育岩溶化现象，在建筑物运营期间，在石膏硬石膏中出现岩溶化洞穴，而造成基础的不均匀沉陷。芒硝（Na_2SO_4）的物态变化导致其体积的膨胀与收缩；芒硝的溶解度，当温度在 32.4℃ 以下时，随着温度的降低而降低。因此温度变化，芒硝将发生严重的体积变化，造成建筑物基础和洞室围岩的破坏。

（8）调查当地工程经验。

2. 盐渍岩土地区勘探和测试

（1）应符合一般工程建筑物地区岩土工程勘探的要求，另外勘探点布置还应能够查明盐渍岩土分布特征。

（2）采取岩土试样应在干旱季节进行，对用于测定含盐离子的扰动土取样，应符合表 2.15 的规定。

表 2.15 盐渍土扰动土样取样要求

勘察阶段	深度范围/m	取土试样间距/m	取样孔占勘探孔总数的百分数/%
初步勘察	<5	1.0	100
	5~10	2.0	50
	>10	3.0~5.0	20
详细勘察	<5	0.5	100
	5~10	1.0	50
	>10	2.0~3.0	30

注 浅基础取样深度到 10m 即可。

（3）工程需要时，应测定有害毛细水上升的高度。

（4）应根据盐渍土的岩性特征，选用载荷试验等适宜的原位测试方法，对于溶陷性盐渍土还应进行浸水载荷试验确定其溶陷性。

（5）对盐胀性盐渍土应现场测定有效盐胀厚度和总盐胀量，当土中硫酸钠含量不超过1％时，可不考虑盐胀性。

（6）除进行常规室内试验外，还应进行溶陷性试验和化学成分分析，必要时可对岩土的结构进行显微结构鉴定。

（7）溶陷性指标的测定可按湿陷性土的湿陷试验方法进行。

盐渍土盐胀临界深度是指盐渍土的盐胀处于相对稳定时的深度，盐胀临界深度可通过野外观测获得。方法是在拟建场地自地面向下 5m 左右深度内，于不同深度处埋设测标，每日定时数次观测气温、各测标的盐胀量及相应深度处的地温变化，观测周期为一年。柴达木盆地盐胀临界深度一般大于 3.0m，大于一般建筑物浅基的埋深，如某深度处盐渍土由温差变化影响而产生的盐胀压力，小于上部有效压力时，其基础可适当浅埋，但室内地面下需作处理，以防由盐渍土的盐胀而导致的地面膨胀破坏。

2.5.4.2　盐渍岩土的岩土工程评价

盐渍岩土工程地质评价包括下列内容：

（1）岩土中含盐类型、含盐量及主要含盐矿物对岩土工程特性的影响。

（2）岩土的溶陷性、盐胀性、腐蚀性和场地工程建设的适宜性。

（3）盐渍土地基的承载力宜采用载荷试验确定，当采用其他原位测试方法时，应与载荷试验结果进行对比。

（4）确定盐渍岩地基的承载力时，应考虑盐渍岩的水溶性影响。

（5）盐渍岩边坡的坡度宜比非盐渍岩的软质岩石边坡适当放缓，对软弱夹层、破碎带应部分或全部加以防护。

（6）盐渍岩土对建筑材料的腐蚀性评价应按土的腐蚀性评价标准执行。

2.5.5　风化岩和残积土勘察

地表或接近地表的岩石在太阳辐射、大气、水和生物作用下其结构和性质出现破碎、疏松及矿物成分次生变化的作用称风化作用。风化岩按风化程度划分为未风化岩、微风化岩、中等风化岩、强风化岩、全风化岩与残积土（表 2.16）。

表 2.16　　　　　　　　　　　　　　岩石风化程度的划分表

风化程度	野 外 特 征	风化程度参数指标	
		波速比 K_v	风化系数 K_f
未风化	岩石性质新鲜、偶见风化痕迹	0.9～1.0	0.9～1.0
微风化	结构基本未变，仅节理面有渲染或略有变色，有少量风化裂隙	0.8～0.9	0.8～0.9
中等风化	结构部分破坏，沿节理面有次生矿物，风化裂隙发育，岩体被切割成岩块。用镐难挖，岩芯钻方可钻进	0.6～0.8	0.4～0.8
强风化	结构大部分破坏，矿物成分显著变化，风化裂隙很发育，岩体破碎。用镐可挖，干钻不易钻进	0.4～0.6	<0.4
全风化	结构基本破坏，但尚可辨认，有残余结构强度，可用镐挖，干钻可钻进	0.2～0.4	
残积土	组织结构全部破坏，已风化成土状，锹镐易挖掘，干钻易钻进，具可塑性	<0.2	

注　1．波速比 K_v 为风化岩石与新鲜岩石压缩波速度之比。
　　2．风化系数 K_f 为风化岩石与新鲜岩石饱和单轴抗压强度之比。
　　3．岩石风化程度，除按表列野外特征和定量指标划分外，也可以根据当地经验划分。
　　4．花岗岩类岩石，可采用标准贯入试验划分，$N \geq 50$ 为强风化；$50 \geq N \geq 30$ 为全风化；$N < 30$ 为残积土；
　　5．泥岩和半成岩，可不进行风化程度划分。

不同的气候条件和不同的岩类，具有不同风化特征，湿润气候以化学风化为主，干燥气候以物理风化为主。花岗岩类多沿节理风化，风化厚度大，且以球状风化为主。层状岩多受岩性控制，硅质比黏土质抗风化能力强，风化后层理尚较清晰，风化厚度较薄。可溶岩以溶蚀为主，有岩溶现象，不具完整的风化带，风化岩保持原岩结构和构造。残积土则已全部风化成土，矿物晶体、结构、构造不易辨认，呈碎屑状的松散体。

2.5.5.1　风化岩和残积土的勘察要点

1. 风化岩和残积土地区勘察内容

（1）母岩地质年代和岩石名称。

（2）岩石的风化程度、不同岩石的各风化带的分布、埋深与厚度变化、风化岩与原岩矿物、组织结构的变化程度。

（3）岩脉和风化花岗岩中球状风化体（孤石）的分布。

（4）岩土的均匀性、破碎带和软弱夹层的分布范围、厚度与产状。

（5）地下水赋存条件、风化岩的透水性和富水性。

（6）风化岩与残积土的岩土性质指标。

作为建筑物天然地基时，应着重查明岩土的均匀性及其物理力学性质；作为桩基础时，应重点查明破碎带和软弱夹层的位置和厚度等。

2. 风化岩和残积土的勘探和测试

（1）勘探点布置除遵循一般原则外，对层状岩应垂直走向布置，并考虑具有软弱夹层的特点。

勘探点间距应取各类建筑物勘探点间距规定的小值，应为15～30m，并可有一定数量的追索、圈定用的勘探点。

钻孔深度：一般性钻孔应穿透残积土和全风化岩；控制性钻孔应穿透强风化岩。

（2）勘探工作，除钻孔外，应有一定数量的探井并应与标准贯入试验、超重型动力触探试验 N_{120}、旁压试验等原位测试相结合。

（3）应在探井中刻取或用双重管、三重管采取试样，每一风化带不应少于3组，目的是为了保证采取风化岩样质量的可靠性；在残积土、全风化岩与强风化岩中应取得Ⅰ级试样，在中等风化岩与微风化岩中岩芯采取率不应低于90%；风化岩和残积土一般很不均匀，取样试验的代表性差，故应考虑原位测试与室内试验结合的原则，并以原位测试为主。

（4）应采用原位测试与室内试验相结合，原位测试可采用圆锥动力触探、标准贯入试验、波速测试和载荷试验。

（5）室内试验除应包括重度、相对密度、吸水率、天然状态和饱和状态单轴抗压强度试验等常规试验，对相当于极软岩和极破碎的岩体，可按土工试验要求进行，对残积土，必要时应进行湿陷性和湿化试验。

对风化岩和残积土的划分，可用标准贯入试验或无侧限抗压强度试验，也可采用波速测试，同时也不排除用规定以外的方法，可根据当地经验和岩土的特点确定。

对花岗岩残积土和全风化岩，应测定其中细粒土的天然含水率 w、塑限 w_P、液限 ω_L、塑性指数 I_P、液性指数 I_L 等试验。花岗岩类残积土的地基承载力和变形模量应采用载荷试验确定。有成熟地方经验时，对于地基基础设计等级为乙级、丙级的工程，可根据标准贯入试验等原位测试资料，结合当地经验综合确定。也可按《建筑地基基础设计规范》（GB 50007—2011）的有关规定确定。

2.5.5.2   风化岩和残积土的岩土工程评价

风化岩和残积土地区岩土工程评价应符合下列要求：

（1）对于厚层的强风化和全风化岩石，应结合当地经验进一步划分为碎块状、碎屑状和土状；厚层残积土可进一步划分为硬塑残积土和可塑残积土，也可根据含砾或含沙量划分为黏性土、砂质黏性土和砾质黏性土。

（2）建在软硬互层或风化程度不同地基上的工程，应分析不均匀沉降对工程的影响；风化岩与残积土的变形计算参数——变形模量 E_0 可采用载荷试验确定，也可采用旁压试验、标贯试验或超重型动力触探 N_{120} 试验确定。

（3）基坑开挖后应及时检验，对于易风化的岩类，进行稳定性评价，及时砌筑基础或采取其他措施，防止风化发展。

（4）对岩脉和球状风化体（孤石），应分析评价其对地基（包括桩基）的影响，并提出相应的建议。评价设在风化岩与残积土中的桩的承载力和桩基的稳定性。

（5）评价残积土和不同风化程度岩石的透水性、地下水的富水性与不同层位间的水力联系，分析其对土压力计算、地下设施防水、明挖、盖挖与暗挖施工时的土体稳定性及降水对周围环境的影响。

（6）分析风化岩岩体内软弱结构面的组合情况，并就其中与开挖面关系上的不利组合进行稳定性评价。

2.5.6   污染土勘察

2.5.6.1   污染土的特点

由于致污物质侵入改变了物理力学性状的土，称为污染土。污染土的定名可在原分类名称前冠以"污染"二字。

污染土具有下列某些特征：

（1）酸液对各种土类都会导致力学指标的降低。

（2）碱液可导致酸性土的强度降低，有的资料表明，压力在 50kPa 以内时压缩性的增大尤为明显，但碱性可使黄土的强度增大。

（3）酸碱液都可能改变土的颗粒大小和结构或降低土颗粒间的连接力，从而改变土的塑性指标，多数情况下塑性指数降低，但也有增大的实例。

（4）我国西北的戈壁碎石土硫酸浸入可导致土体膨胀，而盐酸浸入时无膨胀现象，但强度明显降低。

（5）土受污染后一般将改变渗透性。

（6）酸性侵蚀可能使某些土中的易溶盐含量有明显增加。

（7）土的 pH 值可能明显地反映不同的污染程度。

（8）土与污染物相互作用一般都具有明显的时间效应。

污染土可按场地和地基分为：可能受污染的拟建场地和地基、可能受污染的已建场地和地基、已受污染的拟建场地和地基、已受污染的已建场地和地基。

2.5.6.2 污染土场地的勘察和评价

1. 污染土场地勘察内容

(1) 查明污染前后土的物理力学性质、矿物成分和化学成分等。

(2) 查明污染源、污染物的化学成分、污染途径、污染史等。

(3) 查明污染土对金属和混凝土的腐蚀性。

(4) 查明污染土的分布，按照有关标准划分污染等级。

(5) 查明地下水的分布、运动规律及其与污染作用的关系。

(6) 提出污染土的力学参数，评价污染土地基的工程特性。

(7) 提出污染土的处理意见。

2. 污染土场地的勘察方法和布置原则

(1) 宜采用钻探、井探、槽探，并结合原位测试，必要时可辅以物探方法。

(2) 勘探工作量布置原则。

1) 受污染的场地，由于污染土分布的不均一性，应加密勘探点，以查明污染土分布。勘探点可采用网格状布置。布置的原则应为"近污染源密，远污染源稀"。勘探孔的深度应穿透污染土，达到未污染土层。

2) 已污染场地的取土试样和原位测试数量宜比一般性土增大 1/3～1/2。

3) 对有地下水的钻孔，应在不同深度处采取水试样，以查明污染物在地下水中的分布情况。

(3) 对采取的土试样应严格密封，以保持土中污染物原有的成分、浓度、状态等，防止污染物的挥发，逸散和变质，并应避免混入其他物质。

(4) 应进行载荷试验或根据土的类别选用其他原位测试方法，必要时应进行污染土与未污染土的对比分析。

3. 污染土的试验

有条件时可进行土污染前后土质变化的研究，或通过同一土层在未污染与被污染场地分别取样进行对比试验。对比试验的内容包括：

(1) 土的物理力学性质的对比试验项目，应根据土在污染后可能引起的性质改变，确定相应的特殊试验项目，如膨胀试验、湿化试验、湿陷试验等。

(2) 土的化学分析应包括全量分析，易溶盐含量、pH 值试验，土对金属和混凝土腐蚀性分析，有机质含量分析以及矿物、物相分析等。

(3) 必要时应进行土的显微结构鉴定。

(4) 分析还应包括水中污染物含量分析，水对金属和混凝土的腐蚀性分析及其他项目。

(5) 测定土胶粒表面吸附阳离子交换量和成分，离子基（如易溶硫酸盐）的成分和含量。黏性土的颗粒分析，应包括粗粒组（粒径大于 0.002mm），黏粒组（粒径为 0.002～0.005mm）。

(6) 进行污染与未污染，污染程度不同的对比试验。

(7) 为预测地基土受某溶液污染的后果时，可事先取样进行模拟试验，如将土试样夹在两块透水石之间，浸入废酸、碱液内，浸泡不同时间后，取出观察其变化。还可进行压缩试验、抗剪强度试验，判定其强度和变形与正常土的区别。以便得到废液浸湿对地基土的影响并提出采取预防措施的建议。

4. 污染土的岩土工程评价应满足下列要求：

（1）划分污染程度并进行分区。

（2）评价污染土的变化特征和发展趋势。

（3）判定污染土、水对金属和混凝土的腐蚀性。

（4）评价污染土作为拟建工程场地和地基的适宜性，提出防治污染和污染土处理的建议。

项目 3　常见不良地质作用和
地质灾害勘察

【学习目标】　掌握崩塌、滑坡、泥石流、岩溶的勘察工作的布置和方法；掌握高地震烈度地区场地类别划分、勘察要点、液化判别；了解采空区和地面沉降区的勘察要点；知道常见不良地质作用和地质灾害勘察报告的编写程序和内容。

【重点】　崩塌、滑坡、泥石流、岩溶的勘察工作的布置和方法；高地震烈度地区场地类别划分、勘察要点、液化判别；常见不良地质作用和地质灾害勘察报告的编写程序和内容。

【难点】　高地震烈度地区场地液化判别；不良地质作用和地质灾害勘察报告的编写。

任务 3.1　崩塌和滑坡的岩土工程勘察

崩塌（崩落、垮塌或塌方）是较陡斜坡上的岩土体在重力作用下，突然脱离母体崩落、滚动、堆积在坡脚（或沟谷）的地质现象。

滑坡是斜坡在受到地层岩性，地下水、地表水的作用，地震及人类工程活动等的因素影响，坡体沿贯通的剪切破坏面或剪切破坏带，以一定的速度整体下滑的现象。

3.1.1　崩塌勘察

危岩和崩塌勘察宜在可行性研究或初期勘察阶段进行，并应查明产生崩塌的条件及其规模、类型、范围，并对崩塌区作出建筑场地适宜性评价以及提出防治方案建议。

1. 崩塌勘察应查明的内容

危岩和崩塌勘察以工程地质测绘为主，着重分析崩塌形成的基本条件，当不能满足设计要求或需要进行稳定性判定及防止时，可以辅助以必要的勘探测试工作，以取得设计必需的参数。测绘的比例尺宜采用 1∶500～1∶1000，崩塌方向主剖面的比例尺宜采用 1∶200。应查明的内容有：

（1）崩塌区的地形地貌及崩塌类型、规模、范围，崩塌体的尺寸和崩落方向。

（2）崩塌区的岩性特征、风化程度和地下水的活动情况。

（3）崩塌区的地质构造、岩体结构面（断裂、节理、裂隙等）发育情况。

（4）气象、水文和地震活动情况。

（5）崩塌前的迹象和崩塌原因。

（6）历史上崩塌危害及当地防治崩塌的经验等。绘制崩塌区工程地质图，并附以主剖面地质断面图。

2. 崩塌勘察的实施

当崩塌区下方有工程设施和居民点时，应对岩体张裂缝进行监测。对有较大危害的大型崩塌，应结合监测结果对可能发生崩塌的时间、规模、滚落方向、危害范围等作出预报。危岩的观测可通过下列步骤实施：

(1) 对危岩及裂隙进行详细编录。

(2) 在岩体裂隙主要部位要设置伸缩仪，记录其水平位移量和垂直位移量。

(3) 绘制时间与水平位移时间与垂直位移的关系曲线。

(4) 根据位移随时间的变化曲线求得移动速度。

(5) 必要时可在伸缩仪上连接警报器，当位移量达到一定值或位移突然增大时，即可发出警报。

3.1.2　滑坡勘察

滑坡勘察应查明滑坡的范围、规模、地质背景、性质及其危害程度，分析滑坡的主次条件和滑坡原因，并判断其稳定程度，预测其发展趋势和提出预防与治理方案建议，提出是否要进行监测和监测方案。

3.1.2.1　测绘和调查

滑坡的测绘和调查是滑坡勘察的首要阶段，滑坡测绘与调查的范围应包括滑坡区及其邻近稳定地段，一般包括滑坡后壁外一定距离，滑坡体两侧自然沟谷和滑坡舌前缘一定距离或江、河、湖水边；测绘和调查比例尺可选用 1∶200～1∶1000。用于整治设计时，比例尺应选用 1∶200～1∶500。

滑坡区的测绘和调查内容：

(1) 搜集当地地质、水文、气象、地震和人类活动等相关资料；查明滑坡的发生与地层结构、岩性、断裂构造（岩体滑坡尤为重要）、地貌及其演变、水文地质条件、地震和人为活动因素的关系，分析引起滑坡的主导因素。

对岩体滑坡应注意缓倾角的层理面、层间错动面、不整合面、断层面、节理面和片理面等的调查，若这些结构面的倾向与坡向一致，且其倾角小于斜坡前缘临空面倾角，则很可能发展成为滑动面。对土体滑坡，则首先应注意土层与岩层的接触面，其次应注意土体内部岩性差异界面。

(2) 调查滑坡的形态要素和演化过程，圈定滑坡周界，确定滑坡壁、滑坡台阶、滑坡舌、滑坡裂缝、滑坡鼓丘等要素；查明滑动带的部位、滑动方向、滑动带岩土体组成状态，裂缝位置、方向、深度、宽度、发生的先后顺序、切割关系和力学属性，作为滑坡体平面上的分块或纵剖面分段的依据；分析滑坡的主滑方向、滑坡的主滑段、抗滑段及其变化；分析滑动面的层数、深度、埋深条件及其发展的可能性。

通过裂缝的调查、测绘，借以分析判断滑动面的深度和倾角大小，并指导勘探工作。滑坡体上裂缝纵横，往往是滑动面埋藏不深的反映；裂缝单一或仅见边界裂缝，则滑动面埋深可能较大；如果基础埋深不大的挡土墙开裂，则滑动面往往不会很深；如果斜坡已有明显位移，而挡土墙等依然完好，则滑动面埋深较大；滑坡壁上的平缓擦痕的倾角，一般与该处滑动面倾角接近一致。应注意测绘调查滑动体上或其邻近的建筑物（包括支挡和排水构筑物）的裂缝，但应注意区分滑坡引起裂缝与施工裂缝、不均匀沉降裂缝、自重与非自重黄土湿陷裂缝、膨胀土裂缝、温度裂缝和冻胀裂缝的差异，避免误判。

(3) 调查滑动区地表水自然排泄沟渠的分布和断面、地下水情况，泉的出露点及流量，湿地分布和变迁情况。

（4）调查滑坡地区树木的异态、工程设施的变形、位移及其破坏时间和过程等，判断是首次滑动的新生滑坡还是再次滑动的古老滑坡进行调查。

（5）调查当地治理滑坡的经验。对滑坡的重点部位应进行摄影或录像。

3.1.2.2　勘探

1. 勘探的主要任务

查明滑坡体的范围、厚度、物质组成和滑动面（带）的个数、形状及个滑动带的物质组成；查明滑坡内地下水含水层的层数、分布、来源、动态及各含水层间的水力联系。

2. 勘探方法的选择

滑坡勘探工作应根据需要查明问题的性质和要求，选择恰当的勘探方法。一般可参照表3.1选用。

表 3.1　　　　　　　　　　　滑坡勘探方法适用条件

勘探方法	适用条件及部位
井探、槽探	用于确定滑坡周界和滑坡壁、前缘的产状，有时也为现场大面积剪切试验的试坑
深井（竖斜）	用于观测滑坡体的变化，滑动带特征及采取不扰动土试样等。深井常布置在滑坡体中前部主轴附近。采用深井时，应结合滑坡的整治措施综合考虑
洞探	用于了解关键性的地质资料（滑坡的内部特征），当滑坡体厚度大，地质条件复杂时采用。洞口常选在滑坡两侧沟壁或滑坡前缘，平洞常为排泄地下水整治工程措施的部分，并兼做观测洞
电探	用于了解滑坡区含水层、富水带的分布和埋藏深度，了解下伏基岩起伏和岩性变化及与滑坡有关的断裂破碎带范围等
地震勘探	用于探测滑坡区基岩的埋深，滑动面位置、形状等
钻探	用于了解滑坡内部的构造，确定滑动面的范围、深度和数量，观测滑坡深部的滑动动态

3. 勘探点的布置原则

勘探线和勘探点的布置应根据工程地质条件、地下水情况和滑坡形态确定。除沿主滑方向应布置勘探线外，在其两侧滑坡体外也应布置一定数量勘探线。勘探点间距不宜大于40m，在滑坡体转折处和预计采取工程措施的地段也应布置勘探点。在滑床转折处，应设控制性勘探孔。勘探方法除钻探和触探外，应有一定数量的探井。对于规模较大的滑坡，宜布置物探工作。

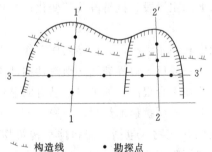

图 3.1　滑坡勘探点平面布置图

（1）定性阶段。一般沿滑坡主滑断面布置勘探点（图3.1）；对于大型复杂滑坡，还需在主滑断面两侧和垂直主滑断面的方向分别布置1～2条具有代表性的纵（或横）断面。一般情况下，断面中部滑动面（带）变化较小，勘探点间距可大些，断面两头变化较大，勘探点应适当加密。同时，还应考虑整治工程所需资料的搜集。

（2）整治阶段。如以支挡为主，则应满足验算和设计支挡建筑物所需资料为准。补加验算剖面的数目应视滑动面（带）横向变化情况而定。如果考虑以排水疏干为主要措施，则应在排水构筑物（如排水隧洞检查井）的位置上，增补少量勘探点。

4. 勘探孔深度的确定

勘探孔的深度应穿过最下一层滑面，进入稳定地层，控制性勘探孔应深入稳定地层一定深度，满足滑坡治理需要。在滑坡体、滑动面（带）和稳定地层中应采取土试样，必要时还应采取水试样。

（1）根据滑动面的可能深度确定，必要时可先在滑坡中、下部布置 1～2 个控制性深孔，其深度应超过滑坡床最大可能埋深 3～5m。其他钻孔可钻至最下滑动面以下 1～3m。

（2）当堆积层滑坡的滑床为基岩时，则钻入基岩的深度应大于堆积层中所见同类岩性最大孤石的直径，以能确定是基岩时终孔。

（3）若为向下作垂直疏干排水的勘探孔：应打穿下伏主要排水层，以了解其厚度、岩性和排水性能。在抗滑桩地段的勘探深度，则应按其预计锚固深度确定。

5. 钻进过程中应注意的事项

（1）滑动面（带）的鉴定。滑带土的特点是潮湿饱水或含水量较高，比较松软，颜色和成分较杂，常具滑动形成的揉皱或微斜层理、镜面和擦痕；所含角砾、碎屑具有磨光现象，条状、片状碎石有错断的新鲜断口。同时还应鉴定滑带土的物质组成，并将该段岩芯晾干，用锤轻敲或用刀沿滑面剖开，测出滑面倾角和沿擦痕方向的视倾角，供确定滑动面时参考。

（2）黄土滑坡的滑动面（带）往往不清楚，应特别注意黄土结构有无扰动现象及古土壤、卵石层产状的变化。这些往往是分析滑面位置的主要依据。

（3）钻进过程中应注意钻进速度及感觉的变化，并量测缩孔、掉块、漏水，套管变形的部位，同时注意地下水位的观测。这些对确定滑动面（带）的意义很大。

3.1.2.3　试验工作

（1）抽（提）水试验，测定滑坡体内含水层的涌水量和渗透系数；分层止水试验和连通试验，观测滑坡体各含水层的水位动态，地下水流速；流向及相互联系；进行水质分析用滑坡体内、外水质对比和体内分层对比，判断水的补给来源和含水层数。

（2）除对滑坡体不同地层分别作天然含水量、密度试验外，更主要的是对软弱地层特别是滑带土作物理力学性质试验。

（3）滑带土的抗剪强度直接影响滑坡稳定性验算和防治工程的设计：因此测定 c、φ 值应根据滑坡的性质，组成滑带土的岩性、结构和滑坡目前的运动状态，选择尽量符合实际情况的剪切试验（或测试）方法。

3.1.3　崩塌和滑坡的监测

3.1.3.1　崩塌的监测

当需判定危岩的稳定性时，宜对张裂缝进行监测。对有较大危害的大型危岩，应结合监测结果，对可能发生崩塌的时间、规模、滚落方向、途径、危害范围等作出预报。

3.1.3.2　滑坡的监测

规模较大以及对工程有重要影响的滑坡，应进行监测。滑坡监测的内容包括：滑带（面）的孔隙水压力；滑体内外地下水位、水质、水温和流量；支挡结构承受的压力及位移；

滑体上工程设施的位移等。滑坡监测资料，结合降雨、地震活动和人为活动等因素综合分析，可作为滑坡时间预报的依据。

滑坡的监测应视工程各阶段（可行性研究、初步设计、施工阶段、初期运行、正常运行），从简单到复杂逐步完善监测系统。

1. 监测等级

根据工程的不同设计阶段和滑坡的发育情况，监测可分为三级：

Ⅰ级监测：建立一般性监测系统，探测工程初设阶段的不稳定性，测量初设所需的岩土设计参数。

Ⅱ级监测：当一般性监测和岩土工程技术资料采集系统不能达到精度要求时，开始Ⅱ级监测。

Ⅲ级监测：针对滑坡不稳定部位，确定经济有效的工程措施和为工程连续施工或运行提供条件时，设置Ⅲ级监测。

2. 监测程序设计

（1）确定滑坡监测内容。包括滑坡位置、滑坡体形状、滑坡的地层岩性条件和地质构造条件、地下水对滑坡影响情况、工程环境条件、滑坡对生命财产的威胁、工程使用年限等。监测设计前应广泛收集工程资料，必要时进行现场调查、勘测和试验，查清工程薄弱点和敏感区。主要对工程区进行全面的监测、查明潜在不稳定部位的监测、对实际不稳定部位的监测。

（2）监测变量选择。包括温度、降水量、蒸发量、库水位变化量、变形信息。

（3）监测仪器选择。滑坡监测的精度很大程度上取决于仪器的精度。因此，选择仪器的基本原则、技术性能和质量标准、适用范围和使用权用条件，是进行滑坡监测的重要因素。了解仪器的使用历史和适用环境，调查仪器使用年限、事故发生率、准确度和精度范围。使用可靠的正规厂家的产品并对使用仪器定期校验。监测仪器必须有足够的可靠性和稳定性、准确度、精度、灵敏度和分辨力、耐久度、可重复使用性、校正的一致性。根据滑坡性态的预测结果、物理变化范围、使用条件和使用年限确定选用仪器类型和型号。

（4）滑坡监测常用仪器。

1）钻孔多点位移计：主要用于坡体深部岩土体内部相对位移量的观测。由探测器、测杆、指示器组成，用探测器将钻孔中磁铁的位置信息转换成频率信号，经调制载波后，通过铝制测杆发射，由指示器接收探测器发出的无线信号，从中解调出携带磁铁位置信息的原低频信号，并用表头指示出磁铁位置，测出岩体变形位移量。

2）收敛计：应用范围广，简便快捷，但在高差较大时不易操作。

3）测斜仪：应用比较广泛，多用于观测不稳定边坡潜在滑动面位置或已有滑动面的变形位置，适用于滑坡变形量小的坡体中。

4）大地测量仪器：如红外光电测距仪。

5）GPS 卫星定位仪：已逐步在有条件的地方或通视条件差的林区应用。

6）其他比如滑动测微计、沉降仪、应变计、测缝计、剪切位移计等仪器均在不同环境下使用。

3. 滑坡监测施工组织设计

监测是隐蔽性较强、精度和准确度要求较高的工程，同时它又贯穿在总体工程之中，因此必须做好施工组织设计。施工组织设计的依据是工程概预算和招投标文件，它是工程施工的指导性文件，其中包含监测系统布置、优化设计方案、组织施工设计。编制施工组织文件应力求保证工程质量、避免干扰总体工程、尽量缩短工期、降低工程造价等。其步骤分为：

（1）调查分析工程特性和施工条件。

（2）确定施工程序和施工方法。

（3）编制进度计划。

（4）编制施工技术规程。

4. 监测质量控制

从监测设计到施工运行应有明确的质量标准要求，主要从以下几方面进行：

（1）质量控制的环节。收集反映质量的信息和检验数据，对每一环节进行质检，对仪器进行标定，对监测数据进行反分析，依质量标准进行评价和处理。

（2）质量控制的保证。通过建立明确的监测责任制和检查校核制予以保证。

（3）质量控制的步骤。初期控制（仪器率定，出厂合格证）、施工控制（安装和埋设精度）、监测控制（数据采集过程的控制）、合格控制（仪器安装合格验收、监测交付使用前的合格验收等）。

5. 观测仪器的安装与埋设

监测施工的中心内容就是观测仪的安装与埋设，仪器安装质量的好坏会严重影响监测的精度和准确度。因此，施工必须按设计要求进行、保证安装和埋设的质量。

6. 观测方法

各种监测仪器设定基准值后，即可进行正式监测。根据仪器不同和监测要求的区别可分为定期测读数据、自动记录数据。在观测过程中出现异常的测点应进行现场巡视、结合其他仪器的观测结果进行分析校验。

3.1.4　崩塌和滑坡岩土工程分析评价

3.1.4.1　崩塌岩土工程分析评价

1. 评价原则

崩塌区岩土工程评价应根据山体地质构造格局、变形特征进行崩塌的工程分类，圈出可能崩塌的范围和危险区，对各类建筑物和线路工程的场地适宜性作出评价，并提出防治对策和方案。各类危岩和崩塌的岩土工程评价应符合下列规定：

（1）规模大，破坏后果很严重，难于治理的，不宜作为工程场地，线路工程应绕避。

（2）规模较大，破坏后果严重的应采取防护措施，应对可能产生崩塌的危岩进行加固，线路工程应采取防护措施。

2. 评价方法

（1）工程地质类比法。对已有的崩塌或附近崩塌区以及稳定区的山体形态，斜坡坡度，岩体构造，结构面分布、产状、闭合及填充情况进行调查对比，分析山体的稳定性，危岩的分布，判断产生崩塌落石的可能性及其破坏力。

（2）力学分析法。在分析可能崩塌体及落石受力条件的基础上，用"块体平衡理论"计算其稳定性。计算时应考虑当地地震力、风力、爆破力、地面水和地下水冲刷力以及冰冻力等的影响。

对各类危岩和崩塌体的稳定性验算可参照有关规范，不再详述。

3.1.4.2 滑坡岩土工程分析评价

滑坡稳定性的综合评价，应根据滑坡的规模、主导因素、滑坡前兆、滑坡区的工程地质和水文地质条件，以及稳定性验算结果进行，并应分析发展趋势和危害程度，提出治理方案的建议。

（1）滑坡稳定性野外判别表见表 3.2，可分为三级，即稳定性好、稳定性较差、稳定性差。

表 3.2　　　　　　　　　　滑坡稳定性野外判别表

滑坡要素	稳定性差	稳定性较差	稳定性好
滑坡前缘	滑坡前缘临空或隆起，坡度较陡且常处于地表径流的冲刷之下，有发展趋势并有季节性泉水出露，岩土潮湿、饱水	前缘临空，有间断季节性地表径流流经，岩土体较湿	前缘斜坡较缓，临空高差小，无地表径流流经和继续变形的迹象，岩土体干燥
滑体	坡面上有多条新发展的滑坡裂缝，其上建筑物、植被有新的变形迹象	坡面上局部有小的裂缝，其上建筑物、植被无新的变形迹象	坡面上无裂缝发展，其上建筑物、植被没有新的变形迹象
滑坡后缘	后缘壁上可见擦痕或有明显位移迹象，后缘有裂缝发育	后缘有断续的小裂缝发育，后缘壁上有不明显变形迹象	后缘壁上无擦痕和明显位移迹象，原有的裂缝已被充填
滑坡两侧	有羽状拉张裂缝或贯通形成滑坡侧壁边缘裂缝	形成较小的羽状拉张裂缝，未贯通	无羽状拉张裂缝

（2）定量评价。滑坡稳定性评价应根据滑坡滑动面类型和物质成分选用恰当的方法，并可参考有限元法、有限差分法等综合考虑。

具体评价应参照国家行业或地区性现行规范、规程进行评价。

（3）数据分析与反馈。利用监测数据进行滑坡稳定性分析是一个十分复杂的问题，它涉及多方面因素，诸如地形、地质、水文等方面的历史和现状；自然因素（如降雨、地震）和人为活动（如施工开挖、水库蓄水和泄水）等影响。稳定性分析包括地质分析、模型试验、数值计算及图解法等多种方法。而监测数据最终以图解的形式对滑坡的稳定性进行分析和判识。

1）相对稳定的判识。位移-时间过程曲线中，随时间增加、位移没有明显的突变迹象，只是随时间有一定的起伏变化时，应考虑滑坡处于相对稳定状态。

2）出现潜在滑动破坏危险的判识。位移-时间过程曲线中，随时间增加、深部某一部位或地表某一区域的位移有明显地突变、且有持续增长迹象，明显不同于其他周边部位的这种差异变形出现时，应考虑滑坡处于潜在滑动破坏的危险状态。

3）滑坡发展的趋势性分析。位移-时间过程曲线结合变形矢量线方向判断滑坡是处于持续变形状态或稳定波动状态。同时，还可以通过位移-时间过程曲线利用多种方法对滑坡的破坏时间进行预测分析。

4）滑坡影响因素分析。施工开挖影响、水库蓄水影响、地震影响、降雨影响等因素均可引起滑坡变形增大，找出影响滑坡的敏感性因素。

5）位移反分析。根据现场监测资料，通过严格的力学分析计算，对设计采用的基本力学参数进行调整和修改，使之更符合工程实际。

3.1.5　崩塌、滑坡勘察报告的内容

3.1.5.1　崩塌勘察报告的内容

危岩和崩塌区的岩土工程勘察报告除应包括岩土工程勘察报告基本内容外，还应阐明危岩和崩塌区的范围、类型、作为工程场地的适宜性，并提出防治方案的建议。

3.1.5.2　滑坡勘察报告的内容

根据《滑坡防治工程勘察规范》（DZ/T 0218—2006）的要求，滑坡勘察报告应包括下列内容：

（1）文字部分。包括：序言，地质环境条件，滑坡区工程地质和水文地质条件，滑坡体结构特征，滑带特征，滑坡变形破坏特征及稳定性评价，推力分析，滑坡防治工程和监测方案的建议等。

（2）附图及附件。提供相应的平面图（综合地质测绘图、勘探点平面布置图），剖面图，滑体等厚线图，地下水等水位线图钻孔柱状图，竖井展示图，各层岩、土物理力学测试报告，地下水动态监测报告等工程特性指标。

（3）滑坡稳定分析。

（4）滑坡防治和监测的建议。

【实例 3.1】　滑坡勘察报告

第一章　概　　述

受××委托，我单位承担了××滑坡工程地质勘察任务。

第一节　序　　言

该边坡位于××地区，属路堑边坡，设计路面标高 393.11～391.152m，线路最大纵坡 2%。2005 年 8 月右线桥梁开始施工。2005 年 11 月 9—14 日连续降雨后，2005 年 11 月 16 日下午 2 时许，突然发生山体滑坡，滑体长约 75.0m，宽约 80.0m，形成错落台高约 12.0m，滑动方量约 45600m³，右线已施工的桥梁人工挖孔桩柱被毁，并在已滑动边坡后侧形成一个更大的潜在滑坡危险区。

第二节　目的、任务及依据的技术标准

本次勘察的目的是查明滑坡的位置及分布范围，分析斜坡失稳的发生和发展过程，并提出治理建议。按照××编制的"该滑坡勘察技术要求"，本次勘察的主要任务为：

（1）查明滑坡区地形地貌、水文、气象、地层岩性、地质构造特征。

（2）查清滑坡规模及破裂壁、滑床、滑带、滑坡台地、滑坡裂缝等滑坡要素特征。

（3）查明滑坡区岩土体物理力学性质、滑动面的抗剪强度指标，对无法取得强度指标的碎石土类反演求得其 c、φ 值。

（4）分析滑坡变形破坏特征及形成机制，进行滑坡体稳定分析。

（5）根据滑坡体现状等提供滑坡治理措施与建议。

执行规范有：

(1)《工程测量规范》(GB 50026—93)。

(2)《岩土工程勘察规范》(GB 50021—2001)。

(3)《土工试验方法标准》(GB/T 50123—1999)。

(4)《建筑边坡工程技术规范》(GB 50330—2002)。

(5)《公路工程地质勘察规范》(JTJ 064—98)。

第三节　工作方法、过程及质量评述

本次勘察采用工程地质测绘和调查、工程钻探和室内试验相结合的方法。首先依据1：1000地形图进行实地工程地质测绘和调查工作。在综合分析已收集到的测区区域资料基础上，主要进行了工程地质填图、微地貌单元的划分和岩体结构及构造面产状、性质的调查，圈定滑坡周界。工程地质测绘和调查成果见"工程地质平面图"。

本工程进行了两次野外工作，第一次野外作业于2005年11月22日开始，至2005年12月9日结束外业工作。该次野外作业在滑坡体及其影响区沿大致平行主滑方向共布置3条勘探线，开动XY-1型钻机1台，完成3个钻孔和2个探槽孔。

为了进一步查清滑坡区工程地质条件，我院组织了第二次野外作业，于2006年3月14日开始，至2006年4月6日结束外业工作。该次野外作业在滑坡体及其影响区沿大致平行主滑方向共布置3条勘探线，开动XY-1型钻机2台，完成7个钻孔和4个探槽孔。

为减少对土层原始状态的改变，特别是滑坡带土层的扰动，采用无水钻进工艺，基岩采用双套岩芯金刚石钻具钻进。由于滑坡堆积区上部岩性以碎石土为主，致使原状土样采取异常困难。鉴于现场实际情况，取原状土样采取现场环刀法施工。同时因滑坡堆积区上部岩性以碎石土为主，探槽施工开挖困难，未能揭穿滑体上部堆积物。每孔的钻探及地质编录均由工程项目负责验收确认。实物工作量一览表见表3.3。

表3.3　　　　　　　　　　　实 物 工 作 量 一 览 表

项　目	单　位	工作量	备　注
工程地质测绘	km²	0.09	比例1：500
实测剖面	m/条	1280/6	
钻探	m/孔	164.3/10	
探槽	m/孔	12.95/6	
原状土样	件	4	常规土试、快剪、反复剪
岩样	块	6	天然抗压
原位测试	段次	19	
测钻孔坐标	孔	5	施工单位全站仪实测
引用资料	孔	3	高速公路施工资料

室内试样试验除进行常规测试项目外，结合工程实际和滑坡稳定性评价等需要，增加原状土直剪快剪、饱和重塑土反复剪、岩样天然抗压等测试项目。全部室内测试工作由浙江省交通规划设计研究院试验中心承担。

整个勘察过程的工程地质测绘和调查、工程钻探和室内试验工作均严格执行有关规范、规程，成果质量优良。

勘察过程中因山势陡峻，测量工作难度大，测量精度受到影响。本工程所使用的滑坡区
1∶500 地形图原测量范围较小，因时间紧迫，滑坡区未能进行 1∶500 地形图实测，由测量
单位采用原 1∶2000 地形图进行放大而成。同时为了保证野外勘探资料的准确性，现场地质
钻孔孔口高程及坐标由中铁一局集团第四工程有限公司现场施工队伍的测量人员实测。因此
本工程的平面高程与实际剖面高程之间存在一定的误差。

第二章　地 质 环 境 条 件

第一节　地 形 地 貌

沿线为浙东南中低山丘陵地貌区，由中低山、丘陵、断陷盆地及堆积平原组成。勘察区
地貌形态受华夏系和新华夏系构造所控制。区内盆地、山脉均呈北东、北北东走向分布。山
脉主要有会稽山、大盘山和括苍山，海拔高度多在 400～800m，最高峰为括苍山，海拔
1382m。由北西往南东分布有诸暨、东阳、仙居等小盆地，盆地与中低山间为丘陵区。区内
地势总体趋势为西北和东南低，中部高。

滑坡区以低山丘陵地貌为主，山体基岩埋藏浅，植被发育，沟谷切割强烈。

第二节　气 象、水 文

一、气象

测区位于浙东南中低山丘陵区，属典型的亚热带季风气候，湿润多雨，四季分明，光照
充足，雨量充沛。流域年平均气温在 15～18℃，1 月最低，平均 4℃ 左右，7 月、8 月最高，
平均气温 28～29℃。多年平均降水量一般为 1200～2000mm，降水量不仅空间分布不均，年
内分配也有显著差异。其降雨过程多集中在 4 月中旬—7 月中旬（梅汛期）和 7 月中旬—10
月中旬（台汛期）。年蒸发量为 800～1100mm，相对湿度为 80% 左右。全年无霜期大
于 200d。

二、水文

勘察区范围内河流分属永安溪水系，主要河流为胡八坑、大陈坑等。水系多呈树枝状，
水流常年不息。区内小冲沟发育，水位坡降大，受季节降雨量影响，旱季流量小，雨季水位
暴涨暴落，洪水期流速急，水位变幅受季节降水影响较大。

第三节　区 域 地 质

一、地层

勘察区主要出露地层有晚侏罗纪西山头组晶屑凝灰岩；第四系上更新统覆盖层。

（一）晚侏罗纪西山头组火山岩（J_3x）

主要岩性为浅灰色、灰紫色晶屑凝灰岩、熔结凝灰岩。岩质较硬，为本段线路主要
岩性。

（二）第四纪覆盖层

根据土层成分、成因时代，可分为冲洪积层、残坡积层。现按土层成因时代自下而上分
述如下：

（1）残坡积层（Q^{el-dl}）。主要分布于低山区的坡顶和缓坡处，厚度较薄，一般厚度为
0.50～4.50m，局部厚度较大达 10.80m，分布不稳定，为含碎石亚黏土，含黏性土碎石、
块石，土质结构松散-中密状。

（2）冲洪积层（Q^{al+pl}）。主要分布在河床、溪沟一带，厚度为0.30～2.00m，成分主要为卵石、漂石等，结构松散。

二、地质构造

区域构造。勘察区内以断裂构造为主，褶皱构造仅在北段有所发育。断裂带以北东向、北北东向和北西向为主，局部有近东西向断裂。其构造体系属新华夏系，为勘察区内主要的构造骨架。新华夏系构造由一系列的压性或扭性断裂及部分纵张断裂、挤压带、劈理带等结构要素构成。

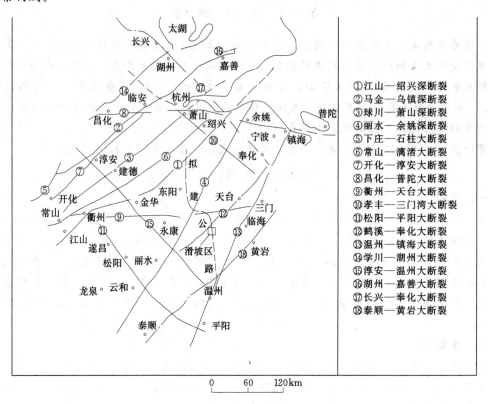

图3.2 区域构造纲要图

本区的区域构造主要以断裂构造为主，有NNE向、NE向、NW向三组不同方向断裂，其中NNE向、NE向的断裂最为发育，其次为NW向断裂，它们控制了测区内次一级断裂的发育和地貌形态的形成。

从图3.2来看，对勘察区影响较大的构造从北往南依次为：

1. 丽水—余姚深断裂（④断裂）

它是浙东南最醒目的断裂构造，南延福建，北经嵊州过余姚，潜入杭州湾水域，总体走向约30°。该断裂从磐安县安文镇北西侧通过，岩石遭受动力变质作用，出现强烈的片理化及千枚岩化，宽达3km左右，在尖山镇有大片的晚第三纪玄武岩喷出，缙云附近还见有喜马拉雅期的超基性岩呈挤压破碎现象，表明该断裂在喜马拉雅期尚在继续活动。

2. 鹤溪—奉化大断裂（⑫断裂）

该断裂南段与丽水—余姚深断裂合并，往北经仙居盆地北缘，并继续向北东方向延伸，直抵宁波盆地南缘与温州-镇海大断裂交会，主体走向呈北东向，破碎带南窄北宽，宽约 20～300m，断面呈舒缓波状。该断裂对晚侏罗世岩浆喷出与侵入活动有直接影响，燕山晚期活动相当强烈。

第四节　地震及区域稳定性

勘察区地震活动的基本特征为震级小（小于 5 级），强度小（不大于Ⅵ度），频率低。根据浙江省地震局资料，浙江省在北纬 28°～30°之间为一相对安全区。根据国家质量技术监督局 2001 年 2 月发布的《中国地震动参数区划图》（GB 18306—2001），勘察区永嘉县峙口乡以南地震动参数峰值加速度为 0.05g，相当于地震基本烈度Ⅵ度区。根据交通部《公路工程抗震设计规范》（JTJ 004—89）等有关规定，公路工程可采用简易设防。勘察区内其他路段地震动参数峰值加速度为小于 0.05g，相当于地震基本烈度小于Ⅵ度区。根据交通部《公路工程抗震设计规范》（JTJ 004—89）等有关规定，拟建公路工程一般可不考虑地震设防。

根据《中国地震动参数区划图》（GB 18306—2001）和《建筑抗震设计规范》（GB 50011—2001），仙居县地震动峰值加速度小于 0.05g，抗震设防烈度小于Ⅵ度区，属对建筑抗震有利地段。

第三章　场地工程地质条件
第一节　构　　造

一、断层

滑坡区未发现断裂构造。

二、节理

边坡区节理较发育，主要节理产状：330°∠76°，张开状，3～5 条/m；180°∠73°，微张状，部分方解石脉充填，2～4 条/m；300°∠80°，闭合状，1～2 条/m；25°∠8°，微张状，方解石脉充填，2～4 条/m。根据边坡赤平投影图分析（图 3.4），基岩节理裂隙发育，但相对于左边坡而言主要为逆坡节理，对边坡稳定性影响不大，边坡节理走向分布如图 3.3 所示（边坡区岩体节理走向玫瑰图）。

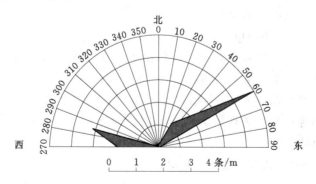

图 3.3　边坡区岩体节理走向玫瑰图

三、构造稳定性分析

根据现场实测岩石节理资料，由以下赤平投影图分析得出：边坡基岩节理裂隙①、②、③对边坡稳定性存在一定影响，应采取合理措施加强支护。

节理①产状：330°∠76°
节理②产状：180°∠73°
节理③产状：300°∠80°
节理④产状：25°∠8°
评价：节理①、②、③对边坡影响

图 3.4   边坡区岩体节理赤平投影图

第二节   各工程地质（亚）层划分及评述

根据工程地质测绘和调查、工程钻探揭露及室内土工试验结果，将场地勘探深度以浅岩土体按其成因时代、埋藏分布规律、岩性特征及基物理力学性质，划分为 3 个工程地质层，6 个工程地质亚层，现自上而下分述如下。

一、第四系

1. Ⅰ 层：滑坡堆积碎石混黏性土（Q^{del}）

灰黄色为主，含碎石亚黏土与块（碎）石混杂，块（碎）石棱角形，强～弱风化状为主，部分强～全风化状，原岩以晶屑凝灰岩为主，块石径 20～200cm，含量约 10%，碎石径一般 5～20cm 不等，含量约 20%～30%，余为黏性土及少量砂，土质不均。

该层在滑坡范围内分布，厚度变化较大，一般在滑坡后缘破裂壁到附近较薄，在滑体中下部和前缘部位厚度较大。

2. Ⅴ2 层：含碎石亚黏土（Q^{el+dl}）

灰黄色，硬塑，饱和，碎石含量 10%～20%，粒径 2.0～12.0cm，呈棱角状～次棱角状，成分为晶屑凝灰岩。分布于山麓，层厚 1.80～10.80m，容许承载力 $[\sigma_0]=150$kPa。桩周土极限摩阻力 $\tau_i=35～40$kPa。

该层在滑坡区大部地段广泛分布。

3. Ⅴ3 层：含黏性土碎石（Q^{el+dl}）

灰黄色，稍密～中密，碎石含量 50%，粒径 2.0～5.0cm 见多，部分 5～15cm，呈棱角状，成分为晶屑凝灰岩，夹块石，块石径 20～200cm，含量约 5%～15%，其余为黏性土。层厚 3.30～4.80m，容许承载力 $[\sigma_0]=250$kPa。桩周土极限摩阻力 $\tau_i=50～60$kPa。

该层在滑坡区内原坡脚位置局部分布，滑坡区外侧区域大部地段广泛分布。

二、晚侏罗纪西山头组

1. ⅧJ₃x9a 层：全风化晶屑凝灰岩（J_3x）

灰色，紫红色，岩石风化强烈，呈砂土状，残余结构可见。层厚 0～1.50m，容许承载力 $[\sigma_0]=200$kPa。桩周土极限摩阻力 $\tau_i=45$kPa。（经验值 $c=35$kPa，$\varphi=20°$）

该层在测区局部分布。

2. ⅧJ₃x9b 层：强风化晶屑凝灰岩（J_3x）

灰色，紫红色，晶屑凝灰结构，块状构造，节理裂隙发育，岩芯呈碎块状，裂隙面有铁锰质渲染。层厚 0～8.70m，容许承载力 $[\sigma_0]=400kPa$。桩周土极限摩阻力 $\tau_i=80kPa$。（经验值 $c=0.10MPa$，$\varphi=25°$）

该层在测区广泛分布。

3. ⅧJ_3x9c 层：弱风化晶屑凝灰岩（J_3x）

灰色，紫红色，晶屑凝灰结构，块状构造，节理裂隙较发育，岩芯呈短柱状-长柱状，局部裂隙充填方解石脉，大多呈闭合状。层厚约 10.00～13.00m，容许承载力 $[\sigma_0]=2000kPa$。桩周土极限摩阻力 $\tau_i=180kPa$。$R_a=70.0MPa$，（经验值 $c=0.50MPa$，$\varphi=35°$）

该层在测区广泛分布。

4. ⅧJ_3x9d 层：微风化晶屑凝灰岩（J_3x）

灰色，紫红色，晶屑凝灰结构，块状构造，节理裂隙较发育-不发育，岩芯呈短-长柱状，岩石较新鲜。层厚大于 10m，容许承载力 $[\sigma_0]=3000kPa$。桩周土极限摩阻力 $\tau_i=250kPa$。（经验值 $R_a=100.0MPa$，$c=0.85MPa$，$\varphi=38°$）

该层在测区广泛分布。

以上各土层的埋藏分布情况详见各工程地质剖面图。

第三节　水　文　地　质

一、含（隔）水层组

依据含水层成分、孔隙、裂隙发育程度、赋水性、泉水分布、等因素划分含（隔）水层组。第四系为透水层组，该层组土层大部分孔隙发育，一方面与下伏基岩裂隙含水层组接触，另一方面其含水量受地形影响较大。基岩上部风化、构造裂隙很发育，含浅层裂隙潜水。下部岩体趋于完整，呈隔水特征。

勘察期间未测得地下水位。

二、地下水补给、径流、排泄特征

滑坡区为陡坡地形，地形陡峭。地下水类型主要为第四系松散岩类孔隙潜水和基岩裂隙水。

（一）地下水补给

松散岩类孔隙水主要接受大气降水补给。勘察区上部土体及强风化岩层厚度大，结构较松散，孔隙度较大，渗透性好，大气降水能快速向下渗流，直接补给松散岩类孔隙水。根据平水期与丰水期的松散岩类孔隙潜水向两侧沟谷排泄的水量判断，大气降水对地下水补给变化较大。

松散岩类孔隙潜水下渗补给基岩裂隙水。

（二）地下水径流

（1）松散岩类孔隙潜水。在孔隙水流动，其运动方向是高水位向低水位处呈平面式流动。

（2）基岩裂隙水。基岩裂隙水由于风化节理发育，透水性一般，水位差较大，沿张裂隙下渗至风化或岩层界面，由高处向低处流动。

（三）地下水排泄

地下水排泄方式主要为垂直方向排泄，水平方向排泄。

（1）垂直方向排泄。边坡上部松散岩类孔隙潜水，水量多具季节性，在雨季出现，雨后

1～4d 消失。以蒸发排泄或下渗补给基岩裂隙水。

（2）水平方向排泄。地下水在重力作用下，沿一定水力梯度由高水位向低水位处径流，部分裂隙水沿裂隙或软弱层面及滑动面径流。

三、地下水水质

根据工程地质勘察报告：测区地下水类型为 $HCO_3^{2-} \cdot SO_4^{2+} - Ca^{2+} \cdot Mg^{2+}$ 型淡水，对混凝土结构及混凝土结构中钢筋无侵腐蚀性，但水对钢结构具弱腐蚀性。

综上所述，滑坡区含（隔）水层组较单一，但成分、厚度及孔隙、裂隙发育程度差异大。地下水补给源较单一，储量随季节和降水动态变化大，水质良好，水文地质条件较简单。

第四节　社会经济及人类活动

勘察区隶属××××村，当地居民生活条件一般。产业主要以农业，次为林业，第三产业不发达，抵御自然灾害能力一般。

主要人类工程活动为诸永高速公路台州段第一合同公路右线桥梁人工挖孔柱施工，在原山体坡脚处开挖出一个施工平台，由原坡脚向里侧开挖了 30～40m 之后，在坡脚形成了一个高约 5～6m 的临空面，临空面岩土体不断滑塌，边坡山体开始出现拉张裂隙，裂隙不断加大。××××年 11 月 9—14 日连续降雨后，××××年 11 月 16 日下午 2 时许，突然发生山体滑坡，形成滑坡 HP_{1-1} 及潜在滑坡 HP_1。

第四章　滑坡 HP_{1-1} 形态特征
第一节　变形破坏特征

一、滑坡体平面形态及规模

滑坡纵长约 75m，平均宽度约 80m，滑体面积约 5700m²，滑体平均厚度为 8.0m，体积约 45600m³，主滑方向 238°，与线路轴线夹角约 79°，属中型滑坡。滑动面形态上部陡，中下部趋缓，总体呈圆弧状。

二、滑坡周界

滑坡周界以岩土体是否产生变形破坏界定，其沿滑坡体周边分布。滑坡后缘在山坡上一条简易小路前缘，高程 434m 左右。滑坡前缘剪出口在现半溪 1 号桥的 7 号-2 墩柱前部的施工便道处，两侧基本以变形土体为界。

三、滑坡壁

滑坡壁呈"圈椅"状，壁面倾向 235° 左右，倾角 50°～60°，坎高 12～15m，顶部 30～50cm 为耕植土，其下为第四系残坡积含碎石亚黏土，厚度约为 10～14m。由滑坡壁可以看出，上部残坡积碎石土层显得比较杂乱，碎石含量不均，局部碎石含量高，夹滚石。

四、滑床

滑床后缘出露地层主要为残坡积含碎石黏性土，根据 ZK1 孔及滑坡前缘 7 号-1 桩资料分析，滑床中部及下部地层应为晶屑凝灰岩。滑床后缘产状较陡，倾角 50°～60°，中部和前缘部位产状趋缓，倾角 10°～25°。

五、滑带

滑床与滑体接触关系：主要以下部风化基岩面为标志面。在滑体下部主要为含碎石亚黏土与强～弱风化晶屑凝灰岩直接接触，含碎石亚黏土松散，透水性强，碎石土中的黏性土遇水易软化。而下部风化基岩工程性质较好，透水性差。地下水主要该基岩面向下流动。在地下水作用下，滑坡体软化，沿风化基岩层面下滑。

六、滑坡台地

滑坡壁以下，地形线发生突然转折，地形变得相对平缓，在滑坡壁底部发现少量地下水渗出。滑坡台地呈台阶状，分为两级台阶，台阶宽约 5～7m，台阶高差约 10m，延伸长 50～60m，走向基本垂直于主滑方向。并见有圈椅状微地貌，展布方向与主滑方向基本一致。滑坡体坡面上树木倾倒，醉汉林现象明显。

七、滑坡裂缝

经现场调查，在滑坡壁后侧山坡上拉张裂缝一条，上宽下窄，上部宽 2～20mm 不等，深度 0.5m 以上，长度延伸约 15m，走向基本垂直于主滑方向，随时间推移，拉张裂缝呈不断扩大的趋势。

第二节　滑坡变形破坏模式

按照滑坡受力分牵引式和推移式滑坡。牵引式滑坡其变形特征一般表现为土体向临空方向的剪切蠕动，坡体上产生自地表向深部的拉裂，进一步明显变形产生贯通良好的拉裂缝，然后剪切进一步贯通，地表裂缝增多，伴有局部崩滑、掉块产生，最终滑动面产生崩塌。重力推移式滑坡，其变形特征一般表现为土体向临空方向迅速剪切滑动，剪切面已有软弱结构面控制，其变形是由深部潜在剪切面逐步向地表发展，滑坡体后缘与剪出口位于地形变化转折部位。

综合上述变形特征，结合滑坡发展过程和现场调查资料，该滑坡体上发现两级台阶，说明该滑坡曾发生过两次滑动，主要原因是由于前部由于被高速公路施工开挖后形成临空面，后部失支撑而相继滑动。因此，按照滑坡受力状态，滑坡应属于牵引式滑坡。

第三节　滑坡体形成机制

滑坡体形成机制包括滑坡的内因和外因两个方面，它们是相互联系，相互补充的。斜坡的破坏机理是由各种因素综合确定的，其中内因方面的因素包括地形地貌因素、岩性因素、构造因素、水文地质因素等，外因方面包括持续强降雨及水流作用和人类活动（包括农业及工程活动）。

一、地形地貌因素

滑坡区的地貌单元属侵蚀、剥蚀中低山，从微地貌单元看处于陡坡地带，坡角约 30°～50°。经现场调查发现，山体坡面上发现大量大型的滚石，滚石大小为 0.20～5.00m，说明该边坡时常发生崩塌等不良地质现象，在长期的重力作用下，斜坡的整体平衡状态仅保持着脆弱的平衡。

二、岩层因素

山体斜坡上部第四系残坡积含碎石亚黏土层厚度大，组成物质结构松散，泥质含量高，力学性能差，抗剪强度低，遇水易软化。而下部基岩性质好，透水性差，形成一个相对阻水面。

三、水文地质因素

水对斜坡土石的作用，是形成滑坡的重要条件。地下水、地表水可以改变斜坡的外形，当水渗入上部碎石土层中后，不但可以增大上部碎石土的下滑力，而且可以迅速改变碎石土的性质，降低其抗剪强度，从而起到"润滑剂"的作用。

由于边坡坡脚的施工开挖，影响了坡体的稳定性，坡面形成的拉张裂隙又加剧了地下水的下渗。暴雨时整个坡体呈饱和状态。

四、诱发因素

高速公路施工开挖形成临空面，破坏坡体的自然平衡条件，在自重力作用下，使上部碎石土层沿软弱结构面产生应力松弛，引发坡体的下滑。

台风活动期间降雨量的增大，使斜坡内动水压力激增，是滑坡发生的又一主要诱发因素。

第五章 潜在滑坡 HP_1 特征形态

第一节 推测变形破坏特征

一、滑坡体平面形态及规模

滑坡纵长约270m，平均宽度约110m，滑体面积约28000m²，滑体平均厚度6.0m，体积约168000m³，主滑方向238°，属巨型滑坡。

二、滑坡周界

潜在滑坡周界以岩土体是否可能产生变形破坏界定，潜在滑坡后缘界定主要根据现场勘探资料并结合野外调查资料分析。由于探槽孔存在缺陷，无法探到基岩面，我们第二次进场进行了地质勘探。根据勘探结果，虽然潜在滑坡区所在山体坡度已达30°～50°，地形陡峭，但一直到离山顶20～30m位置山坡坡面上残坡积碎石土厚度仍较大，平均厚度约3～5m，且下部基岩分布全强风化层，厚度约2～3m。山顶基岩裸露，岩性为凝灰岩，呈强风化状。由于山体表层松散残坡积土层厚度较大，仍存在一定的危险性，潜在滑坡后缘定在山顶下约20m左右位置。

滑坡两侧界线根据现场调查确定：东阳侧边界线基本以山体棱角转折线为准。潜在滑坡主滑方向为238°左右，所在山体坡向面朝西南方向。滑坡区向北经山体棱角转折线，北侧山体发生坡向转折，山坡坡向朝向西北方向，坡向约277°左右。经现场地质调查发现，虽该侧山体坡面存在一定厚度残坡积碎石土，但对高速公路已基本不构成威胁，但应防止施工扰动。

仙居侧边界线主要以山体基岩裸露界线为准。根据现场观测，滑坡 HP_{1-1} 边线向仙居方向则基本沿着滑坡 HP_{1-1} 边线向上延伸，在山体边坡标高约550m以下边线外侧山体已基岩大部分裸露，边坡稳定性好。约山体边坡标高约550m以上坡度变缓，山体坡面残坡积厚度约2～3m，边坡稳定性尚好，但应防止施工扰动。

三、滑床与滑带

潜在滑坡滑床与滑体接触关系主要以下部强～弱风化基岩面为标志面。在潜在滑坡区内残坡积碎石土层较厚，下部局部分布全风化晶屑凝灰岩，与强～弱风化晶屑凝灰岩直接接触，含碎石黏性土松散，透水性强，黏性土与全风化晶屑凝灰岩遇水易软化。而下部风化基岩工程性质较好，透水性差。地下水主要沿基岩面向下流动。在地下水作用下，滑坡体软化，沿风化基岩层面下滑。

第二节 潜在滑坡变形破坏模式

综合上述分析，结合现场实际情况，潜在滑坡可能失稳的主要原因是由于前部滑坡

HP_{1-1} 滑塌，形成一个高陡坎，对后部土体失去支撑而导致上部碎石土向下滑动。因此，按照滑坡受力状态，潜在滑坡也应属于牵引式滑坡。

第三节　潜在滑坡体形成机制

一、地形地貌因素

潜在滑坡区微地貌单元属于陡坡地形，坡角约 $30° \sim 50°$，在长期的重力作用下，斜坡的整体平衡状态仅保持着脆弱的平衡。

二、岩层因素

山体斜坡上部第四系残坡积碎石土层厚度大，组成物质结构松散，泥质含量高，力学性能差，抗剪强度低，遇水易软化。而下部局部分布全风化晶屑凝灰岩，力学性能较差，抗剪强度低，遇水易软化。底部基岩性质好，透水性差，形成一个相对阻水面。

三、水文地质因素

地下水是滑坡体形成的重要条件，地下水使土体饱和，软化，抗剪强度降低，使碎石土体沿基岩面下滑。

四、诱发因素

高速公路施工开挖造成滑坡 HP_{1-1} 形成，破坏了整个坡体的自然平衡条件，在自重力作用下，使上部碎石土层沿基岩面产生下滑。

连续降雨是滑坡体形成的主要诱发条件。过量的水使土体饱和，沿剪切面孔隙水压力过大造成了滑动破坏的条件。

滑坡需有以上各种因素的综合作用，先在一个点或一个局部范围发生剪断破坏，然后逐渐发展形成贯通的剪切破坏面、滑动面，最后在滑动力大于抗滑力时产生下滑。

第六章　滑坡稳定性计算与评价

第一节　土体力学指标的统计分析

由于滑坡区浅部土层主要为第四系残坡积含碎石亚黏土，其自身性质不均匀，局部碎石含量较高，一方面给原状土样采取带来很大困难，另一方面也必然导致抗剪强度测试成果的离散性较大。

以现场环刀法取得的原状土样测试成果为依据，剔除少量明显不合理指标，进行综合统计，求得算术平均值部分统计成果见表 3.4。

表 3.4　　　　　　　　　室内土工试验强度参数统计成果表

层　号	天然重度 /(kN/m³)	饱和重度 /(kN/m³)	直剪		反复直剪	
			c	φ	C_R	Φ_R
V2	19.8	20.3	33.5	20.7	24.3	18.5

第二节　滑坡稳定性计算

一、计算参数的选择

滑动面抗剪强度参数的准确取值直接影响边坡计算、分析的可靠性。

本报告以室内土工试验成果为依据；参考其他相似滑坡计算参数，根据滑坡体发生、发展的过程，以 $I - I'$ 剖面位置滑动前地质条件为例，假设原始边坡处于极限平衡状态，安全系数取

$K=1.000$，采用反算法计算得出 $c=35.0$MkPa，$\varphi=20.0°$；安全系数取 $K=1.050$，采用反算法计算得出 $c=36.5$MkPa，$\varphi=21.0°$；安全系数取 $K=1.100$，采用反算法计算得出 $c=37.0$MkPa，$\varphi=22.5°$。假设 $c=34.0$MkPa，$\varphi=19.0°$时，算出原始边坡安全系数为 $K=0.957$。边坡在原始地貌状态下保持着脆弱的平衡状态，安全系数取 $K=1.000$ 时的试算求得的 c、φ 值比较符合现场实际情况。因此恢复至原地貌时滑面位置滑面抗剪强度 $c=35.0$MkPa，$\varphi=20.0°$，该指标同时适用于潜在滑坡位置的土层。对潜在滑坡综合治理时，宜对该指标进行适当折减后作为设计参数（参考上述指标的 0.8 倍计算：$c=28$MkPa，$\varphi=16°$）。

斜坡经下滑后，现在滑坡 HP_{1-1} 滑体处于缓慢发展蠕动阶段，为下一次的滑动积累能量。经施工单位的多日现场监测，滑坡 HP_{1-1} 滑坡体呈缓慢位移的活动形态。以 Ⅰ-Ⅰ′剖面为例进行分析，采用反复直剪的抗剪强度指标，滑坡 HP_{1-1} 在现今状态下边坡处于暂时的极限平衡状态，安全系数 K 取 0.975，采用反算法取 $c=23.0$MkPa，$\varphi=17.0°$时，试算求得比较符合现场实际情况。因此滑坡 HP_{1-1} 滑面位置滑面抗剪强度取 $c=23.0$MkPa，$\varphi=17.0°$。对滑坡 HP_{1-1} 进行综合治理时，宜对该指标进行适当折减后作为设计参数（参考上述指标的 0.8 倍计算：$c=18.4$MkPa，$\varphi=13.6°$）。

同时根据室内土工试验成果，结合滑坡区上部覆盖层的物质组成特征，滑坡体重力计算统一取饱和重度平均值 $\gamma_{at}=20.30$kN/m³。

二、滑坡稳定性计算

经地表调查及勘查表明，滑坡形态比较复杂，根据 Ⅰ-Ⅰ′、Ⅱ-Ⅱ′、Ⅲ-Ⅲ′三条剖面，采用传递系数法折线形滑面稳定系数（K）计算公式［公式引自《工程地质手册》（第四版）］，计算滑动带剪出位置为开挖边坡坡脚，公式中所需参数均来自实测和试验结果，计算滑坡体的稳定系数［式（3.1）］及剩余推力［式（3.2）］。

（一）稳定系数计算公式

$$K = \frac{\sum\limits_{i=1}^{n-1}\left(W_i\cos\alpha_i\tan\varphi_i + c_iL_i\prod\limits_{j=1}^{n-1}\psi_j\right) + R_n}{\sum\limits_{i=1}^{n-1}\left[W_i\sin\alpha_i\prod\limits_{j=1}^{n-1}\psi_j\right] + T_n} \tag{3.1}$$

式中　W_i——第 i 条块的重量，kN/m，滑坡体饱和重度平均值 $\gamma_{at}=20.30$kN/m³；

α_i——第 i 条块滑面倾角，（°）；

φ_i——第 i 条块内摩擦角，（°）；

c_i——第 i 条块黏聚力，kPa；

L_i——第 i 条块滑面长度，m；

ψ_j——第 $i-1$ 块段的剩余下滑力传递至第 i 块段时的传递系数（$j=i$），即 $\psi_j = \cos(\alpha_{i-1}-\alpha_i) - \sin(\alpha_{i-1}-\alpha_i)\cdot\tan\varphi_i$；

$R_n = W_n\cos\alpha_n\tan\varphi_i + c_nL_n$；

$T_n = W_n\sin\alpha_n$。

（二）剩余推力计算公式

$$E_i = K_sW_i\sin\alpha_i + \psi_iE_{i-1} - W_i\cos\alpha_i\tan\varphi_i - c_iL_i \tag{3.2}$$

式中　K_s——安全系数，取 1.20 和 1.25 分别计算；

其余符号意义同稳定系数计算公式。

（三）原始地貌稳定性验算

原始地貌稳定性验算条块划分如图 3.5 所示，原始地貌稳定性验算结果见表 3.5。

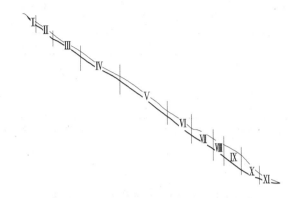

图 3.5　原始地貌稳定性验算条块划分简图

表 3.5　　　　　　　　　　原始地貌稳定性验算结果

剖面编号	滑块编号	重量/(kN/m)	滑面倾角/(°)	滑面长度/m	黏聚力/kPa	内摩擦角/(°)	总下滑力/(kN/m)	总抗滑力/(kN/m)	剩余推力(K=1.20)/(kN/m)	剩余推力(K=1.25)/(kN/m)	稳定系数	最终稳定系数
I—I′	I	774.039	44	18	35	20	832.7	537.7	−187.4	−160.5	1.549	1.00
	II	2679.6	38	32	35	20	2721.2	2187.4	−88.1	20.1	1.244	
	III	4419.31	32	48	35	20	5763.3	4529.3	−318.1	−97.5	1.273	
	IV	6644.19	31	68	35	20	10218.2	7951.3	−662.5	−272.3	1.285	
	V	10454.5	37	86	35	20	16267.1	14243.0	817.0	1534.5	1.142	
	VI	7308	37	44	35	20	19931.4	18641.0	2430.4	3367.8	1.069	
	VII	8251.95	32	36.5	35	20	23755.9	23013.9	3766.9	4889.7	1.032	
	VIII	5083.12	37	19.1	35	20	25902.0	26073.0	5396.9	6704.0	0.993	
	IX	10162.18	35	31.1	35	20	30020.3	31901.8	8201.3	9782.4	0.941	
	X	7612.5	25	29	35	20	33546.4	35119.0	7892.8	8508.6	0.955	
	XI	2446.15	11	33	35	20	35573.4	35585.7	5494.5	6061.2	1.000	

注　当地下水位低于或略高于滑动面时，忽略水力梯度的影响，由于本次勘察施工钻孔均漏水因而无法测的地下水位。

（四）滑坡 HP_{1-1} 稳定性验算

滑坡 HP_{1-1} 稳定性验算见图 3.6、图 3.7 及表 3.6、表 3.7。

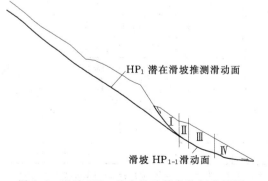

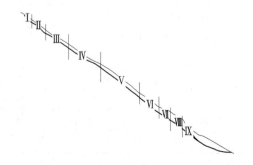

图 3.6　滑坡 HP_{1-1} 稳定性验算条块划分简图　　　　图 3.7　潜在滑坡 HP_1 稳定性验算条块划分简图

表 3.6　　　　　　　　　　　　　　　　滑坡 HP$_{1-1}$ 稳定性验算结果

剖面编号	滑块编号	重量/ (kN/m)	滑面倾角/ (°)	滑面长度/ m	黏聚力/ kPa	内摩擦角/ (°)	总下滑力/ (kN/m)	总抗滑力/ (kN/m)	剩余推力 ($K=1.20$)/ (kN/m)	剩余推力 ($K=1.25$)/ (kN/m)	稳定系数	最终稳定系数
I-I′	I	2902.9	50	28	23	17	2223.75	1214.47	1454.02	1563.21	0.5461	0.975
	II	1867.6	34	9	23	17	3268.09	1894.84	1848.01	1997.74	0.579	
	III	5054.7	22	20	23	17	5161.62	3787.69	2069.54	2301.15	0.733	
	IV	4060.0	10	31	23	17	5866.63	5723.10	803.37	1050.45	0.975	

注　1. 当地下水位低于或略高于滑动面时，忽略水力梯度的影响，由于本次勘察施工钻孔均漏水因而无法测的地下
　　　水位。
　　2. 本表稳定系数皆以现状下的滑坡状态下计算。

表 3.7　　　　　　　　　　　　　综合治理滑坡 HP$_{1-1}$ 稳定性参考验算结果

剖面编号	滑块编号	重量/ (kN/m)	滑面倾角/ (°)	滑面长度/ m	黏聚力/ kPa	内摩擦角/ (°)	总下滑力/ (kN/m)	总抗滑力/ (kN/m)	剩余推力 ($K=1.20$)/ (kN/m)	剩余推力 ($K=1.25$)/ (kN/m)	稳定系数	最终稳定系数
I-I′	I	2902.9	50	28	18.4	13.6	2223.75	966.62	1701.88	1813.06	0.434	0.774
	II	1867.6	34	9	18.4	13.6	3268.09	1506.79	2233.50	2387.19	0.461	
	III	5054.7	22	20	18.4	13.6	5161.62	3008.61	2844.62	3080.03	0.582	
	IV	4060.0	10	31	18.4	13.6	5866.63	4546.30	1947.69	2201.37	0.774	

注　1. 当地下水位低于或略高于滑动面时，忽略水力梯度的影响，由于本次勘察施工钻孔均漏水因而无法测的地下
　　　水位。
　　2. 本表稳定系数皆以现状下的滑坡状态下计算。

（五）潜在滑坡 HP$_1$ 稳定性验算

潜在滑坡 HP$_1$ 稳定性验算见表 3.8、表 3.9。

表 3.8　　　　　　　　　　　　　　　潜在滑坡 HP$_1$ 稳定性验算结果

剖面编号	滑块编号	重量/ (kN/m)	滑面倾角/ (°)	滑面长度/ m	黏聚力/ kPa	内摩擦角/ (°)	总下滑力/ (kN/m)	总抗滑力/ (kN/m)	剩余推力 ($K=1.20$)/ (kN/m)	剩余推力 ($K=1.25$)/ (kN/m)	稳定系数	最终稳定系数
I-I′	I	774.039	44	18	35	20	832.7	537.7	−187.4	−160.5	1.549	0.993
	II	2679.6	38	32	35	20	2721.2	2187.4	−88.1	20.1	1.244	
	III	4419.31	32	48	35	20	5763.3	4529.3	−318.1	−97.5	1.273	
	IV	6644.19	31	68	35	20	10218.2	7951.3	−662.5	−272.3	1.285	
	V	10454.5	37	86	35	20	16267.1	14243.0	817.0	1534.5	1.142	
	VI	7308	37	44	35	20	19931.4	18641.0	2430.4	3367.8	1.069	
	VII	5075	33	23	35	20	22283.5	21403.1	3323.5	4375.0	1.041	
	VIII	6191.5	37	24	35	20	24923.2	25131.2	5233.4	6493.4	0.992	
	IX	3857	37	35	35	20	27271.4	27452.4	5672.7	7048.7	0.993	

注　1. 当地下水位低于或略高于滑动面时，忽略水力梯度的影响，由于本次勘察施工钻孔均漏水因而无法测的地下水位。
　　2. 本表稳定系数皆以现状下的滑坡状态下计算，假设滑坡 HP$_{1-1}$ 对后侧土体已无支撑力。

表 3.9　　　　　　　　　　　　综合治理潜在滑坡 HP_1 稳定性参考验算结果

剖面编号	滑块编号	重量/(kN/m)	滑面倾角/(°)	滑面长度/m	黏聚力/kPa	内摩擦角/(°)	总下滑力/(kN/m)	总抗滑力/(kN/m)	剩余推力(K=1.20)/(kN/m)	剩余推力(K=1.25)/(kN/m)	稳定系数	最终稳定系数
I-I′	I	812	45	18	28	16	663.7	537.7	−18.4	8.5	1.234	0.788
	II	2740.5	37	31	28	16	2163.1	2187.4	460.4	568.8	0.990	
	III	4709.6	35	45	28	16	4583.8	4529.3	835.7	1057.4	1.012	
	IV	7023.8	33	62	28	16	8120.9	7951.3	1400.7	1792.4	1.021	
	V	11165	37	80	28	16	12923.0	14243.0	4182.9	4898.7	0.907	
	VI	6496	36	40	28	16	15828.6	18641.0	6555.0	7490.7	0.849	
	VII	5298.3	33	25	28	16	17693.0	21403.1	7860.0	8913.2	0.827	
	VIII	6453.4	32	27	28	16	19782.9	25131.2	10379.9	11637.6	0.787	
	IX	4019.4	33	38	28	16	21646.2	27452.4	11302.1	12675.8	0.788	

注　1. 当地下水位低于或略高于滑动面时，忽略水力梯度的影响，由于本次勘察施工钻孔均漏水因而无法测的地下水位。

2. 本表稳定系数假设滑坡 HP_{1-1} 对后侧土体已无支撑力。

参照上述计算方法，计算了 II-II′剖面与 III-III′剖面滑坡稳定性系数与剩余推力结果见表 3.10。

表 3.10　　　　　　　　　　　　滑体稳定系数计算结果表

剖面	滑坡	计算类型	下滑力/(kN/m)	抗滑力/(kN/m)	剩余推力(K=1.20)/(kN/m)	剩余推力(K=1.25)/(kN/m)	稳定系数
I-I′	滑坡 HP_{1-1}	现状计算	5866.63	5723.10	803.37	1050.45	0.975
		治理计算	5866.63	4546.30	1947.69	2201.37	0.774
	潜在滑坡 HP_1	现状计算	27271.40	27452.40	5672.70	7048.70	0.993
		治理计算	21646.20	27452.40	11302.10	12675.80	0.788
II-II′	滑坡 HP_{1-1}	现状计算	6092.80	6485.84	1003.53	1259.59	0.939
		治理计算	4839.85	6485.84	2163.44	2426.24	0.746
	潜在滑坡 HP_1	现状计算	20341.60	18726.70	2143.10	3087.90	1.086
		治理计算	16158.20	18726.70	6344.50	7285.90	0.863
III-III′	滑坡 HP_{1-1}	现状计算	6041.34	6334.10	893.93	1154.00	0.953
		治理计算	4801.93	6334.10	2092.50	2359.80	0.758
	潜在滑坡 HP_1	现状计算	24724.80	23216.30	3075.90	4213.40	1.065
		治理计算	19635.70	23216.30	8092.20	9234.00	0.846

第三节　滑坡稳定性评价

根据地表调查、剖面分析评价：该边坡地质情况较复杂，上部第四系覆盖层较厚，自然地形坡度大。滑坡 HP_{1-1} 与潜在滑坡 HP_1 均为牵引式滑坡。滑坡坡度较陡，展布方向与主滑方向基本一致。勘查资料显示，滑坡 HP_{1-1} 滑动面（带）较清晰，滑坡体已具规模，滑坡要素较全，已失稳下滑，潜在滑坡 HP_1 坡面上拉张裂缝发育，呈不断增大增宽的趋势。根据施工单位的现场监测，2005 年 11 月 17 日至 2005 年 12 月 4 日，滑坡 HP_{1-1} 滑坡体与滑坡山体位置的观测点都呈缓慢发展的活动状态，最大位移量为 51cm。2006 年 3 月 14 日第二次进场勘探时发现，滑坡 HP_{1-1} 后缘较去年向上方发展了约 2～3m。以上情况说明滑坡现处于发展蠕动阶段。

根据 I-I′剖面稳定性验算结果分析：现今状态下，滑坡 HP_{1-1} 稳定系数 0.975，当安全系数取 $K=1.20$ 时剩余推力 803.37kN/m，当安全系数取 $K=1.25$ 时剩余推力 1050.45kN/m，现处于发展蠕动阶段。雨季地下水位升高及后期人类活动扰动，可能造成滑坡 HP_{1-1} 失稳。根据《建筑边坡工程技术规范》（GB 50330—2002），二级边坡采用折线滑面法计算稳定安全系数不小于 1.30，否则应对边坡进行处理。

根据 I-I′剖面稳定性验算结果分析：现今状态下，潜在滑坡 HP_1 稳定系数 0.993，当安全系数取 $K=1.20$ 时剩余推力 5672.7kN/m，当安全系数取 $K=1.25$ 时剩余推力 7048.7kN/m。潜在滑坡现处于发展蠕动阶段。雨季地下水位升高及后期人类活动扰动，可能造成潜在滑坡 HP_1 失稳。根据《建筑边坡工程技术规范》（GB 50330—2002），二级边坡采用折线滑面法计算稳定安全系数不应小于 1.30，否则应对边坡进行处理。

第四节　危险性评价

鉴于潜在滑坡 HP_1 与潜在滑坡 HP_{1-1} 的实际状态，高速公路边坡施工可能影响滑坡稳定性的人类活动应立即停止，直至拿出合理设计处理方案才可重新开工。

由于此边坡处于诸永高速公路上方，如果处理不当有可能引起更大的滑塌和加快蠕动速度，引发滑坡的整体滑动，那将会严重影响整个工程的进度，并对高速公路的施工造成极大的安全隐患，即使高速公路建成后也可能遗留下安全隐患。因此应该做到一次治理，以免对将来高速公路的正常运营留下安全隐患。

同时本次滑坡地质调查发现，本滑坡区内山体坡面上存在较多滚石，滚石石径一般为 0.2～2m，最大至 5m 左右，分布杂乱。建议施工前先清理危石。

第七章　防治方案论证

根据滑坡勘查结果，研究论证滑坡防治的可行性，有针对性的判定滑坡防治工程方案，常用的方案有以下几类：①避让法；②排水法；③削方减载回填压脚法；④支挡法（抗滑挡墙、抗滑桩）；⑤锚固法（预应力锚索、格构锚固）；⑥注浆加固法。

避让法即避让地质灾害点，对高速公路重新选线设计。

排水法主要是通过设置截排水沟，减少地表水入渗、排出地下水，使地下水位降低，减少地下水对土体物理力学性能的影响。同时减少土层的负加荷载，对滑坡有一定稳定作用。此方法作为滑坡治理一种辅助方法，通常结合其他方法一起使用。

削方减载回填压脚法主要是采用削坡方式，清除不稳定岩土体，将坡脚进行回填加固，以增加边坡稳定性的方法。

支挡法是通过被动受力方法，阻挡滑坡的移动。抗滑挡墙是在滑坡中前部修筑的支挡、减重墙，是滑坡治理的有效措施之一，一般采用重力式挡土墙。抗滑桩是用桩的支撑作用稳定滑坡的有效抗滑措施，一般适用于非塑性体浅层和中厚层滑坡前缘。

锚固法是利用锚杆（索）周围地层岩土的抗剪强度来保持开挖面的自身稳定的方法，是一种浅层支护的有效方法，通常和挂网喷浆一起称为锚喷。

注浆加固法是用液压或气压把能凝固的浆液注入物体的裂缝或孔隙，以改变注浆对象的物理力学性质的方法，通过注浆使浆液凝固后，使岩土层强度大大提高，从而增强岩土体的稳定性。

针对滑坡的诱发因素，结合路堑边坡实际情况，以上所述排水法、锚固法、支挡法与注浆加固法较为适用本滑坡治理工程。

本滑坡治理基本可以采取以下两种方案：

方案一

（1）彻底清除的滑坡 HP_{1-1} 松散滑坡体。

（2）在潜在滑坡 HP_1 区内设置多道抗滑桩。

（3）在潜在滑坡区周界设置截水沟，潜在滑坡坡面上设置树枝状多级排水沟，路堑坡脚设置排水沟，三者形成一个有机整体，尽量减少地表水下渗影响边坡稳定性。

（4）在设计路堑堑顶上部设置重力式挡土墙，以阻挡上部少量碎石土滑落至高速公路。

方案二

（1）彻底清除的滑坡 HP_{1-1} 松散滑坡体与潜在滑坡 HP_1 范围内上部松散覆盖层，自上向下清理，开展清理工作时应注意避免扰动潜在滑坡，防止因清理工作而诱发潜在滑坡滑动。

（2）建议在清理完滑坡区上部松散覆盖层后，山体基岩面上人工设置碎落台。

（3）在潜在滑坡上部周界设置截水沟，边坡坡面上设置树枝状多级排水沟，路堑坡脚设置排水沟，尽量减少地表水下渗影响边坡稳定性。

第八章　结论与建议

第一节　结　论

（1）通过勘察查明了边坡岩土体的分布及参数，查明了滑坡成因及其稳定性，提供了防治措施，因此本报告可作为业主治理边坡的依据。

（2）根据《建筑边坡工程技术规范》（GB 50330—2002）该边坡为安全等级二级，边坡为牵引式滑坡。

（3）滑坡区地处括苍山山系支脉，地貌类型属中低山陡坡，地形起伏大。从测区及附近通过的区域性断裂主要以 NNE 向、NE 向的丽水-余姚深断裂、鹤溪-奉化大断裂为主。

（4）根据中国质量监督局分布的 1∶400 万《中国地震动参数区划图》（GB 18306—2000）测区基本地震动峰值加速度小于 0.05g（相当于地震基本烈度小于Ⅵ度），区域稳定性较好。

（5）通过本次工程地质调查、测绘及勘探，已查明本斜坡区域内勘探测试主要存在 3 个工程地质层，7 个工程地质亚层。

（6）滑坡 HP_{1-1} 滑动面（带）较清晰，滑坡体已具规模，滑坡要素较全，已失稳下滑，现滑坡体处于暂时的极限平衡状态。潜在滑坡 HP_1 处于发展蠕动阶段。

（7）边坡产生滑坡的主要原因为：①地形陡峭；②第四系覆盖层厚；③连续降雨；④高速公路施工。

（8）测区地下水类型为 $HCO_3^- \cdot SO_4^{2+} - Ca^{2+} \cdot Mg^{2+}$ 型淡水，对混凝土结构及混凝土结构中钢筋无侵腐蚀性，但水对钢结构具弱腐蚀性。

第二节 建　议

（1）边坡产生滑坡的主因是人类的后期开挖和施工，地质条件复杂，边坡陡峭，地下水活动又加速滑坡活动。因此边坡的治理设计时应充分考虑地形因素，同时重新地下水的影响，做好防渗、排水工作。

（2）建议结合实际情况，采用排水法、锚固法、支挡法与注浆加固法等方法对该滑坡实行综合治理。

（3）慎重考虑边坡设置问题，可适当采取放缓边坡和加强边坡支护的方法处理。

（4）对滑坡要定员进行监测，监测异常情况应及时向有关部门汇报。

（5）施工时应加强施工验槽。

任务3.2　泥石流地区岩土工程勘察

泥石流是山区特有的一种地质现象，它是由于降水形成的一种突然暴发的、夹带大量泥沙、石块等固体物质的特殊洪流。泥石流具有暴发突然、流速很快、来势凶猛、历时短暂、流量极大、物质容量大、破坏力极强的特点。

典型的泥石流流域从上游到下游可分为三个区：形成区、流通区和堆积区。

拟建工程场地或其附近有发生泥石流的条件并对工程安全有影响时，应进行专门的泥石流勘察。

3.2.1　泥石流勘察

1. 勘察阶段的划分及工作内容

泥石流勘察的主要目的是判断城镇和房屋建筑场地上游沟谷或线路（铁路、公路等）通过的沟谷产生泥石流的可能性，预测泥石流的规模、类型、活动规律及其对工程的危害程度。在此基础上评价工程场地（线路）的稳定性，并提出相应的防治对策与措施。

对城镇与房屋建筑场地来说，勘察工作一般应在工程选址和初勘阶段进行；对线路工程其各个勘察阶段均应进行勘察调查。新建交通线路各勘测阶段泥石流勘察的任务和内容介绍如下。

2. 各阶段泥石流勘察的任务

（1）可行性论证阶段的任务是了解影响线路方案的泥石流工程地质问题，为编制可行性研究报告提供泥石流地质资料。内容主要是搜集线路方案泥石流分布地段的有关资料，初步了解泥石流的分布、类型、规模和发育阶段，概略评价大型、特大型泥石流的发育趋势。

（2）初步设计阶段的任务主要是查明线路各方案的泥石流分布、类型，以及重点泥石流沟的规模、发育阶段，预测其发展趋势，提出方案比选意见，为初步设计提供泥石流勘察资料。内容主要包括：泥石流沟的平面形态；沟坡的稳定性，崩塌、滑坡等不良地质现象分布与发展趋势；泥石流堆积物的分布范围、物质组成与厚度；泥痕及人类活动情况等。对重点泥石流沟的工程地质条件要详加调查。此阶段除工程地质测绘调查外，根据需要应进行勘探、取样和测试工作。

（3）施工图设计阶段的任务是详细查明选定线路方案沿线泥石流沟的特征、活动规律及发展趋势，结合工程进行补充调查，具体确定线路通过泥石流沟的位置，为工程设计提供泥石流地质资料。从流通区通过时，应详细查明跨越泥石流沟桥渡上下游一定范围内沟坡的稳定性及桥基的地质情况，详细调查并核实桥位附近泥痕的高度与坡度，调查既有跨越泥石流沟建筑物遭受泥石流破坏的情况。从堆积区通过时，应详细查明堆积扇的物质组成、结构和冲淤特点以及堆积扇上沟床摆动情况，提出防治措施意见。

此阶段对形成区主要泥石流物源区的崩塌、滑坡等不良地质现象，应查明其稳定性，提出整治所需的岩土工程资料。

（4）施工阶段泥石流勘察的任务是复查、核实、修改设计图中的泥石流资料，预测施工过程中可能出现的泥石流灾害，提出施工对策。

3. 各阶段泥石流勘察的内容

（1）施工阶段泥石流勘察的内容：

1）在泥石流复查的基础上，根据预测的泥石流发展趋势，结合施工具体情况，提出施工中应注意的事项。

2）根据泥石流沟的情况，提出弃渣堆放和沟中取土的意见。

3）做好施工过程中泥石流暴发时的全过程记录，尤其要记录流体的性质和危害情况。

（2）运营期间泥石流勘察任务是：

1）对泥石流进行监测。

2）评价既有建筑物的安全。

3）提出改建工程或防治工程设计所需的泥石流地质资料。

（3）运营期间泥石流勘察的内容：

1）分析、研究勘测设计与施工过程中积累的泥石流资料，了解全线（段）泥石流的分布与规模，建立泥石流档案。

2）调查线路运营后环境改变对泥石流的影响，预测泥石流发展的趋势。

3）对较严重的泥石流沟，建立监测点，并根据监测资料的综合分析，评价既有建筑物的安全，提出抢险措施与整治方案建议。

4）搜集并提供改建工程设计或防治工程所需的地质资料。

4. 泥石流测绘

泥石流勘察应以工程地质测绘和调查为主。测绘范围应包括沟谷至分水岭的全部地段和可能受泥石流影响的地段，即包括泥石流的形成区、流通区和堆积区。

泥石流沟谷在地形地貌和流域形态上往往有其独特反映，典型的泥石流沟谷形成区多为高山环抱的山间盆地，流通区多为峡谷，沟谷两侧山坡陡峻，沟床顺直，纵坡梯度大；堆积区则多呈扇形或锥形分布，沟道摆动频繁，大小石块混杂堆积，垄岗起伏不平。对于典型的泥石流沟谷，这些区段均能明显划分，但对不典型的泥石流沟谷，则无明显的流通区、形成区与堆积区直接相连，研究泥石流沟谷的地形地貌特征，可从宏观上判定沟谷是否属泥石流沟谷，并进一步划分区段。

（1）形成区。形成区是测绘调查的重点，应详细调查各种松散碎屑物质的分布范围和数量，调查流域汇水范围内地层岩性及其风化情况，风化物质及厚度、堆积物部位；地质构造型式，断裂破碎带展布；冲沟切割的深度、宽度和密度，山坡稳定性，崩塌、滑坡的发育程度、分布范围和规模；植被和水土保持状况；人类活动（开矿弃渣、修路切坡、砍伐森林、开荒放牧等）的影响。应预估可供泥石流固体松散物储量。

（2）流通区。流通区应详细调查沟床纵坡，因为典型的泥石流沟谷，流通区没有冲淤现象，其纵坡梯度是确定"不冲淤坡度"（设计疏导工程所必需的参数）的重要计算参数。沟谷的急弯、基岩跌水陡坎往往可减弱泥石流的流通，是抑制泥石流活动的有利条件。沟谷的阻塞情况可说明泥石流的活动强度，阻塞严重者多为破坏性较强的黏性泥石流，反之则为破坏性较弱的稀性泥石流。固体物质的供给主要来源于形成区，但流通区两侧山坡及沟床内仍可能有固体物质供给，调查时应予以注意，泥石流痕迹是了解沟谷在历史上是否发生过泥石流及其强度的重要依据，并可了解历史上泥石流的形成过程、规模、判定目前的稳定程度，预测今后的发展趋势。在流通区，应查明沟谷的长度、形态、横断面类型、沟床纵坡度、跌水、急弯等；两侧沟谷的岩性及其稳定性，崩塌、滑坡发育情况；沟槽中冲淤均衡及变迁情况；泥石流痕迹（泥位、擦痕），截弯取直及阻塞地段的堆积等。

（3）堆积区。堆积区应调查堆积区范围，最新堆积物分布特点等，以分析历次泥石流活动规律，判定其活动程度、危害性，取得一次最大堆积量等重要数据。要查明堆积扇的形态、扇面纵横坡度，堆积物的成分、性质、厚度、层次、结构及密实程度；堆积扇被江河、冲沟的切割情况及发展趋势；当地防治泥石流的经验及已有的建筑经验。

一般地说，堆积扇范围大，说明以往的泥石流规模也较大，堆积区目前的河道如已形成了较固定的河槽，说明近期泥石流活动已不强烈，从堆积物质的粒径大小、堆积的韵律，亦可分析以往泥石流的规模和暴发的频繁程度。

测绘比例尺，对全流域宜采用1∶5万；对中下游可采用1∶2000～1∶1万。应调查下列内容：

（1）冰雪融化和暴雨强度、一次最大降雨量，平均及最大流量，地下水活动等情况。

（2）地形地貌特征，包括沟谷的发育程度、切割情况，坡度、弯曲、粗糙程度，并划分泥石流的形成区、流通区和堆积区，圈绘整个沟谷的汇水面积。

（3）形成区的水源类型、水量、汇水条件、山坡坡度，岩层性质和风化程度；查明断裂、滑坡、崩塌、岩堆等不良地质作用的发育情况及可能形成泥石流固体物质的分布范围、储量。

（4）流通区的沟床纵横坡度、跌水、急弯等特征；查明沟床两侧山坡坡度、稳定程度，沟床的冲淤变化和泥石流的痕迹。

（5）堆积区的堆积扇分布范围，表面形态，纵坡，植被，沟道变迁和冲淤情况；查明堆积物的性质、层次、厚度、一般粒径和最大粒径；判定堆积区的形成历史、堆积速度，估算一次最大堆积量。

（6）泥石流沟谷的历史，历次泥石流的发生时间、频数、规模、形成过程、暴发前的降雨情况和暴发后产生的灾害情况。

（7）开矿弃渣、修路切坡、砍伐森林、陡坡开荒和过度放牧等人类活动情况。

（8）当地防治泥石流的经验。

对于城镇与房屋建筑，它们一般位于泥石流的堆积区。相对于形成区和流通区来说，堆积区地形较开阔平坦，交通运输也较方便。勘察调查的内容，主要包括搜集区域资料和实地工程地质测绘与调查访问，这是泥石流勘察的主要内容，并辅以必要的勘探及有关指标的测定与计算工作。搜集区域资料的内容有：区域地形图、航（卫）片、水文、气象、地层岩性和地质构造分布、历史地震、历史泥石流发育概况以及人类活动资料等。通过资料分析，了解泥石流的流域面积和地形地貌特征，初步掌握泥石流的形成条件，并了解泥石流发生、发展过程及整治的经验教训。在分析区域地质资料的基础上进行泥石流流域的工程地质测绘，按地形条件分区进行调查。

泥石流发生过程主要通过访问当地居民详细回忆暴发泥石流时的具体情况。访问内容有：泥石流暴发的时间、规模、有无阵流现象、大致物质组成以及大石块的漂浮、流动情况；泥石流暴发前的降雨情况、暴雨出现的时间、强度及其延续时间，或高山气温骤升、冰川、积雪的分布、消融情况；是否发生过地震、大滑坡；泥石流的危害情况等。

当需要对泥石流采取防治措施时，应进一步查明泥石流物源区松散堆积物以及堆积扇的组成结构与厚度，应采用勘探工作，包括物探和钻探、坑探工程。并取样在现场测试，以测定代表性泥石流堆积体的颗粒组成、密度以及流速、流量等定量指标。

对危害严重的大规模泥石流沟，应配合有关专业建立观测试验站和动态监测站，以获取泥石流各项特征值的定量指标，对泥石流活动规律作中、长期动态监测和基本参数变化的短周期动态监测。其中遥感技术（如多光谱航摄和地面录摄）的采用是有效的。

5. 勘探和试验

勘探工作主要布置在泥石流堆积区和可能采取防治工程的地段。勘探工程以钻探为主，附以物探和坑槽探等轻型山地工程。在形成区一般不采用钻探工程。一般在泥石流防治工程场址的主勘探线上布置钻孔，间距 30~50m，当松散堆积层深厚时不必揭穿其厚度，孔深一般为设计建筑物高度的 0.5~1.5 倍；当基岩浅埋时孔深进入弱风化层 5~10m。在泥石流形成区，多布置 1~2 排物探剖面，对松散堆积层的岩性、厚度、基岩面的起伏进行推断。在泥石流形成区、流通区、堆积区的重点地段布置坑、槽探等轻型山地工程，了解松散堆积层的岩性、厚度、基岩的岩性、风化、结构等情况，并取样进行物理力学试验。

试验：进行各类岩、土体的物理力学指标测定，抽水或注水试验、水质简分析等。

3.2.2 泥石流的监测

1. 监测内容

气象水文条件监测：降雨量、降雨历时，消融水量、消融历时。

动态监测：暴发时间、历时、过程、类型、流态、流速、泥位、流面宽度、爬高、阵流次数、沟床纵横坡度变化、输移冲淤变化、堆积情况，并取样分析，测定输沙率、输沙量、泥石流流量、总径流量、固体总径流量。

2. 监测方法

对固体物质的监测可以在不同地质条件地段设立标准片蚀监测点，监测不同降雨条件下的冲刷侵蚀量，分析泥石流临界雨量的固体物质供给量。

监测降雨主要在气象站，监测气温、风向、风速、降雨量等。

泥石流动态监测应选定若干断面进行，如频发地段宜采用专门仪器，如雷达测速仪、各种传感器、超声波泥位计等。

3.2.3 泥石流场地评价

泥石流场地评价首先要根据搜集和现场调查所获的各项资料，对泥石流进行工程分类，随后在此基础上作建筑适宜性评价。

根据航空遥感影像的特征和沟谷地形地貌、地质、水文气象和人类活动等条件，首先应判断是否属泥石流沟，随后根据定性描述和定量指标将泥石流沟划分为不同的严重程度。

（1）严重泥石流地区。交通线路采取绕避方案，即尽量绕避，或以隧道、明洞、渡槽通过，或采用跨河桥展线，以避开泥石流强烈发育的地段。

（2）中等泥石流地区。一般不宜作为建筑场地；当必须进行工程建筑时，应根据建筑类型采取适当的线路和场址方案。交通线路穿过泥石流流通区时，要修建跨越桥。在堆积区通过时，可有通过扇前、扇后和扇身的几种方案。其中，扇后通过方案较好，最好用净空大跨度单孔桥或明洞、隧道等型式通过。线路通过扇身的方案原则上应愈靠近扇前部愈好，而且线路应尽量与堆积扇上的各股水流呈正交，跨越桥下应有足够的净空。

（3）轻微泥石流地区。其全流域皆可作为建筑场地。在形成区内应做好水土保持工作，不稳定的山坡和滑坡、崩塌地段应采用工程措施给予整治。流通区交通线路的桥跨下面应防止淤积，且有足够净空。堆积区应做好泥石流排导工程，建筑物一般应避免正对沟口；此外，交通线路通过堆积扇上的沟流时，桥梁应采取适当的孔跨，并需适当加高桥下净空。

泥石流场地评价应在编制大比例尺（1：1 万或 1：5 万）泥石流分布图基础上进行。图面内容应包括泥石流形成条件中的各类要素，如地层岩性、地质构造、地形地貌、崩塌滑坡现象、降雨量、植被，以及以往泥石流活动历史、已有运动特征值、以往危害程度等。图件的主要任务是详尽评价建设场地及其附近泥石流现象，尤其是对场地安全有重要影响的大泥石流沟的流域特征。

泥石流场地评价结果的表示应体现于预测预报图上，包括泥石流可能发生的地点、规模、运动特征值以及可能发生的时间等。预测预报图上还应给出最终的场地安全级别评价。

3.2.4　泥石流勘察报告内容

泥石流勘察报告内容除包括一般岩土工程勘察规定内容外，还应增加以下内容：

（1）泥石流的地质背景和形成条件。

（2）形成区、流通区、堆积区的分布和特征，绘制专门工程地质图。

（3）划分泥石流类型，评价其对工程建设的适宜性。

（4）泥石流防治和监测的建议。

任务 3.3　高地震烈度地区岩土工程勘察

地震指地壳表层因弹性波传播所引起的震动作用或现象。地震按其发生的原因，可分为构造地震、火山地震和陷落地震，还有因水库蓄水、深井注水、采矿和核爆炸等导致的诱发地震。强烈的地震常伴随着地面变形、地层错动和房屋倒塌。由地壳运动引起的构造地震，是地球上数量最多、规模最大、危害最严重的一类地震。我国地处环太平洋地震带和欧亚地震带（地中海-喜马拉雅地震带）之间，地震活动非常频繁，成为世界上地震最多的国家之一，且具有分布广、震源浅、强度大的特点，因此抗震防灾是我国工程建设重要任务之一。

地震震级是衡量地震本身大小的尺度，由地震所释放出来的能量大小来衡量。释放的能量愈大则震级愈大。地震烈度是根据地震时人们的感觉、建筑物破坏、器物振动以及自然表象等宏观标志判定的。地震烈度是衡量地震所引起的地面震动强烈程度的尺度。它不仅取决于地震能量，同时也受震源深度、震中距、地震传播介质的性质等因素的影响。一次地震只有一个震级，但在不同地点，烈度大小可以是不一样的。一般地说，震源深度和震中距愈小，地震烈度愈大；在震源深度和震中距相同的条件下，则坚硬基岩场地较之松软土场地烈度要小些。我国制定了一般工程抗震的烈度标准。把地震烈度划分为基本烈度和设防烈度。基本烈度是指某地区在今后一定时期内（一般按 100 年考虑）和一般场地条件下可能遭受的最大地震烈度，作为工程防震抗震的基础。抗震设防烈度是按指按国家规定的权限批准作为一个地区抗震设防依据的地震烈度。主要考虑政治、经济的重要性，在基本烈度基础上进行的调整。作为勘察和设计，还需确定场地烈度和设计烈度。场地烈度是指工程群体所在地，其范围相当于厂区、居民小区和自然村或不小于 1.0km^2 的平面面积中，根据场地的具体的地质条件，在抗震设防烈度的基础上经过调整后的建筑物抗震设防烈度。设计烈度在场地烈度的基础上，衡量建筑物抗震设防要求的尺度，由场地烈度和建筑使用功能的重要性确定，是抗震设计所采用的烈度。

3.3.1　高地震烈度区场地类型划分

1. 场地土类别划分

《岩土工程勘察规范》（GB 50021—2001）和《建筑抗震设计规范》（GB 50011—2010）规定，抗震设防烈度不小于Ⅵ度的地区（也称为强震区或高烈度地震区），在进行场地和地基岩土工程勘察时，须划分场地和场地土类别。

场地土的类型依据岩土层的类型和剪切波速度划分为五类（表 3.11）。

表 3.11　　　　　　　　　　　　　土的类型划分和剪切波速范围

土的类型	岩土名称和性状	土层剪切波速范围/(m/s)
岩石	坚硬、较硬且完整的岩石	$v_S > 800$
坚硬土或软质岩石	破碎和较破碎的岩石或软和较软的岩石，密实的碎石土	$800 \geqslant v_S > 500$
中硬土	中密、稍密的碎石土，密实、中密的砾、粗、中砂，$f_{ak} > 150$ 的黏性土和粉土，坚硬黄土	$500 \geqslant v_S > 250$
中软土	稍密的砾、粗、中砂，除松散外的细、粉砂，$f_{ak} \leqslant 150$ 的黏性土和粉土，$f_{ak} > 130$ 的填土，可塑新黄土	$250 \geqslant v_S > 150$
软弱土	淤泥和淤泥质土，松散的砂，新近沉积的黏性土和粉土，$f_{ak} \leqslant 130$ 的填土，流塑黄土	$v_S \leqslant 150$

注　f_{ak} 为由荷载试验等方法得到的地基承载力特征值，kPa；v_S 为岩土剪切波速。

2. 场地覆盖层厚度的确定

建筑场地覆盖层厚度的确定，应符合下列要求：

（1）一般情况下，应按地面至剪切波速大于 500m/s 且其下卧各层岩土的剪切波速均不小于 500m/s 的土层顶面的距离确定。

（2）当地面 5m 以下存在剪切波速大于其上部各土层剪切波速 2.5 倍的土层，且该层及其下卧各层岩土的剪切波速均不小于 400m/s 时，可按地面至该土层顶面的距离确定。

（3）剪切波速大于 500m/s 的孤石、透镜体，应视同周围土层。

（4）土层中的火山岩硬夹层，应视为刚体，其厚度应从覆盖土层中扣除。

3. 岩土层的剪切波速

土层的等效剪切波速，应按下列公式计算：

$$v_{se} = d_0 / t \tag{3.3}$$

$$v_{se} = \sum_{i=1}^{n} \left(\frac{d_i}{v_{si}} \right) \tag{3.4}$$

式中　v_{se}——土层等效剪切波速，m/s；

　　　d_0——计算深度，m，取覆盖层厚度和 20m 两者的较小值；

　　　t——剪切波在地面至计算深度之间的传播时间；

　　　d_i——计算深度范围内第 i 土层的厚度，m；

　　　v_{si}——计算深度范围内第 i 土层的剪切波速，m/s；

　　　n——计算深度范围内土层的分层数。

4. 建筑场地类别的划分

建筑的场地类别，应根据土层等效剪切波速和场地覆盖层厚度按表 3.12 划分为四类，其中 I 类分为 I₀、I₁ 两个亚类。当有可靠的剪切波速和覆盖层厚度且其值处于表 3.12 所列场地类别的分界线附近时，应允许按插值方法确定地震作用计算所用的特征周期。

表 3.12　各类建筑场地的划分

岩石的剪切波速或土的等效剪切波速/(m/s)	场 地 类 别				
	I₀	I₁	II	III	IV
$v_S > 800$	0				
$800 \geqslant v_S > 500$		0			
$500 \geqslant v_S > 250$		<5	≥5		
$250 \geqslant v_S > 150$		<3	3～50	>50	
$v_S \leqslant 150$		<3	3～15	15～50	>80

注　表中 v_S 系岩石的剪切波速，覆盖层厚度单位为 m。

5. 建筑地段的划分

在强震区选择建筑物场地具有全局意义，应选择对建筑抗震有利地段，避免不利地段，并不宜在危险地段建造甲、乙、丙类建筑物。选择建筑场地时，应根据工程需要和地震活动情况、工程地质和地震地质的有关资料，对抗震有利、一般、不利和危险地段作出综合评价。对不利地段，应提出避开要求；当无法避开时应采取有效的措施。对危险地段，严禁建造甲、乙类的建筑，不应建造丙类的建筑。

建筑场地为 I 类时，对甲、乙类的建筑应允许仍按本地区抗震设防烈度的要求采取抗震构造措施；对丙类的建筑应允许按本地区抗震设防烈度降低一度的要求采取抗震构造措施，但抗震设防烈度为 VI 度时仍应按本地区抗震设防烈度的要求采取抗震构造措施。

表 3.13　各类地段划分表

地段类别	地质、地形、地貌
有利地段	稳定基岩，坚硬土，开阔、平坦、密实、均匀的中硬土等
一般地段	不属于有利、不利和危险的地段
不利地段	软弱土，液化土，条状突出的山嘴，高耸孤立的山丘，陡坡，陡坎，河岸和边坡的边缘，平面分布上成因、岩性、状态明显不均匀的土层（含故河道、疏松的断层破碎带、暗埋的塘浜沟谷和半填半挖地基），高含水量的可塑黄土，地表存在结构性裂缝等
危险地段	地震时可能发生滑坡、崩塌、地陷、地裂、混石流等及发震断裂带上可能发生地表位错的部位

3.3.2　高地震烈度区场地勘察要点

抗震设防烈度不小于Ⅵ度的地区，应进行场地和地基地震效应的岩土工程勘察，并应根据国家批准的地震动参数区划和有关的规范，提出勘察场地的抗震设防烈度、设计基本地震加速度和设计特征周期分区。

抗震设防烈度不小于Ⅶ度的重大工程场地应进行活动断裂勘察。活动断裂勘察应查明断裂的位置和类型，分析其活动性和地震效应，评价断裂对工程建设可能产生的影响，并提出处理方案。

对核电厂的断裂勘察，应按核安全法规和导则进行专门研究。

1. **历史地震调查**

历史地震勘察以宏观震害调查为主。在工作中，不仅在震中区需要重点调查近场震害，对远场波及区也要给予注意。在方法上，不仅要注意研究场地条件与震害的关系，而且还要研究其震害发生的机制及过程，并评价其最终结果。在进行地面调查的同时，还需做必要的勘探测试工作。其目的在于查明地面震害与地下岩土类型、地层结构及古地貌特征等各方面的关系，用以指导未来的抗震设防工作。

宏观震害调查包括：不同烈度区的宏观震害标志、地表永久性不连续变形（断裂、地裂缝）、地震液化、震陷和崩塌、滑坡等。预测调查场地、地基可能发生的震害。根据工程的重要性、场地条件及工作要求分别予以评价，并提出合理的工程措施。

2. **勘察要求**

(1) 抗震设防烈度为Ⅵ度时，可不考虑液化的影响，但对沉陷敏感的乙类建筑，可按Ⅶ度进行液化判别。甲类建筑应进行专门的液化勘察。

(2) 场地地震液化判别应先进行初步判别，当初步判别认为有液化可能时，应再作进一步判别。液化的判别宜采用多种方法，综合判定液化可能性和液化等级。

(3) 为划分场地类别布置的勘探孔，当缺乏资料时，其深度应大于覆盖层厚度。当覆盖层厚度大于 80m 时，勘探孔深度应大于 80m，并分层测定剪切波速。10 层和高度 30m 以下的丙类和丁类建筑，无实测剪切波速时，可按《建筑抗震设计规范》（GB 50011—2010）的规定，按土的名称和性状估计土的剪切波速。

(4) 缺乏历史资料和建筑经验的地区，应根据设计要求，提供土层剖面、地面峰值加速度、场地特征周期、覆盖层厚度和剪切波速度等有关参数。任务需要时，可进行地震安全性评估或抗震设防区划。

(5) 液化初步判别除按现行国家有关抗震规范进行外，还应结合下列内容进行综合判别：

1) 分析场地地形、地貌、地层、地下水等与液化有关的场地条件。

2) 当场地及其附近存在历史地震液化遗迹时，宜分析液化重复发生的可能性。

3) 倾斜场地或液化层倾向水面或临空面时，应评价液化引起土体滑移的可能性。

(6) 地震液化的进一步判别应在地面以下 15m 的范围内进行；对于桩基和基础埋深大于 5m 的天然地基，判别深度应加深至 20m。对判别液化而布置的勘探点不应少于 3 个，勘探孔深度应大于液化判别深度。

(7) 地震液化的进一步判别，除应按《建筑抗震设计规范》（GB 50011—2010）的规定执行外，尚可采用其他成熟方法进行综合判别。当采用标准贯入试验判别液化时，应按每个试验孔的实测击数进行。在需作判定的土层中，试验点的竖向间距宜为 1.0～1.5m，每层土的试验点数不宜少于 6 个。

（8）按《建筑抗震设计规范》（GB 50011—2010）的规定在饱和砂土和饱和粉土（不含黄土）的地基，除Ⅵ度设防外，应进行液化判别；存在液化土层的地基，应根据建筑物的抗震设防类别、地基的液化等级，结合具体情勘察报告除应阐明可液化的土层、各孔的液化指数外，尚应根据各孔液化指数综合确定场地液化等级。

（9）抗震设防烈度不小于Ⅷ度的厚层软土分布区，宜判别软土震陷的可能性和估算震陷量。

（10）场地或场地附近有滑坡、滑移、崩塌、塌陷、泥石流、采空区等不良地质作用时，应进行专门勘察，分析评价在地震作用时的稳定性。重要城市和重大工程应进行断裂勘察。必要时宜作地震危险性分析或地震小区划和震害预测。

3.3.3　地震液化

松散饱水的土体在地震的动力荷载下，受到强烈震动而丧失抗剪强度，土颗粒处于悬浮状态，致使地基失效的现象，称为振动液化。这种现象多发生在砂土地基中，故也称为砂土液化。

地震液化造成地面下沉、地表塌陷、地面流滑及地基土承载力丧失等宏观震害现象，他们对工程设施都具有危害性。

抗震设防烈度为Ⅵ度时，可不考虑液化的影响，但对沉陷敏感的乙类建筑，可按Ⅶ度进行液化判别。甲类建筑应进行专门的液化勘察。场地地震液化判别应先进行初步判别，当初步判别认为有液化可能时，应再作进一步判别。液化的判别宜采用多种方法，综合判定液化可能性和液化等级。

3.3.3.1　地震液化的判别

（1）首先根据地层条件，进行初步判别。液化初步判别除按现行国家有关抗震规范进行外，尚宜包括下列内容进行综合判别：①分析场地地形、地貌、地层、地下水等与液化有关的场地条件；②当场地及其附近存在历史地震液化遗迹时，宜分析液化重复发生的可能性；③倾斜场地或液化层倾向水面或临空面时，应评价液化引起土体滑移的可能性。

饱和的砂土或粉土（不含黄土），当符合下列条件之一时，可初步判别为不液化或可不考虑液化影响：

1）地质年代为第四纪晚更新世（Q_3）及其以前时，Ⅶ度、Ⅷ度时可判为不液化。

2）粉土的黏粒（粒径小于 0.005mm 的颗粒）含量百分率，Ⅶ度、Ⅷ度和Ⅸ度分别不小于 10、13 和 16 时，可判为不液化土。

3）浅埋天然地基的建筑，当上覆非液化土层厚度和地下水位深度符合下列条件之一时，可不考虑液化影响：

$$d_u > d_0 + d_b - 2 \tag{3.5}$$

$$d_w > d_0 + d_b - 3 \tag{3.6}$$

$$d_u + d_w > 1.5d_0 + 2d_b - 4.5 \tag{3.7}$$

式中　d_w——地下水位深度，m，宜按设计基准期内年平均最高水位采用，也可按近期内年最高水位采用；

　　　d_u——上覆盖非液化土层厚度，m，计算时宜将淤泥和淤泥质土层扣除；

　　　d_b——基础埋置深度，m，不超过 2m 时应采用 2m；

d_0——液化土特征深度，m，可按表 3.14 采用。

表 3.14 **液 化 土 特 征 深 度** 单位：m

饱和土类别	烈 度		
	Ⅶ度	Ⅷ度	Ⅸ度
粉土	6	7	8
砂土	7	8	9

注 当区域的地下水位处于变动状态时，应按不利的情况考虑。

（2）当初步判定认为需进一步进行液化判别时，应用标准贯入试验判别法判别地面下 15m 深度范围内的液化；当采用桩基或埋深大于 5m 的深基础时，尚应判别 15～20m 范围内土的液化。当饱和土标准贯入锤击数（未经杆长修正）小于液化判别标准贯入锤击数临界值时，应判为液化土。当有成熟经验时，尚可采用其他判别方法。

在地面下 20m 深度范围内，液化判别标准贯入锤击数临界值可按下式计算：

$$N_0 < N_{cr} \tag{3.8}$$

$$N_{cr} = N_0 \beta \left[\ln(0.6 d_s + 1.5) - 0.1 d_w \right] \sqrt{3/\rho_c} \tag{3.9}$$

式中 N_0——饱和土标准贯入击数实测值（未作杆长修正）；

N_{cr}——液化判别标准贯入击数临界值；

N_0——液化判别标准贯入击数基准值，应按表 3.15 采用；

β——调整系数，设计地震第一组取 0.80，第二组取 0.95，第三组取 1.05；

d_s——饱和土标准贯入点深度，m；

d_w——地下水位，m；

ρ_c——黏粒含量百分率，当小于 3 或为砂土时，均应采用 3。

表 3.15 **液化判别标准贯入锤击数基准值 N_0**

设计基本地震加速度	0.10g	0.15g	0.20g	0.30g	0.40g
N_0	7	10	12	16	19

（3）存在液化土层的地基，应进一步探明各液化土层的深度和厚度，并应按下式计算液化指数：

$$I_{lE} = \sum_{i=1}^{n} \left[1 - \frac{N_i}{N_{cri}} \right] d_i W_i \tag{3.10}$$

式中 I_{lE}——液化指数；

n——在判别深度范围内每一个钻孔标准贯入试验点的总数；

N_i、N_{cri}——分别为 i 点标准贯入锤击数的实测值和临界值，当实测值大于临界值时应取临界值的数值；当只需要判别 15m 范围内的液化时，15m 以下的实测值可按临界值采用；

d_i——i 点所代表的土层厚度，m，可采用与该标贯试验点相邻的上、下两标贯试验点深度差的一半，但上界不小于地下水位深度，下界不大于液化深度；

W_i——i 土层考虑单位土层厚度的层位影响权函数值，m^{-1}，当该层中点深度不大于 5m 时应采用 10，等于 20m 时应采用零值，5～20m 时应按线性内插法取值。

根据液化指数按表 3.16 划分液化等级。

表 3.16   液 化 等 级

液 化 等 级	轻 微	中 等	严 重
判别深度为 15m 时的液化指数	$0<I_{lE}\leqslant 5$	$5<I_{lE}\leqslant 15$	$I_{lE}>15$
判别深度为 20m 时的液化指数	$0<I_{lE}\leqslant 6$	$6<I_{lE}\leqslant 18$	$I_{lE}>18$

评价液化等级的基本方法是：逐点判别（按照每个标准贯入试验点判别液化可能性），按孔计算（按每个试验孔计算液化指数），综合评价（按照每个孔的计算结果，结合场地的地质地貌条件，综合确定场地液化等级）。

3.3.3.2 地震液化的防治措施

地震液化的常用防治措施有：合理选择建筑场地、地基处理、基础和上部结构等。在强震区应合理选择建筑场地，以尽量避开可能液化土层分布的地段。一般应以地形平坦、地下水埋藏较深、上覆非液化土层较厚的地段作为建筑场地。地基处理可以消除液化可能性或减轻其液化程度。地震液化的地基处理措施很多，主要有换土、增加盖重、强夯、振冲、砂桩挤密、爆破振密和围封等方法，可以部分或全部消除液化的影响。

建立在液化土层上的建筑物，若为低层或多层建筑，以整体性和刚度较好的筏基、箱基和钢筋混凝土十字形条基为宜。若为高层建筑，则应采用穿过液化土层的深基础，如桩基础、管桩基础等，以全部消除液化的影响，切不可采用浅摩擦桩。此外，应增强上部结构的整体刚度和均匀对称性，合理设置沉降缝。

由于建筑物抗震设防类别和地基的液化等级不同，所以抗液化措施应按表 3.17 选用。

表 3.17   抗 液 化 措 施

建筑抗震设防类别	地基的液化等级		
	轻 微	中 等	严 重
乙类	部分消除液化沉陷，或对基础和上部结构处理	全部消除液化沉陷，或部分消除液化沉陷且对基础和上部结构处理	全部消除液化沉陷
丙类	基础和上部结构处理，亦可不采取措施	基础和上部结构处理，或更高要求的措施	全部消除液化沉陷，或部分消除液化沉陷且对基础和上部结构处理
丁类	可不采取措施	可不采取措施	基础和上部结构处理，或其他经济的措施

3.3.4 地震效应勘察报告内容

勘察报告除应阐明可液化的土层、各孔的液化指数外，尚应根据各孔液化指数综合确定场地液化等级。

抗震设防烈度不小于Ⅶ度的厚层软土分布区，宜判别软土震陷的可能性和估算震陷量。

场地或场地附近有滑坡、滑移、崩塌、塌陷、泥石流、采空区等不良地质作用时，应进行专门勘察，分析评价在地震作用时的稳定性。

任务 3.4　岩溶地区岩土工程勘察

岩溶（又称喀斯特）是可溶性岩石在水的溶蚀作用下，产生的各种地质作用、形态和现象的总称。

岩溶在我国是一种相当普遍的不良地质作用，在一定条件下可能发生地质灾害，严重威胁工程安全，特别在大量抽吸地下水，使水位急剧下降引发土洞的发展和地面塌陷的发生。我国已有很多实例，因此拟建工程场地或其附近存在对工程安全有影响的岩溶时，应进行岩溶勘察。

3.4.1　岩溶勘察

3.4.1.1　岩溶勘察阶段划分

岩溶勘察阶段应与设计相应的阶段一致。岩溶勘察宜采用工程地质测绘和调查、物探、钻探等多种手段结合的方法进行。勘察阶段的具体要求和勘察方法详见表 3.18。

表 3.18　　　　　　各阶段岩溶地区建筑岩土工程勘察要求和方法表

勘察阶段	勘察要求	勘察方法和工作量
可行性研究	应查明岩溶洞隙、土洞的发育条件，并对其危害程度和发展趋势作出判断，对场地的稳定性和建筑适宜性作出初步评价	宜采用工程地质测绘及综合物探方法。发现有异常地段，应选择代表性部位布置钻孔进行验证核实，并在初划的岩溶分区及规模较大的地下洞隙地段适当增加勘探孔。控制孔应穿过表层岩溶发育带，但深度不宜超过 30m
初步勘察	应查明岩溶洞隙及其伴生土洞、地表塌陷的分布、发育程度和发育规律，并按场地的稳定性和建筑适宜性进行分区	
详细勘察	应查明建筑物范围或对建筑有影响地段的各种岩溶洞隙及土洞的状态、位置、规模、埋深、围岩和岩溶堆填物性状，地下水埋藏特征；评价地基的稳定性。 在岩溶发育区的下列部位应查明土洞和土洞群的位置： （1）土层较薄、土中裂隙及其下岩体岩溶发育部位。 （2）岩面张开裂隙发育，石芽或外露的岩体交接部位。 （3）两组构造裂隙交会或宽大裂隙带。 （4）隐伏溶沟、溶槽、漏斗等，其上有软弱土分布覆盖地段。 （5）降水漏斗中心部位。当岩溶导水性相当均匀时，宜选择漏斗中地下水流向的上游部位；当岩溶水呈集中渗流时，宜选择地下水流向的下游部位。 （6）地势低洼和地面水体近旁	（1）勘探线应沿建筑物轴线布置，勘探点间距对于一级、二级、三级地基分别不应大于 10～15m、15～30m、30～50m，条件复杂时每个独立基础均应布置勘探点。 （2）勘探孔深度除应符合现行勘察规范的一般要求外，当基础底面以下的土层厚度不大于独立基础宽度的 3 倍（或条形基础宽度的 6 倍）时，应有部分或全部勘探孔钻入基岩。 （3）当预定深度内有洞体存在，且可能影响地基稳定时，应钻入洞底基岩面下不少于 2m，必要时应圈定洞体范围。 （4）对一柱一桩的基础，宜逐柱布置勘探孔。 （5）在土洞和塌陷发育地段，可采用静力触探、轻型动力触探、小口径钻探等手段，详细查明其分布。 （6）当需查明断层、岩组分界、洞隙和土洞形态、塌陷等情况时，应布置适当的探槽或探井。 （7）物探应根据物性条件采用有效方法，对异常点应采用钻探验证，当发现或可能存在危害工程的洞体时，应加密勘探点。 （8）凡人员可以进入的洞体，均应人洞勘察，人员不能进入的洞体，宜用井下电视等手段探测

续表

勘察阶段	勘察要求	勘察方法和工作量
施工勘察	应针对某一地段或尚待查明的专门事项进行补充勘察和评价。当基础采用大直径嵌岩桩或墩基时，尚应进行专门的桩基勘察	应根据岩溶地基处理设计和施工要求布置。在土洞、地表塌陷地段，可在已开挖的基槽内布置触探。对大直径嵌岩桩或墩基，勘探点应按桩或墩布置，勘探深度应为其底面以下桩径的 3 倍并不小于 5m，当相邻桩底的基岩面起伏较大时应适当加深。对重要或荷载较大的工程，应在墩底加设小口径钻孔，并应进行检测工作

岩溶勘察的工作方法和程序，强调以下几点：

（1）岩溶区进行工程建设，会带来严重的工程稳定性问题，在可行性研究或选址勘察时，应深入研究、预测危害，作出正确抉择。

（2）岩溶土洞是一种形态奇特、分布复杂的自然现象，宏观上虽有发育规律，但是具体场地上，分布和形态则是无偿，因此施工勘察非常必要。

（3）重视工程地质研究，在工作程序上必须坚持工程地质测绘和调查为先导。

（4）岩溶规律研究和勘探应遵循从面到点、先地表后地下、先定性后定量、先控制后一般以及先疏后密的工作准则。

（5）应有针对性地选择勘探手段，如为查明浅层岩溶，可采用槽探，为查明浅层土洞可用钎探，为查明深埋土洞可用静力触探等。

（6）采用综合物探，用多种方法相互印证，但不宜以未经验证的物探成果作为施工图设计和地基处理的依据。

（7）岩溶地区有大片非可溶性岩石存在时，勘察工作应与岩溶区段有所区别，可按一般岩质地基进行勘察。

3.4.1.2　岩溶勘察方法

1. 工程地质测绘和调查

岩溶场地的工程地质测绘和调查，除应满足现行规范、规程一般要求外，应重点调查下列内容：

（1）岩溶洞隙的分布、形态和发育规律。

（2）岩面起伏、形态和覆盖层厚度。

（3）地下水赋存条件、水位变化和运动规律。

（4）岩溶发育与地貌、构造、岩性、地下水的关系。

（5）土洞和塌陷的分布、形态和发育规律。

（6）土洞和塌陷的成因及其发展趋势。

（7）当地治理岩溶，土洞和塌陷的经验。

2. 物探

根据多年来的工程经验，为满足不同的探测目的和要求，可采用下列物探方法：

（1）复合对称四极剖面法辅以联合剖面法、浅层地震法、钻孔间地震法等，主要用于探测岩溶洞隙的分布位置及相关的地质构造、基岩面起伏等。

（2）无线电波透视法、波速测试法、探地雷达法、电测深配合电剖面法、电视测井法等，主要用于探测岩溶洞穴的位置、形状、大小及充填状况等。

（3）充电法、自然电场法可用于追索地下暗河河道位置、测定地下水流速和流向等。

（4）地下水位畸变分析法。在岩溶强烈发育地带，尤其在管状通道（暗河）处，地下水由于流动阻力小，将会形成坡降相对较平缓的"凹槽"；而在其他地段，将形成陡坡的"坡"。同时，其水位的稳定过程也有很大不同。在不同钻孔中，同时进行各钻孔的地下水位的连续观测工作，可以帮助分析、判断基岩中各地段的岩溶发育程度。

3. 钻探

工程地质钻探的目的是为了查明场地下伏基岩埋藏深度和基岩面起伏情况，岩溶的发育程度和空间分布，岩溶水的埋深、动态、水动力特征等。钻探施工过程中，尤其要注意掉钻、卡钻和井壁塌，以防止事故发生，同时也要做好现场记录，注意冲洗液消耗量的变化及统计线性岩溶率（单位长度上岩溶空间形态长度的百分比）和体积岩溶率（单位面积上岩溶空间形态面积的百分比）。对勘探点的布置也要注意以下两点：

（1）钻探点的密度除满足一般岩土工程勘探要求外，还应当对某些特殊地段进行重点勘探并加密勘探点，如地面塌陷、地下水消失地段；地下水活动强烈的地段；可溶性岩层与非可溶性岩层接触的地段；基岩埋藏较浅且起伏较大的石芽发育地段；软弱土层分布不均匀的地段；物探异常或基础下有溶洞、暗河分布的地段等。

（2）钻探点的深度除满足一般岩土工程勘探要求外，对有可能影响场地地基稳定性的溶洞，勘探孔应深入完整基岩 3～5m 或至少穿越溶洞，对重要建筑物基础还应当加深。对于为验证物探异常带而布设的勘探孔，一般应钻入异常带以下适当深度。

3.4.2　岩溶勘察的测试和观测

岩溶勘察的测试和观测宜符合下列要求：

（1）当追索隐伏洞隙的联系时，可进行连通试验。

（2）评价洞隙稳定性时，可采取洞体顶板岩样和充填物土样作物理力学性质试验，必要时可进行现场顶板岩体的载荷试验。

（3）当需查明土的性状与土洞形成的关系时，可进行湿化、胀缩、可溶性和剪切试验。

（4）当需查明地下水动力条件、潜蚀作用、地表水与地下水联系，预测土洞和塌陷的发生、发展时，可进行流速、流向测定和水位、水质的长期观测。

岩溶发育区应着重监测下列内容：地面变形、地下水位的动态变化、场区及其附近的抽水情况、地下水位变化对土洞发育和塌陷发生的影响。

3.4.3　岩溶勘察岩土工程分析评价

塌陷体稳定性定性评价见表 3.19，土洞稳定性定性评价见表 3.20。

表 3.19　　　　　　　　　　　　塌陷体稳定性定性评价

稳定性分级	塌陷微地貌	堆积物性状	地下水埋藏及活动情况	说　明
稳定性差	塌陷尚未或已受到轻微充填改造，塌陷周围有开裂痕迹，坑底有下沉开裂迹象	疏松，呈软塑至流塑状	有地表水汇集入渗，有时见水位，地下水活动较强烈	在活动的塌陷，或呈间歇慢活动的塌陷

续表

稳定性分级	塌陷微地貌	堆积物性状	地下水埋藏及活动情况	说　明
稳定性较差	塌陷已部分充填改造，植被较发育	疏松或稍密，呈软塑至可塑状	其下有地下水流通道，有地下水活动迹象	接近或达到休止状态的塌陷，当环境条件改变时可能复活
稳定性好	已被完全充填改造的塌陷，植被发育良好	较密实，主要呈可塑状	无地下水流活动迹象	进入休亡状态的塌陷，一般不会复活

表 3.20　　　　　　　　　　　**土洞稳定性定性评价**

稳定性分级	土洞发育状况	土洞顶板埋深（H）或其与安全临界厚度比（H/H_0）	说　明
稳定性差	正在持续扩展		正在活动的土洞，因促进其扩展的动力因素在持续作用，不论其埋深多少，都具有塌陷的趋势
	间歇性地缓慢扩展		
稳定性较差	休止状态	$H<10m$ 或 $H/H_0<1.0$	不具备极限平衡条件，具塌陷趋势
		$10m<H<15m$ 或 $1.0<H/H_0<1.5$	基本处于极限平衡状态，当环境条件改变时可能复活
		$H\geq15m$ 或 $H/H_0\geq1.5$	超稳定平衡状态，复活的可能性较小，一般不具备塌陷趋势
稳定性好	消亡状态		一般不会复活

（1）当场地存在浅层洞体或溶洞群，洞径大，且不稳定的地段；埋藏的漏斗、槽谷等，并覆盖有软弱土体的地段；土洞或塌陷成群发育地段；岩溶水排泄不畅，可能暂时淹没的地段，情况之一时，可判定为未经处理不宜作为地基的不利地段。

（2）当基础底面以下土层厚度大于独立基础宽度的3倍或条形基础宽度的6倍，且不具备形成土洞或其他地面变形的条件；基础底面与洞体顶板间岩土厚度虽小于独立基础宽度的3倍或条形基础宽度的6倍，但洞隙或岩溶漏斗被密实的沉积物填满且无被水冲蚀的可能、洞体为基本质量等级为1级或2级岩体，顶板岩石厚度大于或等于洞跨、洞体较小，基础底面大于洞的平面尺寸，并有足够的支承长度、宽度或直径小于1.0m的竖向洞隙、落水洞近旁地段的地基，对2级和3级工程可不考虑岩溶稳定性的不利影响。

（3）当存在顶板不稳定，但洞内为密实堆积物充填且无流水活动时，可认为堆填物受力，按不均匀地基进行评价；当能取得计算参数时，可将洞体顶板视为结构自承重体系进行力学分析；有工程经验的地区，可按类比法进行稳定性评价；在基础近旁有洞隙和临空面时，应验算向临空面倾覆或沿裂面滑移的可能；当地基为石膏、岩盐等易溶岩时，应考虑溶蚀继续作用的不利影响；对不稳定的岩溶洞隙可建议采用地基处理或桩基础。

3.4.4　岩溶勘察报告内容

岩溶勘察报告除应包括岩土工程勘察报告基本的内容外，尚应包括下列内容：

（1）岩溶发育的地质背景和形成条件。

（2）洞隙、土洞、塌陷的形态、平面位置和顶底标高。

（3）岩溶稳定性分析。

（4）岩溶治理和监测的建议。

任务 3.5　采空区和地面沉降岩土工程勘察

3.5.1　勘察要点

3.5.1.1　采空区勘察要点

由于不同采空区的勘察内容和评价方法不同，所以把采空区划分为老采空区、现采空区和未来采空区三类。

地下采空区勘察的主要目的是查明老采空区的分布范围、埋深、充填程度和密实程度及上覆岩层的稳定性，预测现采空区和未来采空区的地表变形特征和规律，计算变形特征值，为建筑工程选址、设计和施工提供可靠的地质和岩土工程资料，作为建筑场地的适宜性和对建筑物的危害程度的判别依据。

采空区勘察主要通过搜集资料和调查访问，必要时辅以物探，勘探和地表移动的观测，以查明采空区的特征和地表移动的基本参数。

采空区的勘察宜以搜集资料、调查访问为主，并应查明下列内容：

（1）矿层的分布、层数、厚度、深度、埋藏特征和上覆岩层的岩性、构造等。

（2）矿层开采的范围、深度、厚度、时间、方法和顶板管理，采空区的塌落、密实程度、空隙和积水等。

（3）地表变形特征和分布，包括地表陷坑、台阶、裂缝的位置、形状、大小、深度、延伸方向及其与地质构造、开采边界、工作面推进方向等的关系。

（4）地表移动盆地的特征，划分中间区、内边缘区和外边缘区，确定地表移动和变形的特征值。

（5）采空区附近的抽水和排水情况及其对采空区稳定的影响。

（6）搜集建筑物变形和防治措施的经验。

对老采空区和现采空区，当工程地质调查不能查明采空区的特征时，应进行物探和钻探。

采空区场地的物探工作应根据岩土的物性条件和当地经验采用综合物探方法，如地震法、电法等。

钻探工作除满足一级岩土工程详勘要求外，在异常点和可疑部位应加密勘探点，必要时可一桩一孔。

采深小、地表变形剧烈且为非连续变形的小窑采空区，应通过搜集资料、调查、物探和钻探等工作，查明采空区和巷道的位置、大小、埋藏深度、开采时间、开采方式、回填塌落和充水等情况；并查明地表裂缝、陷坑的位置、形状、大小、深度、延伸方向及其与采空区的关系。

3.5.1.2　地面沉降勘察要点

对已发生地面沉降的地区，地面沉降勘察应查明其原因和现状，并预测其发展趋势，提出控制和治理方案。

对可能发生地面沉降的地区，应预测发生的可能性，并对可能的沉降层位作出估计，对沉降量进行估算，提出预防和控制地面沉降的建议。

地面沉降勘察一般是在可行性研究和初步设计阶段进行，勘察手段主要是工程地质测绘和调查，必要时进行岩土工程试验工作。

1. 沉降原因的调查

(1) 场地的地貌和微地貌。

(2) 第四纪堆积物的年代、成因、厚度、埋藏条件和土性特征，硬土层和软弱压缩层的分布。

(3) 地下水位以下可压缩层的固结状态和变形参数。

(4) 含水层和隔水层的埋藏条件和承压性质，含水层的渗透系数、单位涌水量等水文地质参数。

(5) 地下水的补给、径流、排泄条件、含水层间或地下水与地面水的水力联系。

(6) 历年地下水位、水头的变化幅度和速率。

(7) 历年地下水的开采量和回灌量，开采或回灌的层段。

(8) 地下水位下降漏斗及回灌时地下水反漏斗的形成和发展过程。

2. 对地面沉降现状的调查

(1) 按精密水准测量要求进行长期观测，并按不同的结构单元设置高程基准标、地面沉降标和分层沉降标。

(2) 对地下水的水位升降，开采量和回灌量，化学成分，污染情况和孔隙水压力消散、增长情况进行观测。

(3) 调查地面沉降对建筑物的影响，包括建筑物的沉降、倾斜、裂缝及其发生时间和发展过程。

(4) 绘制不同时间的地面沉降等值线图，并分析地面沉降中心与地下水位下降漏斗的关系及地面回弹与地下水位反漏斗的关系。

(5) 绘制以地面沉降为特征的工程地质分区图。

3.5.2 采空区岩土工程评价

对现采空区和未来采空区，应通过计算预测地表移动和变形的特征值，计算方法可按《建筑物、水体、铁路及主要井巷煤柱留设与压煤开采规程》执行。

采空区应根据开采情况，地表移动盆地特征和变形大小，划分为不宜建筑的场地和相对稳定的场地。

1. 不宜建筑的场地

(1) 在开采过程中可能出现非连续变形的地段。

(2) 地表移动活跃的地段。

(3) 特厚矿层和倾角大于 55° 的厚矿层露头地段。

(4) 由于地表移动和变形引起边坡失稳和山崖崩塌的地段。

(5) 地表倾斜大于 10mm/m，地表曲率大于 0.6mm/m² 或地表水平变形大于 6mm/m 的地段。

2. 应作适宜性评价的建筑场地

（1）采空区采深采厚比小于 30 的地段。

（2）采深小，上覆岩层极坚硬，并采用非正规开采方法的地段。

（3）地表倾斜为 3～10mm/m，地表曲率为 0.2～0.6mm/m^2 或地表水平变形为 2～6mm/m 的地段。

3. 小窑采空区的建筑物应避开地表裂缝和陷坑地段

对次要建筑且采空区采深采厚比大于 30，地表已经稳定时可不进行稳定性评价；当采深采厚比小于 30 时，可根据建筑物的基底压力、采空区的埋深、范围和上覆岩层的性质等评价地基的稳定性，并根据矿区经验提出处理措施的建议。

3.5.3　地面沉降防治措施

（1）对已发生地面沉降的地区，可根据工程地质和水文地质条件，建议采取下列控制和治理方案：

1）减少地下水开采量和水位降深，调整开采层次，合理开发，当地面沉降发展剧烈时，应暂时停止开采地下水。

2）对地下水进行人工补给，回灌时应控制回灌水源的水质标准，以防止地下水被污染。

3）限制工程建设中的人工降低地下水位。

（2）对可能发生地面沉降的地区应预测地面沉降的可能性和估算沉降量，并可采取下列预测和防治措施：

1）根据场地工程地质、水文地质条件，预测可压缩层的分布。

2）根据抽水压密试验、渗透试验、先期固结压力试验、流变试验、载荷试验等的测试成果和沉降观测资料，计算分析地面沉降量和发展趋势。

3）提出合理开采地下水资源，限制人工降低地下水位及在地面沉降区内进行工程建设应采取措施的建议。

3.5.4　勘察报告内容

地下采空区勘察报告内容除应包括岩土工程勘察报告基本的内容外，还应根据采空区勘察工作特殊的勘察内容和工作要求作适当补充。

地面沉降勘察报告内容除应包括一般岩土工程勘察内容外，还应该包括地面沉降原因分析、地面沉降预测、地面沉降的工程评价等内容。

项目4 建筑岩土工程勘察

【学习目标】 掌握房屋建筑与构筑物的岩土工程勘察要点、地基评价与计算；能够进行简单房屋建筑岩土工程勘察报告编写；知道地基处理工程、地下洞室、岸边工程、边坡工程的勘察要点和岩土工程评价内容；了解其他工程勘察要点和岩土工程评价内容。

【重点】 房屋建筑与构筑物各勘察阶段的勘察内容；地基评价与计算；房屋建筑岩土工程勘察报告编写。

【难点】 地基评价与计算；房屋建筑岩土工程勘察报告编写。

任务4.1 房屋建筑与构筑物岩土工程勘察

4.1.1 房屋建筑与构筑物勘察要点

建筑物的岩土工程勘察宜分阶段进行，可行性研究勘察应符合选择场址方案的要求，一般进行工程地质测绘和调查；初步勘察应符合初步设计的要求；详细勘察应符合施工图设计的要求；场地条件复杂或有特殊要求的工程，宜进行施工勘察。

场地较小且无特殊要求的工程可合并勘察阶段。当建筑物平面布置已经确定，且场地或其附近已有岩土工程资料时，可根据实际情况，直接进行详细勘察。

房屋建筑和构筑物（以下简称建筑物）的岩土工程勘察，应在搜集建筑物上部荷载、功能特点、结构类型、基础形式、埋置深度和变形限制等方面资料的基础上进行。其主要工作内容应符合下列规定：

（1）查明场地和地基的稳定性、地层结构、持力层和下卧层的工程特性、土的应力历史和地下水条件以及不良地质作用等。

（2）提供满足设计、施工所需的岩土参数，确定地基承载力，预测地基变形性状。

（3）提出地基基础、基坑支护、工程降水和地基处理设计与施工方案的建议。

（4）提出对建筑物有影响的不良地质作用的防治方案建议。

（5）对于抗震设防烈度不小于Ⅵ度的场地，进行场地与地基的地震效应评价。

4.1.1.1 可行性研究阶段

可行性研究勘察，应对拟建场地的稳定性和适宜性作出评价，并应符合下列要求：

（1）搜集区域地质、地形地貌、地震、矿产、当地的工程地质、岩土工程和建筑经验等资料。

（2）在充分搜集和分析已有资料的基础上，通过踏勘了解场地的地层、构造、岩性、不良地质作用和地下水等工程地质条件。

（3）当拟建场地工程地质条件复杂，已有资料不能满足要求时，应根据具体情况进行工程地质测绘和必要的勘探工作。

（4）当有两个或两个以上拟选场地时，应进行比选分析。

4.1.1.2　初步勘察阶段

（1）初步勘察应对场地内拟建建筑地段的稳定性作出评价，并进行下列主要工作：

1）搜集拟建工程的有关文件、工程地质和岩土工程资料以及工程场地范围的地形图。

2）初步查明地质构造、地层结构、岩土工程特性、地下水埋藏条件。

3）查明场地不良地质作用的成因、分布、规模、发展趋势，并对场地的稳定性作出评价。

4）对抗震设防烈度不小于Ⅵ度的场地，应对场地和地基的地震效应作出初步评价。

5）季节性冻土地区，应调查场地土的标准冻结深度。

6）初步判定水和土对建筑材料的腐蚀性。

7）高层建筑初步勘察时，应对可能采取的地基基础类型、基坑开挖与支护、工程降水方案进行初步分析评价。

（2）初步勘察的勘探工作应符合下列要求：

1）勘探线应垂直地貌单元、地质构造和地层界线布置。

2）每个地貌单元均应布置勘探点，在地貌单元交接部位和地层变化较大的地段，勘探点应予以加密。

3）在地形平坦地区，可按网格布置勘探点。

4）对岩质地基，勘探线和勘探点的布置，勘探孔的深度，应根据地质构造、岩体特性、风化情况等，按地方标准或当地经验确定，对土质地基，应符合下面的规定。

（3）勘探点的布置。初步勘察勘探线勘探点间距可按表 4.1 确定，局部异常地段应予以加密。

表 4.1　　　　　　　　　　初步勘察勘探线、勘探点间距

地基复杂程度等级	勘探线间距/m	勘探点间距/m
一级（复杂）	50～100	30～50
二级（中等复杂）	75～150	40～100
三级（简单）	150～300	75～200

注　1. 表中间距不适用于地球物理勘探。

　　2. 控制性勘探点宜占勘探点总数的 1/5～1/3，且每个地貌单元均应有控制勘探点。

　　3. 局部异常地段应予以加密。

初步勘察阶段孔深可按表 4.2 确定。当遇到下列情形之一时，应适当增减勘探孔深度：

1）当勘探孔的地面标高与预计整平地面标高相差较大时，应按其差值调整勘探孔深度。

2）在预定深度内遇基岩时，除控制性勘探孔仍应钻入基岩适当深度外，其他勘探孔达到确认的基岩后即可终止钻进。

3）在预定深度内有厚度较大，且分布均匀的坚实土层（如碎石土、密实砂、老沉积土等）时，除控制性勘探孔应达到规定深度外，一般性勘探孔的深度可适当减小。

4）当预定深度内有软弱土层时，勘探孔深度应适当增加，部分控制性勘探孔应穿透软弱土层或达到预计控制深度。

5）对重型工业建筑应根据结构特点和荷载条件适当增加勘探孔深度。

表 4.2   **初步勘察勘探孔深度**

工程重要性等级	一般性勘探孔/m	控制性勘探孔/m
一级（重要工程）	≥15	≥30
二级（一般工程）	10～15	15～30
三级（次要工程）	6～10	10～20

注 1. 勘探孔包括钻孔、探井和原位测试孔等。

    2. 特殊用途的钻孔除外。

（4）初步勘察采取土试样和进行原位测试应符合下列要求：

1）采取土试样和原位测试的勘探点应结合地貌单元、地层结构和土的工程性质布置，其数量可占勘探点总数的 $1/4\sim1/2$。

2）采取土试样的数量和孔内原位测试的竖向间距，应按地层特点和土的均匀程度确定；每层土均应采取土试样或进行原位测试，其数量不宜少于 6 个。

（5）初步勘察应进行下列水文地质工作：

1）调查含水层的埋藏条件，地下水类型、补给排泄条件，各层地下水位，调查其变化幅度，必要时应设置长期观测孔，监测水位变化。

2）当需绘制地下水等水位线图时，应根据地下水的埋藏条件和层位，统一量测地下水位。

3）当地下水可能浸湿基础时，应采取水试样进行腐蚀性评价。

4.1.1.3 详细勘察阶段

（1）详细勘察应按单体建筑物或建筑群提出详细的岩土工程资料和设计、施工所需的岩土参数；对建筑地基作出岩土工程评价，并对地基类型、基础形式、地基处理、基坑支护、工程降水和不良地质作用的防治等提出建议。应进行下列工作：

1）搜集附有坐标和地形的建筑总平面图，场区的地面整平标高，建筑物的性质、规模、荷载、结构特点、基础形式、埋置深度、地基允许变形等资料。

2）查明不良地质作用的类型、成因、分布范围、发展趋势和危害程度，提出整治方案的建议。

3）查明建筑范围内岩土层的类型、深度、分布、工程特性、分析和评价地基的稳定性、均匀性和承载力。

4）对需进行沉降计算的建筑物，提供地基变形计算参数，预测建筑物的变形特征。

5）查明埋藏的河道、沟浜、墓穴、防空洞、孤石等对工程不利的埋藏物。

6）查明地下水的埋藏条件，提供地下水位及其变化幅度。

7）在季节性冻土地区，提供场地土的标准冻结深度。

8）判定水和土对建筑材料的腐蚀性。

（2）详细勘察阶段工作应符合下列要求：

1）对抗震设防烈度不小于Ⅵ度的场地，勘察工作应按场地地震效应情况进行布置；当建筑物采用桩基础时，应按桩基勘察进行工作量布置；当需进行基坑开挖、支护和降水设计时，应按基坑工程勘察要求执行。

2）工程需要时，详细勘察应论证地基土和地下水在建筑施工和使用期间可能产生的变化及其对工程和环境的影响，提出防治方案、防水设计水位和抗浮设计水位的建议。

3）详细勘察勘探点布置和勘探孔深度，应根据建筑物特性和岩土工程条件确定。对岩质地基，应根据地质构造、岩体特性、风化情况等，结合建筑物对地基的要求，按地方标准或当地经验确定。对土质地基，应符合下列各条的规定。

（3）勘探点的布置。

1）详细勘察阶段勘探点间距可按表 4.3 确定。

2）详细勘察的勘探点布置应符合下列规定：

a. 勘探点宜按建筑物周边线和角点布置，对无特殊要求的其他建筑物可按建筑物或建筑群的范围布置。

表 4.3　　　详细勘察勘探点的间距

地基复杂程度等级	勘探点间距/m
一级（复杂）	10～15
二级（中等复杂）	15～30
三级（简单）	30～50

b. 同一建筑范围内的主要受力层或有影响的下卧层起伏较大时，应加密勘探点，查明其变化。

c. 重大设备基础应单独布置勘探点，重大的动力机器基础和高耸构筑物，勘探点不宜少于 3 个。

d. 勘探手段宜采用钻探与触探相配合，在复杂地质条件、湿陷性土、膨胀岩土、风化岩和残积土地区、宜布置适量探井。

3）详细勘察的单栋高层建筑勘探点的布置，应满足对地基均匀性评价的要求，且不应少于 4 个；对密集的高层建筑群，勘探点可适当减少，但每栋建筑物至少应有 1 个控制性勘探点。

（4）勘探深度。详细勘察的勘探深度自基础底面算起：

1）勘探孔深度应能控制地基主要受力层，当基础底面宽度不大于 5m 时，勘探孔的深度对条形基础不应小于基础底面宽度的 3 倍，对单独柱基不应小于 1.5 倍，且不应小于 5m。

2）对高层建筑和需作变形计算的地基，控制性勘探孔的深度应超过地基变形计算深度；高层建筑的一般性勘探孔应达到基底下 0.5～1.0 倍的基础宽度，并深入稳定分布的地层。

3）对仅有地下室的建筑或高层建筑的裙房，当不能满足抗浮设计要求，需设置抗浮桩或锚杆时，勘探孔深度应满足抗拔承载力评价的要求。

4）当有大面积地面堆载或软弱下卧层时，应适当加深控制性勘探孔的深度。

5）在上述规定深度内当遇基岩或厚层碎石土等稳定地层时，勘探孔深度应根据情况进行调整。

6）地基变形计算深度，对中、低压缩性土可取附加压力等于上覆土层有效自重压力 20% 的深度；对于高压缩性土层可取附加压力等于上覆土层有效自重压力 10% 的深度。

7）建筑总平面内的裙房或仅有地下室部分（或当基底附加压力 $p_0 \leqslant 0$ 时）的控制性勘探孔的深度可适当减小，但应深入稳定分布地层，且根据荷载和土质条件不宜少于基底下 0.5～1.0 倍基础宽度。

8）当需进行地基整体稳定性验算时，控制性勘探孔深度应根据具体条件满足验算要求。

9）当需确定场地抗震类别而邻近无可靠的覆盖层厚度资料时，应布置波速测试孔，其深度应满足确定覆盖层厚度的要求。

10）大型设备基础勘探孔深度不宜小于基础底面宽度的 2 倍。

11）当需进行地基处理时，勘探孔的深度应满足地基处理设计与施工要求；当采用桩基时，勘探孔的深度应满足桩基勘察的要求。

高层建筑详细勘察阶段勘探孔的深度应符合下列规定：

1）控制性勘探孔深度应超过地基变形的计算深度。

2）控制性勘探孔深度，对于箱形基础或筏形基础，在不具备变形深度计算条件时，可按下式计算确定：

$$d_c = d + \alpha_c \beta b \qquad (4.1)$$

式中　d_c——控制性勘探孔的深度，m；

　　　d——箱形基础或筏式基础埋置深度，m；

　　　α_c——与土的压缩性有关的经验系数，根据基础下的地基主要土层按表 4.4 取值；

　　　β——与高层建筑层数或基底压力有关的经验系数，对勘察等级为甲级的高层建筑可取 1.1，对乙级可取 1.0；

　　　b——箱形基础或筏式基础宽度，对圆形基础或环形基础，按最大直径考虑，对不规则形状的基础，按面积等代成方形、矩形或圆形面积的宽度或直径，m。

表 4.4　　　　　　　　　　　经 验 系 数 α_c、α_g

土类	碎石土	砂土	粉土	黏性土（含黄土）	软土
α_c	0.5～0.7	0.7～0.9	0.9～1.2	1.0～1.5	2.0
α_g	0.3～0.4	0.4～0.5	0.5～0.7	0.6～0.9	1.0

注　表中范围值对同一类土中，地质年代老、密实或地下水位深者取小值，反之取大值。

3）一般性勘探孔的深度应适当大于主要受力层的深度，对于箱形基础或筏形基础可按下式计算确定：

$$d_g = d + \alpha_g \beta b$$

式中　d_g——一般性勘探孔的深度，m；

　　　α_g——与土的压缩性有关的经验系数，根据基础下的地基主要土层按表 4.4 取值。

4）一般性勘探孔，在预定深度范围内，有比较稳定且厚度超过 3m 的坚硬地层时，可钻入该层适当深度，以能正确定名和判明其性质；如在预定深度内遇软弱地层时应加深或钻穿。

5）在基岩和浅层岩溶发育地区，当基础底面下的土层厚度小于地基变形计算深度时，一般性钻孔应钻至完整、较完整基岩面；控制性钻孔应深入完整、较完整基岩 3～5m，勘察等级为甲级的高层建筑取大值，乙级取小值；专门查明溶洞或土洞的钻孔深度应深入洞底完整地层 3～5m。

6）在花岗岩残积土地区，应查清残积土和全风化岩的分布深度。计算箱形基础或筏形基础勘探孔深度时，其 α_c 和 α_g 系数，对残积砾质黏性土和残积砂质黏性土可按表 4.4 中粉土的值确定，对残积黏性土可按表 4.4 中黏性土的值确定，对全风化岩可按表 4.4 中碎石土的值确定。在预定深度内遇基岩时，控制性钻孔深度应深入强风化岩 3～5m，勘察等级为甲级的高层建筑宜取大值，乙级可取小值。一般性钻孔达强风化岩顶面即可。

7）评价土的湿陷性、膨胀性、砂土地震液化、确定场地覆盖层厚度、查明地下水渗透性等钻孔深度，应按有关规范的要求确定。

8）在断裂破碎带、冲沟地段、地裂缝等不良地质作用发育场地及位于斜坡上或坡脚下的高层建筑，当需进行整体稳定性验算时，控制性勘探孔的深度应满足评价和验算的要求。

（5）取样和测试。详细勘察采取土试样和进行原位测试应符合岩土工程评价要求，并符合下列要求：

1）采取土试样和进行原位测试的勘探孔的数量，应根据地层结构、地基土的均匀性和工程特点确定，且不应少于勘探孔总数的 1/2，钻探取土试样孔的数量不应少于勘探孔总数的 1/3。

2）每个场地每一主要土层的原状土试样或原位测试数据不应少于 6 件（组），当采用连续记录的静力触探或动力触探为主要勘察手段时，每个场地不应少于 3 个孔。

3）在地基主要受力层内，对厚度大于 0.5m 的夹层或透镜体，应采取土试样或进行原位测试。

4）当土层性质不均匀时，应增加取土试样或原位测试数量。

4.1.1.4　施工勘察

基坑或基槽开挖后，岩土条件与勘察资料不符或发现必须查明的异常情况时，应进行施工勘察；在工程施工或使用期间，当地基土、边坡体、地下水等发生未曾估计到的变化时，应进行监测，并对工程和环境的影响进行分析评价。

4.1.2　地基的评价与计算

地基的评价与计算时在工程地质测绘、勘探、测试和搜集已有资料的基础上，结合工程特点进行的。

4.1.2.1　地基评价内容

1. 天然地基评价内容

（1）场地、地基稳定性和处理措施的建议。

（2）地基均匀性。

（3）确定和提供各土层尤其是地基持力层承载力特征值的建议值和使用条件。

（4）预测高层和高低层建筑地基的变形特征。

（5）对地基基础方案提出建议。

（6）抗震设防区应对场地地段划分、场地类别、覆盖层厚度、地震稳定性等作出评价。

（7）对地下室防水和抗浮进行评价。

（8）基坑工程评价。

（9）当场地有不良地质作用或特殊性岩土时，应进行相应的分析与评价，并提出工程措施建议。

（10）有沉降分析任务时，宜专门编写沉降分析报告。

（11）评价土、水对建筑材料的腐蚀性。

（12）天然地基方案应在拟建场地整体稳定性基础上进行分析论证，并应考虑附属建筑、相邻的既有或拟建建筑、地下设施和地基条件可能发生显著变化的影响。

2．桩基工程评价内容

（1）推荐经济合理的桩端持力层。

（2）对可能采用的桩型、规格及相应的桩端入土深度（或高程）提出建议。

（3）提供所建议桩型的侧阻力、端阻力和桩基设计、施工所需的其他岩土参数。

（4）对沉（成）桩可能性、桩基施工对环境影响的评价和对策以及其他设计，施工应注意的事项提出建议。

当工程需要（且条件具备时），对下列内容进一步评价或提出专门的工程咨询报告。

（1）估算单桩、群桩承载力和桩基沉降量，提供与建议桩基方案相类似的工程实例或试桩及沉降观测等资料。

（2）对各种可能的桩基方案进行技术经济分析比选，并提出建议。

（3）对欠固结土和大面积堆载的桩基，分析桩侧产生负摩阻力的可能性及其对桩基承载力的影响并提出相应防治措施的建议。

3．基坑工程的分析与计算内容

（1）边坡的局部稳定性、整体稳定性和坑底抗隆起稳定性。

（2）坑底和侧壁的渗透稳定性。

（3）挡土结构和边坡可能发生的变形。

（4）降水效果和降水对环境的影响。

（5）开挖和降水对邻近建筑物和地下设施的影响。

4．场地地震效应评价

当场地所在地属于强震区时，勘察报告分析与计算内容除遵守上述规定外，尚应包括下列内容：

（1）场地地震的基本烈度。

（2）建筑场地类别。

（3）场地所处位置属于对抗震有利、不利还是危险地段。

（4）场地断裂的地震工程类型，是否属于发震断裂或全新活动断裂对工程稳定性的影响。

（5）对场地土地震液化进行判别，并计算液化指数，划分液化等级。

（6）对场地与地基的抗震措施提出建议。

（7）在岸边和斜坡地带勘察时，应对地震时场地的稳定性进行分析评价。

4.1.2.2 场地稳定性评价

（1）高层建筑岩土工程勘察应查明影响场地稳定性的不良地质作用，评价其对场地稳定性的影响程度。

（2）对有直接危害的不良地质作用地段，不得选作高层建筑建设场地。对于有不良地质作用存在，但经技术经济论证可以治理的高层建筑场地，应提出防治方案建议，采取安全可靠的整治措施。

（3）高层建筑场地稳定性评价应符合下列要求：①评价划分建筑场地属有利、不利或危险地段，提供建筑场地类别和岩土的地震稳定性评价，对需要采用时程分析法补充计算的建筑，尚应根据设计要求提供有代表性的地层结构剖面、场地覆盖层厚度和有关动力参数；②应避开浅埋的全新活动断裂和发震断裂，避让的最小距离应按《建筑抗震设计规范》(GB 50011—2001) 的规定确定；③可不避开非全新活动断裂，但应查明破碎带发育程度，并采取相应的地基处理措施；④应避开正在活动的地裂缝，避开的距离和采取的措施应按有关地方标准的规定确定；⑤在地面沉降持续发展地区，应搜集地面沉降历史资料，预测地面沉降发展趋势，提出高层建筑应采取的措施。

（4）位于斜坡地段的高层建筑，其场地稳定性评价应符合下列规定：①高层建筑场地不应选在滑坡体上，对选在滑坡体附近的建筑场地，应对滑坡进行专门勘察，验算滑坡稳定性，论证建筑场地的适宜性，并提出治理措施；②位于坡顶或临近边坡下的高层建筑，应评价边坡整体稳定性、分析判断整体滑动的可能性；③当边坡整体稳定时，尚应验算基础外边缘至坡顶的安全距离；④位于边坡下的高层建筑，应根据边坡整体稳定性论证分析结果，确定离坡脚的安全距离。

（5）抗震设防地区的高层建筑场地应选择在抗震有利地段，避开不利地段，当不能避开时，应采取有效的防护治理措施，并不应在危险地段建设高层建筑。

（6）应根据土层等效剪切波速和场地覆盖层厚度划分建筑场地类别，抗震设防烈度为Ⅶ～Ⅸ度地区，均应采用多种方法综合判定饱和砂土和粉土（不含黄土）地震液化的可能性，并提出处理措施建议；Ⅵ度地区一般不进行判别和处理，但对液化沉陷敏感的乙类建筑可按Ⅶ度的要求进行判别和处理。

（7）在溶洞和土洞强烈发育地段，应查明基础底面以下溶洞，土洞大小和顶板厚度，研究地基加固措施。经技术经济分析认为不可取时，应另选场地。

（8）在地下采空区，应查明采空区上覆岩层的性质，地表变形特征、采空区的埋深和范围，根据高层建筑的基底压力，评价场地稳定性。对有塌陷可能的地下采空区，应另选场地。

多层建筑与其他建筑的场地稳定性评价可参考上述规定进行。

4.1.2.3　地基均匀性评价

地基均匀性评价是天然地基评价中的重要内容。对于不均匀地基，应进行沉降、差异沉降倾斜等特征分析评价，并提出相应建议。评价地基均匀性时，应从工程地质单元、地基土层工程特性差异性、地基土层压缩性、持力层底面坡度等方面价评。地基土层符合下列情况之一者，应判别为不均匀地基。

地基持力层跨越不同地貌单元或工程地质单元，工程特性差异显著。

地基持力层虽属于同一地貌单元或工程地质单元，但遇下列情况之一者，应判别为不均匀地基。①中-高压缩性地基，持力层底面或相邻基底标高的坡度大于 10%；②中-高压缩性地基，持力层及其下卧层在基础宽度方向的厚度差值大于 $0.05b$（b 为基础宽度）；③同一高层建筑虽处于同一地貌单元或同一工程地质单元，但各处地基土的压缩性有较大差异时，可在计算各钻孔地基变形计算深度范围内当量模量的基础上，根据当量模量最大值 $\overline{E}_{smax}$ 和当量模量最小值 $\overline{E}_{smix}$ 的比值判定地基的均匀性。当 $\overline{E}_{smax}/\overline{E}_{smix}$ 大于地基不均与系数界限值 K 时，可按不均匀地基考虑。K 值见表 4.5。

表 4.5　　　　　　　　　　　　　　　地基不均匀系数界限值 K

同一建筑物下各钻孔压缩模量 当量值 $\overline{E}_s$ 的平均值/MPa	≤4	7.5	15	>20
不均匀系数界限值 K	1.3	1.5	1.8	2.5

注　在地基变形计算深度范围内,某一个钻孔的压缩模量当量值 $\overline{E}_s$ 应根据平均附加应力系数在各层土的层位深度内积分值 A 和各土层压缩模量 E_s 按下式计算:$\overline{E}_s = \dfrac{\sum A_i}{\sum \dfrac{A_i}{E_{si}}}$。

4.1.2.4　地基承载力确定

地基极限承载力:使地基土发生剪切破坏而即将失去整体稳定性时相应的最小基础底面压力。

地基容许承载力:要求作用在基底的压应力不超过地基的极限承载力,并且有足够的安全度,而且所引起的变形不能超过建筑物的容许变形,满足以上两项要求,地基单位面积上所能承受的荷载就定义为地基的容许承载力。

《建筑地基基础设计规范》(GB 50007—2002)规定:

地基承载力特征值(f_{ak}):由载荷试验测定的地基土压力变形曲线线性变形段内规定的变形所对应的压力值,其最大值为比例界限值。

修正后的地基承载力特征值(f_a):从载荷试验或其他原位测试、经验值等方法确定的地基承载力特征值经深宽修正后的地基承载力值。按理论公式计算得来的地基承载力特征值不需修正。

《建筑地基基础设计规范》(GBJ 7—89)曾作以下规定:

地基承载力基本值(f_0)是指按有关规范规定的一定的基础宽度和埋置深度条件下的地基承载能力,按有关规范查表确定。

地基承载力标准值(f_k)是指按有关规范规定的标准方法试验并经统计处理后的承载力值。

地基承载力设计值(f)是地基承载力标准值经深宽修正后的地基承载力值。按载荷试验和用实际基础宽度、深度按理论公式计算所得地基承载力即为设计值。

地基承载力不仅取决于地基土的性质,还受到诸多因素影响,如基础形式、基础埋置深度与基础底面尺寸,建筑物的类型、结构特点、覆盖层抗剪强度、地下水位和下卧层等因素的影响。确定地基承载力常用的方法有以下几种:

(1)按现场静载荷试验方法确定。

(2)按其他原位测试结果确定,如静力触探、标准贯入试验、旁压试验等。

(3)按土的抗剪强度指标利用理论公式计算确定。

(4)按当地建筑经验方法确定。

《建筑地基基础设计规范》(GB 50007—2002)规定,地基承载力特征值可由载荷试验或其他原位测试、公式计算,并结合工程实践经验等方法综合确定。具体确定时,应结合当地建筑经验按下列方法综合考虑。对一级建筑物采用载荷试验、理论公式计算及原位试验方法综合确定;对二级建筑物可按当地有关规范查表,或原位试验确定,有些二级建筑物尚应结合理论公式计算确定;对三级建筑物可根据邻近建筑物的经验确定。

1. 静载荷试验

在现场通过一定尺寸的载荷板对扰动较少的地基土体直接加荷，所测得的成果一般能反映相当于 1～2 倍荷载板宽度的深度以内土体的平均值。这样大的影响范围为许多其他测试方法所不及。有些地基规范中地基承载力表所提供的经验数值也是以静载荷试验成果为基础得出的。

进行载荷试验的具体方法及利用静载荷试验记录整理而成的 p-s 曲线来确定地基承载力特征值。

2. 原位测试

通过动力触探试验、静力触探试验、标贯试验、旁压试验等方法确定地基土承载力。《建筑地基基础设计规范》（GB 50007—2002）规定，采用原位测试方法确定地基承载力，我国已有丰富的经验可以应用，但必须有地区经验，即当地的对比资料。同时，当地基基础设计等级为甲级和乙级时，应结合室内试验成果综合分析，不宜单独使用。

3. 理论公式计算

按临塑压力计算：基础受中心荷载，地基土刚开始出现剪切破坏（即开始由弹性变形进入塑性变形）时的临界压力，由下式计算：

$$f_{cr} = M_d \gamma_m d + M_c c_k \tag{4.2}$$

按进入塑性区定范围时的临界压力计算：即容许地基土有一定的塑性区开展，此一定塑性区一般规定为其最大深度不大于基础宽度的 1/4。《建筑地基基础设计规范》和苏联的有关规范均采用此方法计算地基承载力特征值。

$$f_v = M_b \gamma b + M_d \gamma_m d + M_c c_k \tag{4.3}$$

式中　　　　f_{cr}——临塑压力，可直接作为地基承载力特征值，kPa；

$\quad\quad\quad f_v$——塑性区开展深度为 1/4 基础宽度时的压力，《建筑地基基础设计规范》（GB 5007—2002）规定，当偏心距 e 不大于 0.033 倍基础底面宽度时，可作为地基承载力特征值，kPa；

$\quad\quad\quad \gamma$——基础底面以下土的重度，地下水位以下取有效重度，kN/m³；

$\quad\quad\quad \gamma_m$——基础底面以上土的加权平均重度，地下水位以下取有效重度，kN/m³；

$\quad\quad\quad d$——基础埋置深度，对于建筑物基础，一般内室外地面起算，在填方整平地区，可从填土地面起算，但填土在下部结构施工后完成时，应以天然地面起算，对于地下室，如采用箱形基础或筏基时，基础埋置深度自室外地面起算，在其他情况下，应从室内地面起算，m；

$\quad\quad\quad b$——基础底面宽度，m，《建筑地基基础设计规范》（GB 5007—2002）规定，大于 6m 时按 6m 考虑，对于砂土，小于 3m 时按 3m 考虑，对于圆形或多边形基础，$b = 2\sqrt{\dfrac{F}{\pi}}$ 考虑，F 为圆形或多边形基础面积；

$\quad\quad\quad c_k$——基底下一倍基础宽度的深度范围内土的黏聚力标准值，kPa；

M_b、M_d、M_c——承载力系数，可根据表 4.6 查取，《土力学》中也有详细计算方法。

表 4.6　　　　　　　　　　　　　承载力系数 M_b、M_d、M_c

内摩擦角 φ_k	M_b	M_d	M_c	内摩擦角 φ_k	M_b	M_d	M_c
0	0	1.00	3.14	22	0.61	3.44	6.04
2	0.03	1.12	3.32	24	0.80	3.87	6.45
4	0.06	1.25	3.51	26	1.10	4.37	6.90
6	0.10	1.39	3.71	28	1.40	4.93	7.40
8	0.14	1.55	3.93	30	1.90	5.59	7.95
10	0.18	1.73	4.17	32	2.50	6.35	8.55
12	0.23	1.94	4.42	34	3.20	7.21	9.22
14	0.29	2.17	4.69	36	4.20	8.25	9.97
16	0.36	2.43	5.00	38	5.00	9.44	10.80
18	0.43	2.72	5.31	40	5.80	10.84	11.73
20	0.51	3.06	5.66				

注　26°～40°的 M_b 值系根据砂土的载荷试验资料作了修正。

4. 规范查表法

《建筑地基基础设计规范》（GB 50007—2002）取消了地基承载力表，但现行的地方规范和行业规范仍然提供了地基承载力表。

《建筑地基基础设计规范》（GB 50007—2002）规定当基础宽度大于 3m 或埋置深度大于 0.5m 时，从载荷试验或其他原位测试、经验值等方法确定的地基承载力特征值，尚应按下式修正。

$$f_a = f_{ak} + \eta_b \gamma (b - 3.0) + \eta_d \gamma_m (d - 0.5) \tag{4.4}$$

式中　f_a——修正后地基承载力特征值，kPa；

f_{ak}——地基承载力特征值，kPa，由载荷试验或其他原位测试、公式计算、并结合工程实践经验等方法综合确定；

η_b、η_d——基础宽度和埋深的地基承载力修正系数，应按基底下土类查表 4.7 确定；

γ——基础底面以下土的重度，地下水位以下取浮重度；

b——基础底面宽度，m，当基宽小于 3m 按 3m 取值，大于 6m 按 6m 取值；

γ_m——基础底面以上土的加权平均重度，地下水位以下取浮重度；

d——基础埋置深度，m，一般自室外地面标高算起。在填方整平地区，可自填土地面标高算起，但填土在上部结构施工后完成时，应从天然地面标高算起。对于地下室，如采用箱形或筏基时，基础埋置深度自室外地面标高算起；当采用独立基础或条形基础时，应从室内地面标高算起。

表 4.7　　　　　　　　　　　　　　承 载 力 修 正 系 数

土 的 类 别		η_b	η_d
淤泥和淤泥质土		0	1.0
人工填土 e 或 I_L 大于等于 0.85 的黏性土		0	1.0
红黏土	含水比 $a_w > 0.8$	0	1.2
	含水比 $a_w \leqslant 0.8$	0.15	1.4
大面积压实填土	压实系数大于 0.95、黏粒含量 $\rho_c \geqslant 10\%$ 的粉土	0	1.5
	最大干密度大于 2.1t/m³ 的级配砂石	0	2.0

续表

土 的 类 别		η_b	η_d
粉土	黏粒含量 $\rho_c \geqslant 10\%$ 的粉土	0.3	1.5
	黏粒含量 $\rho_c < 10\%$ 的粉土	0.5	2.0
e 或 I_L 均小于 0.85 的黏性土		0.3	1.6
粉砂、细砂（不包括很湿与饱和时的稍密状态）		2.0	3.0
中砂、粗砂、砾砂和碎石土		3.0	4.4

注   1. 强风化和全风化的岩石，可参照所风化成的相应土类取值，其他状态下的岩石不修正。

2. 地基承载力特征值按有关规范用深层平板载荷试验确定时 η_d 取 0。

4.1.2.5　成都地区地方规范

（1）根据四川省地方标准《成都地区建筑地基基础设计规范》（DB51/T 5026—2001），成都地区地基极限载力标准值 f_{uk} 及基本值 f_{u0} 见表 4.8～表 4.12。其中按表 4.9～表 4.11 查得的地基极限承载力基本值。需按下式计算求出地基极限承载力标准值。

$$f_{uk} = \psi f_{u0} \qquad (4.5)$$

$$\psi = 1 - \left(\frac{2.884}{\sqrt{n}} + \frac{7.918}{n^2} \right) \delta \qquad (4.6)$$

表 4.8　　　　　　　　　　岩石地基极限承载力标准值 f_{uk}　　　　　　　　单位：kPa

岩 石 类 别	强风化	中风化	微风化
硬质岩	1000～3000	3000～8000	>8000
软质岩	500～1000	1000～3000	3000～8000
极软质岩	300～500	500～1000	1000～3000

表 4.9　　　　　　　　　　　黏性土极限承载力基本值 f_{u0}　　　　　　　　　单位：kPa

第一指标孔隙比 e	第二指标液性指数 I_L				
	0	0.25	0.50	0.75	1.00
0.5	950	860	780	(720)	
0.6	800	720	650	590	(530)
0.7	650	590	530	480	420
0.8	550	480	440	400	340
0.9	460	420	380	340	270
1.0	400	360	320	270	230

注   1. 有括号者仅供内插用。

2. 折算系数 ξ 为 0.1。

3. 在湖、塘、沟、谷与河漫滩地段新近沉积的黏性土，其工程性质一般较差，这些土应根据当地经验选取分项系数。

表 4.10　　　　　　　　　　　粉土极限承载力基本值 f_{u0}　　　　　　　　　单位：kPa

第一指标孔隙比 e	第二指标含水量 $\omega/\%$						
	10	15	20	25	30	35	40
0.5	820	780	(730)				
0.6	620	600	560	(540)			

续表

第一指标孔隙比 e	第二指标含水量 $\omega/\%$						
	10	15	20	25	30	35	40
0.7	500	480	450	430	(410)		
0.8	400	380	360	340	(330)		
0.9	320	300	290	280	260	(250)	
1.0	260	250	240	230	220	210	(200)

注　1. 有括号者仅供内插用。

2. 折算系数 ξ 为 0.0。

3. 在湖、塘、沟、谷与河漫滩地段新近沉积的黏性土，其工程性质一般较差，这些土应根据当地经验选取分项系数。

表 4.11　　　　　　　　　淤泥和淤泥质土的极限承载力基本值 f_{u0}

天然含水量 $\omega/\%$	36	40	45	50	55	65
f_{u0}/kPa	200	180	160	140	120	100

表 4.12　　　　　　　　　素填土的极限承载力基本值 f_{u0}

压缩模量 E_{s1-2}/MPa	7	5	4	3	2
f_{u0}/kPa	320	270	230	170	130

注　本表适用于堆填时间超过 10 年的黏性土以及超过 5 年的粉土。

（2）根据现场原位测试确定地基承载力标准值，试验指标应按项目 1 中式（4.5）和式（4.6）进行修正后得出原位测试指标的标准值，分别查表。

1）根据超重型动力触探锤击数 N_{120}。按表 4.13 确定卵石土的极限承载力标准值及变形模量。

表 4.13　　　　　　　　　卵石土极限承载力标准值 f_{uk} 及变形模量 E_0

N_{120}	4	5	6	7	8	9	10	12	14	16	18	20
f_{uk}/kPa	700	860	1000	1160	1340	1500	1640	1800	1950	2040	2140	2200
E_0/MPa	21	23.5	26	28.3	31	34	37	42	47	52	57	62

2）根据动力触探锤击数 $N_{63.5}$ 按表 4.14 确定松散卵石、圆砾、砂土极限承载力标准值。

表 4.14　　　　　　　松散卵石、圆砾、砂土极限承载力标准值 f_{uk}　(kPa)

$N_{63.5}$	2	3	4	5	6	8	10
卵石				400	480	640	800
圆砾			320	400	480	640	800
中、粗、砾砂		240	320	400	480	640	800
粉细砂	160	220	280	330	380	450	

3）根据标准贯入试验的锤击数 N，轻便动力触探试验锤击数 N_{10}，按照表 4.15～表 4.19 确定砂土、粉土、黏性土和素填土地基极限承载力标准值。

表 4.15 　　　　　　　　　　砂土极限承载力标准值 f_{uk}（kPa）

N	4	6	8	10	15	20	30
中、粗砂	240	280	320	360	500	560	680
粉细砂	200	220	250	280	360	410	500

表 4.16 　　　　　　　　　　粉土极限承载力标准值 f_{uk}

N	2	4	6	8	10	12	15
f_{uk}/kPa	160	220	280	340	400	460	550

表 4.17 　　　　　　　　　　黏性土极限承载力标准值 f_{uk}

N	3	5	7	9	11	13	15
f_{uk}/kPa	210	290	380	470	560	650	740

注　本表不适用于软塑-流塑状态的黏性土。

表 4.18 　　　　　　　　　　黏性土极限承载力标准值 f_{uk}

N_{10}	15	20	25	30
f_{uk}/kPa	210	290	380	460

表 4.19 　　　　　　　　　　素填土极限承载力标准值 f_{uk}

N_{10}	10	20	30	40
f_{uk}/kPa	170	230	370	320

4）根据静力触探比贯入阻力 p_s，按表 4.20～表 4.23 确定砂土、粉土、黏性土和素填土地基极限承载力标准值。

表 4.20 　　　　　　　　　　砂土极限承载力标准值 f_{uk}（kPa）

p_s/MPa	2	3	4	5	6	7	8
中、粗砂	200～240	280～320	360～400	440～480	520～560	580～620	640～680
粉、细砂	180～200	220～240	260～280	300～320	340～350	380～400	420～440

注　中砂用低值，粗砂用高值；粉砂用低值，细砂用高值。

表 4.21 　　　　　　　　　　粉土极限承载力标准值 f_{uk}（kPa）

p_s/MPa	1	2	3	4	5
砂质粉土	200	240	280	320	360
黏质粉土	220	270	320	370	420

表 4.22 　　　　　　　　黏性土极限承载力标准值 f_{uk} 及压缩模量 E_s

p_s/MPa	0.5	1	1.5	2	2.5	3	3.5	4
f_{uk}/kPa	160	240	320	400	480	560	620	680
E_s/MPa	3	5	7	9	11	12.5	14	15

表 4.23　　　　　　　　　　素填土极限承载力标准值 f_{uk} 及压缩模量 E_s

p_s/MPa	0.5	1	1.5	2	2.5
f_{uk}/kPa	120	200	270	340	400
E_s/MPa	2.6	4.2	5.8	7.4	9

注　本表只适用于黏性土组成堆填时间超过 10 年的素填土。

（3）当地基基础埋深大于 1.5m 或基础宽度大于 3m 时，土质地基承载力设计值 f_d 按下式确定：

$$f_d = \frac{1}{\gamma_{uk}} f_{uk} + \frac{1}{\gamma_b} \eta_b \gamma_1 (b-3) + \frac{1}{\gamma_d} \eta_d \gamma_2 (d-1.5) \tag{4.7}$$

式中　f_d——地基承载力设计值；

f_{uk}——地基极限承载力标准值；

γ_{uk}——地基极限承载力标准值分项系数，取 1.75；

γ_b、γ_d——深度、宽度分项修正系数，取 1.1；

η_b、η_d——基础宽度和埋深的地基承载力修正系数，按表 4.24 取值；

γ_1——基础底面以下地基持力层土的重度，地下水位以下取有效重度；

γ_2——基础底面以上各土层土体按厚度的加权平均重度，地下水位以下取有效重度；

b——基础底面短边边长，小于 3m 按 3m 取值，大于 6m 按 6m 取值；

d——基础埋置深度，小于 1.5m 的取 1.5m。

表 4.24　　　　　　　　　　地基承载力的宽度和深度修正系数

土 的 类 别	η_b	η_d
淤泥和淤泥质土 素填土 e 或 I_L 大于 0.85 的黏性土 稍密的粉土 饱和及很湿的粉砂、细砂（稍密、松散）	0	1.0
e 或 I_L 均小于 0.85 的黏性土	0.3	1.6
中密或密实的粉土	0.5	2.2
中密、密实的粉砂、细砂	2.0	3.0
中砂、粗砂、圆砾、卵石	3.0	4.4

注　强风化岩石可参照风化所成的相应土类取值。

（4）基础埋置深度 d 值的确定应符合下列规定：

1）对于一般基础（包括箱型基础和筏型基础）自室外地面标高算起，若填土在上部结构施工后完成时，应从天然地面标高算起。

2）对采用条形基础或独立基础的地下室，当基础中心距不大于 $4b$ 时，基础埋深可按以下规定计算：

外墙基础埋置深度 d_{ext}（m）

$$d_{ext} = 0.3d_1 + 0.7d_3 \tag{4.8}$$

与外墙相邻的内墙基础埋置深度 d_{int} （m）

$$卵石地基\ d_{int}=0.2d_1+0.8d_2 \quad d_{int}\ 不得小于\ d_2 \tag{4.9}$$

砂土、黏性土、新近沉积土及人工填土 $\quad d_{int}=d_2$ (4.10)

式中 d_1——外墙基础与室外的高差；

d_2——内墙基础与地下室地面的高差；

d_3——外墙基础与地下室地面的高差。

4.1.2.6　地基沉降计算

为了保证建筑物的安全稳定，地基设计出了进行地基承载力计算外，还应根据规范要求进行地基变形验算。

1. 需验算地基变形的建筑物范围

根据建筑物地基基础设计等级及长期荷载作用下地基变形对上部结构的影响程度，需验算地基变形建筑物应符合下列规定：

（1）设计等级为甲级、乙级的建筑物，均应按地基变形设计。

（2）表 4.25 所列范围内设计等级为丙级的建筑物可不作变形验算，如有下列情况之一时，仍应作变形验算：地基承载力特征值小于 130kPa，且体型复杂的建筑；在基础上及其附近有地面堆载或相邻基础荷载差异较大，可能引起地基产生过大的不均匀沉降时；软弱地基上的建筑物存在偏心荷载时；相邻建筑距离过近，可能发生倾斜时；地基内有厚度较大或厚薄不均的填土，其自重固结未完成时。

表 4.25　可不作地基变形设计等级为丙级的建筑物范围

地基主要受力层情况	地基承载力特征值 f_{ak}/kPa			$60\leqslant f_{ak}$ <80	$80\leqslant f_{ak}$ <100	$100\leqslant f_{ak}$ <130	$130\leqslant f_{ak}$ <160	$160\leqslant f_{ak}$ <200	$200\leqslant f_{ak}$ <300
建筑类型	各土层坡度/%			$\leqslant 5$	$\leqslant 5$	$\leqslant 10$	$\leqslant 10$	$\leqslant 10$	$\leqslant 10$
	砌体承重结构、框架结构/层数			$\leqslant 5$	$\leqslant 5$	$\leqslant 5$	$\leqslant 6$	$\leqslant 6$	$\leqslant 7$
	单层排架结构 （6m柱距）	单跨	吊车额定起重量/t	5～10	10～15	15～20	20～30	30～50	50～100
			厂房跨度/m	$\leqslant 12$	$\leqslant 18$	$\leqslant 24$	$\leqslant 30$	$\leqslant 30$	$\leqslant 30$
		多跨	吊车额定起重量/t	3～5	5～10	10～15	15～20	20～30	30～75
			厂房跨度/m	$\leqslant 12$	$\leqslant 18$	$\leqslant 24$	$\leqslant 30$	$\leqslant 30$	$\leqslant 30$
	烟囱		高度/m	$\leqslant 30$	$\leqslant 40$	$\leqslant 50$	$\leqslant 75$		$\leqslant 100$
	水塔		高度/m	$\leqslant 15$	$\leqslant 15$	$\leqslant 30$	$\leqslant 30$		30
			容积/m³	$\leqslant 50$	50～ 100	100～ 200	200～ 300	300～ 500	500～ 1000

注 地基主要受力层系指条形基础底面下深度为 $3b$（b 为基础底面宽度），独立基础下为 $1.5b$，且厚度均不小于 5m 的范围（二层以下一般的民用建筑除外）。

（3）对经常受水平荷载作用的高层建筑、高耸结构和挡土墙等，以及建造在斜坡上或边坡附近的建筑物和构筑物，尚应验算其稳定性。

（4）基坑工程应进行稳定性验算。

（5）当地下水埋藏较浅，建筑地下室或地下构筑物存在上浮问题时，尚应进行抗浮验算。

2. 建筑物地基变形允许值

沉降计算的目的是为了预测建筑物建成后基础的沉降量（包括差异沉降）是否超过建筑物安全和正常使用所规定的地基变形允许值。在《建筑地基基础设计规范》（GB 50007—2002）中规定：为保证建筑物的正常使用，必须使建筑物的地基变形值不大于地基变形允许值。要求地基的变形值在允许的范围内。建筑物地基变形允许值见表 4.26。

表 4.26   建筑物地基变形允许值

变 形 特 征		地基土类别	
		中、低压缩性土	高压缩性土
砌体承重结构基础的局部倾斜		0.002	0.003
工业与民用建筑相邻柱基的沉降差	框架结构	$0.002l$	$0.003l$
	砌体墙填充的边排柱	$0.0007l$	$0.001l$
	当基础不均匀沉降时不产生附加应力的结构	$0.005l$	$0.005l$
单层排架结构（柱距为 6m）柱基的沉降量/mm		(120)	200
桥式吊车轨面的倾斜（按不调整轨道考虑）	纵向	0.004	
	横向	0.003	
多层和高层建筑的整体倾斜	$H_g\leqslant24$	0.004	
	$24<H_g\leqslant60$	0.003	
	$60<H_g\leqslant100$	0.0025	
	$H_g>100$	0.002	
本型简单的高层建筑基础的平均沉降量/mm		200	
高耸结构基础的倾斜	$H_g\leqslant20$	0.008	
	$20<H_g\leqslant50$	0.006	
	$50<H_g\leqslant100$	0.005	
	$100<H_g\leqslant150$	0.004	
	$150<H_g\leqslant200$	0.003	
	$200<H_g\leqslant250$	0.002	
高耸结构基础的沉降/mm	$H_g\leqslant100$	400	
	$100<H_g\leqslant200$	300	
	$200<H_g\leqslant250$	200	

注 1. 本表数值为建筑物地基实际最终变形允许值。
　　2. 有括号者仅适用于中压缩性土。
　　3. l 为相邻柱基的中心距离（mm），H_g 为自室外地面起算的建筑物高度（m）。
　　4. 倾斜指基础倾斜方向两端点的沉降差与其距离的比值。
　　5. 局部倾斜指砌体承重结构纵向 6～10m 内基础两点的沉降差与其距离的比值。

4.1.3 桩基础勘察要点

1. 桩基岩土工程勘察内容

（1）查明场地各层岩土的类型、深度、分布、工程特性和变化规律。

（2）当采用基岩作为桩的持力层时，应查明基岩的岩性、构造、岩面变化、风化程度，确定其坚硬程度、完整程度和基本质量等级，判定有无洞穴、临空面、破碎岩体或软弱岩层。

（3）查明水文地质条件，评价地下水对桩基设计和施工的影响，判定水质对建筑材料的腐蚀性。

（4）查明不良地质作用，可液化土层和特殊性岩土的分布及其对桩基的危害程度，并提出防治措施的建议。

（5）评价成桩可能性，论证桩的施工条件及其对环境的影响。

2. 桩基岩土工程勘察要求

（1）土质地基勘探点间距规定：①对端承桩宜为 $12\sim24m$，相邻勘探孔揭露的持力层层面高差宜控制为 $1\sim2m$；②对摩擦桩宜为 $20\sim35m$，当地层条件复杂，影响成桩或设计有特殊要求时，勘探点应适当加密；③复杂地基的一柱一桩工程，宜每柱设置勘探点。

（2）勘探孔的深度规定：①一般性勘探孔的深度应达到预计桩长以下 $(3\sim5)d$（d 为桩径），且不得小于 $3m$，对大直径桩，不得小于 $5m$；②控制性勘探孔深度应满足下卧层验算要求，对需验算沉降的桩基，应超过地基变形计算深度，控制性钻孔数量应不少于勘探孔总数的 $1/3$；③钻至预计深度遇软弱层时，应予加深，在预计勘探孔深度内遇稳定坚实岩土时，可适当减小；④对嵌岩桩，应钻入预计嵌岩面以下 $(3\sim5)d$，并穿过溶洞、破碎带、到达稳定地层；⑤对可能有多种桩长方案时，应根据最长桩方案确定。

（3）桩基岩土工程勘察宜采用钻探和触探以及其他原位测试相结合的方式进行，对软土、黏性土、粉土和砂土的测试手段，宜采用静力触探和标准贯入试验；对碎石土宜采用重型或超重型圆锥动力触探。

（4）岩土室内试验要求：①当需估算桩的侧阻力、端阻力和验算下卧层强度时，宜进行三轴剪切试验或无侧限抗压强度试验，三轴剪切试验的受力条件应模拟工程的实际情况；②对需估算沉降的桩基工程，应进行压缩试验，试验最大压力应大于上覆自重压力与附加压力之和，桩端以下的压缩模量取值应采用实际压力段下的压缩模量；③当桩端持力层为基岩时，应采取岩样进行饱和单轴抗压强度试验，必要时尚应进行软化试验，对软岩和极软岩，可进行天然湿度的单轴抗压强度试验；对无法取样的破碎和极破碎的岩石，宜进行原位测试。

（5）单桩竖向和水平承载力，应根据工程等级、岩土性质和原位测试成果并结合当地经验确定。对地基基础设计等级为甲级的建筑物和缺乏经验的地区，应建议作静载荷试验，试验数量不宜少于工程桩数的 1%，且每个场地不少于 3 个。对承受较大水平荷载的桩，应建议进行桩的水平载荷试验；对承受上拔力的桩，应建议进行抗拔试验。

（6）对需要进行沉降计算的桩基工程，应提供计算所需的各层岩土的变形参数，并宜根据任务要求，进行沉降估算。

（7）桩基工程的岩土工程勘察报告除应符合岩土工程工程勘察报告的一般要求，并按上述第（5）、（6）条提供承载力和变形参数外，尚应包括以下内容：①提供可选的装机类型和桩端持力层，提出桩长和桩径方案的建议；②当有软弱下卧层时，岩石软弱下卧层强度；③对欠固结土和有大面积堆载的工程，应分析桩分析桩侧产生负摩阻力的可能性及其对桩基承载力的影响，并提供负摩阻力系数和减少负摩阻力措施的建议；④分析成桩可能性，成桩和挤土效应的影响，并提出保护措施的建议；⑤持力层为倾斜地层，基岩面凸凹不平或岩土中有洞穴时，应评价桩的稳定性，并提出处理措施的建议。

4.1.4 基坑工程勘察要点

本节主要适用于土质基坑的勘察，对岩质基坑，应根据场地的地质构造、岩体特征、风化情况、基坑开挖深度等，按当地标准或当地经验进行勘察。

1. 勘察内容

需进行基坑设计的工程，勘察时应包括基坑工程勘察的内容。在初步勘察阶段，应根据岩土工程条件，初步判定开挖可能发生的问题和需要采取的支护措施；在详细勘察阶段，应针对基坑工程设计的要求进行勘察；在施工阶段，必要时尚应进行补充勘察。

2. 勘察要求

基坑工程勘察的范围和深度应根据场地条件和设计要求确定。勘察深度宜为开挖深度的2～3倍，在此深度内遇到坚硬黏性土、碎石土和岩层，可根据岩土类别和支护设计要求减少深度。勘察的平面范围宜超出开挖边界外开挖深度的2～3倍。在深厚软土区，勘察深度和范围尚应适当扩大。在开挖边界外，勘察手段以调查研究、搜集已有资料为主，复杂场地和斜坡场地应布置适量的勘探点。

在受基坑开挖影响和可能设置支护结构的范围内，应查明岩土分布，分层提供支护设计所需的抗剪强度指标。土的抗剪强度试验方法，应与基坑工程设计要求一致，符合设计采用的标准，并应在勘察报告中说明。

当场地水文地质条件复杂，在基坑开挖过程中需要对地下水进行治理（降水或隔渗）时，应进行专门的水文地质勘察。

当基坑开挖可能产生流沙、流土、管涌等渗透性破坏时，应有针对性地进行勘察，分析评价其产生的可能性及对工程的影响。当基坑开挖过程中有渗流时，地下水的渗流作用宜通过渗流计算确定。

基坑工程勘察，应进行环境状况的调查，查明邻近建筑物和地下设施的现状、结构特点以及对开挖变形的承受能力。在城市地下管网密集分布区，可通过地理信息系统或其他档案资料了解管线的类别、平面位置、埋深和规模，必要时应采用有效方法进行地下管线探测。

在特殊性岩土分布区进行基坑工程勘察时，可根据特殊性岩土的勘察要求进行勘察，对软土的蠕变和长期强度，软岩和极软岩的失水崩解，膨胀土的膨胀性和裂隙性以及非饱和土增湿软化等对基坑影响进行分析评价。

基坑工程勘察，应根据开挖深度、岩土和地下水条件以及环境要求，对基坑边坡的处理方式提出建议。

基坑工程勘察应针对以下内容进行分析，提供有关计算参数和建议：①边坡的局部稳定性、整体稳定性和坑底抗隆起稳定性；②坑底和侧壁的渗透稳定性；③挡土结构和边坡可能发生的变形；④降水效果和降水对环境的影响；⑤开挖和降水对邻近建筑物和地下设施的影响。

岩土工程勘察报告中与基坑工程有关的部分应包括下列内容：①与基坑开挖有关的场地条件、土质条件和工程条件；②提出处理方式、计算参数和支护结构选型的建议；③提出地下水控制方法、计算参数和施工控制的建议；④提出施工方法和施工中可能遇到的问题的防治措施的建议；⑤对施工阶段的环境保护和监测工作的建议。

4.1.5 建筑场地地下水的勘察要求

在工程建设中，地下水的存在与否对建筑工程的安全和稳定有很大影响。例如，地下水的静水压力对岩土体产生浮托作用，降低岩土体的有效重量；在地下水的动水压力下，土中的细小颗粒被冲刷带走，破坏土体结构；地下水对建筑材料的腐蚀性等都会影响工程建设。因此在岩土工程勘察时，应提供场地地下水的完整资料，评价地下水的作用和影响，提出合理建议。建筑场地地下水勘察应符合下列要求。

（1）岩土工程勘察应根据工程要求，通过搜集资料和勘察工作，掌握下列水文地质条件：

1）地下水的类型和赋存状态。

2）主要含水层的分布规律。

3）区域性气候资料。如年降水量、蒸发量及其变化和对地下水位的影响。

4）地下水的补给排泄条件、地表水与地下水的补排关系及其对地下水位的影响。

5）勘察时的地下水位、历史最高地下水位、近3～5年最高地下水位、水位变化趋势和主要影响因素。

6）是否存在对地下水和地表水的污染源及其可能的污染程度。

（2）对缺乏常年地下水位监测资料的地区，在高层建筑或重大工程的初步勘察时，宜设置长期观测孔，对有关层位的地下水进行长期观测。

（3）对高层建筑或重大工程，当水文地质条件对地基评价、基础抗浮和工程降水重大影响时，宜进行专门的水文地质勘察。

（4）专门的水文地质勘察应符合下列要求：

1）查明含水层和隔水层的埋藏条件，地下水类型、流向、水位及其变化幅度，当场地有多层对工程有影响的地下水时，应分层量测地下水位，并说明相互之间的补给关系。

2）查明场地地质条件对地下水赋存和渗流状态的影响；必要时应设置观测孔，或在不同深度处理设孔隙水压力计，量测压力水头随深度的变化。

3）通过现场试验，测定地层渗透系数等水文地质参数。

【实例 4.1】 郑州东区某高层建筑勘察中有关地下水方面的描述与评价内容

1. 地下水类型、埋深及变幅

场地地下水类型为潜水和微承压水，潜水含水层岩性为第②～⑦层粉土，微承压水含水层岩性为第⑨层粉砂和第⑩层中砂，其补给来源主要为大气降水，主要消耗于蒸发及径流排泄。勘察期间潜水地下水位埋深2.8～3.1m，承压水水位埋深6.6～7.0m，承压水埋藏较深，可能是邻近基坑抽水影响所致。地下水年变幅2.0～3.0m左右。近3～5年潜水最高水位为2.0m左右，承压水最高水位1.5～2.0m左右，历史最高水位约为1.0m左右。建筑场地抗浮设防水位按1.0m考虑。

2. 水质分析结果

为了评价地下水对建筑材料的腐蚀性，本次岩土工程勘察取两组水样进行水质分析，分析结果见表4.27、表4.28。

表 4.27　　　　　　　　　　　　**9 号孔水样水质分析结果表**

分析项目	含量/(mg/L)	分析项目	含量/(mg/L)
$K^+ + Na^+$	218.50	总硬度	270.70
Ca^{2+}	62.93	总碱度	500.33
Mg^{2+}	27.60	固形物	831.34
Cl^-	52.47	侵蚀 CO_2	0.00
SO_4^{2-}	164.74	pH 值	7.3
HCO_3^-	610.20		

表 4.28　　　　　　　　　　　　**19 号孔水样水质分析结果表**

分析项目	含量/(mg/L)	分析项目	含量/(mg/L)
$K^+ + Na^+$	247.25	总硬度	333.47
Ca^{2+}	54.91	总碱度	473.14
Mg^{2+}	47.67	固形物	987.20
Cl^-	93.23	侵蚀 CO_2	0.00
SO_4^{2-}	255.52	pH 值	7.3
HCO_3^-	577.25		

3. 地下水作用评价

（1）地下水浮力估算。根据本场地的水文地质条件，从最不利因素考虑，近 3~5 年最高水位为 2.0m 左右，历史最高水位约为 1.0m 左右，抗浮设防水位按 1.0m 考虑。而预估基坑开挖深度为 9.0m，则拟建建筑物基础底面单位面积所承受最大浮力为 $80kN/m^2$。

（2）地下水潜蚀的可能性评价。潜蚀作用是指在施工降水等过程中产生水头差，在动水压力作用下，细颗粒受到冲击，造成土结构破坏的现象。拟建建筑物基坑开挖深度为 9.0m，基坑降水至 10.0m 深度内主要为第②~⑤层粉土，当不考虑支护结构时，粉土产生潜蚀的临界水力坡度 I_{cr1} 为 1.138~1.163。

4.1.6　房屋建筑与构筑物勘察报告内容

（1）初步勘察报告应满足高层建筑初步设计的要求，对拟建场地的稳定性和建筑适宜性作出明确结论，为合理确定高层建筑总平面布置，选择地基基础结构类型，防治不良地质作用提供依据。

（2）详细勘察报告应满足施工图设计要求，为高层建筑地基基础设计、地基处理、基坑工程、基础施工方案及降水截水方案的确定等提供岩土工程资料，并应作出相应的分析和评价。

（3）对高层建筑岩土工程勘察详细勘察阶段报告，除应满足一般建筑详细勘察报告的基本要求外，尚应包括下列主要内容：

1）高层建筑的建筑、结构及荷载特点，地下室层数、基础埋深及形式等情况。

2）场地和地基的稳定性、不良地质作用、特殊性岩土和地震效应评价。

3）采用天然地基的可能性，地基均匀性评价。

4）复合地基和桩基的桩型和桩端持力层选择的建议。

5）地基变形特征预测。

6）地下水和地下室抗浮评价。

（4）对高层建筑建设中遇到的下列特殊岩土工程问题，应根据专门岩土工程工作或分析研究，提出专题咨询报告。

1）场地范围内或附近存在性质或规模尚不明的活动断裂及地裂缝、滑坡、高边坡、地下采空区等不良地质作用的工程。

2）水文地质条件复杂或环境特殊，需现场进行专门水文地质试验，以确定水文地质参数的工程；或需进行专门的施工降水、截水设计，并需分析研究降水、截水对建筑本身及邻近建筑和设施影响的工程。

3）对地下水防护有特殊要求，需进行专门的地下水动态分析研究，并需进行地下室抗浮设计的工程。

4）建筑结构特殊或对差异沉降有特殊要求，需进行专门的上部结构、地基与基础共同作用分析计算与评价的工程。

5）根据工程要求，需对地基基础方案进行优化、比选分析论证的工程。

6）抗震设计所需的时程分析评价。

7）有关工程设计重要参数的最终检测、核定等。

【实例 4.2】　郑州西区某高层建筑采用挖孔桩基础处理方案的分析论证

根据拟建商务酒店的建筑特点（主楼 19 层）和场地地质条件，适合本场地的地基基础方案为挖孔桩地基方案。

1. 挖孔桩桩端持力层选择

根据场地条件，桩端持力层可选用第⑦层硬塑状态粉质黏土，该层分布稳定，层底标高 176.61～177.95m，层底深度 19.7～21.3m，层厚 3.0～4.6m，平均厚度 3.68m，承载力较高，中等压缩性，是较好的桩端持力层。

2. 挖孔桩桩基设计参数

按照 JGJ 94—94 规范给出各层土的桩极限侧阻力标准值 q_{sik}、极限端阻力标准值 q_{pk}，详见表 4.29。

表 4.29　　　　　　　　　　挖孔桩桩基设计参数一览表

层　　号	③	④	⑤	⑥	⑦
桩极限侧阻力标准值/kPa	35	40	36	55	60
桩极限端阻力标准值/kPa					1800

3. 挖孔桩桩基承载力验算

以 31 号孔为例进行桩基承载力验算，按照 JGJ 94—94 选择桩径 600mm，按梅花形、正方形布设条件下分别估算其单桩竖向极限承载力标准值、复合基桩竖向承载力设计值和桩顶轴向压力设计值，计算结果见表 4.30。

4. 桩基沉降计算

由于甲方未提供上部荷载，请设计部门根据具体的荷载情况进行桩基沉降验算。所选用的 E_s 值见表 4.31。

表 4.30   挖孔桩单桩承载力验算表

基底埋深/m	8.0	
基底平均压力设计值/kPa	325.0	
桩径/m	0.6	
布桩形式	梅花形	正方形
桩入土深度/m	17.5	17.5
有效桩长/m	14.4	14.4
桩间距/m	1.8	1.8
持力层号	⑦	
单桩竖向极限承载力标准值 Q_{uk}/kN	1591.6	1591.6
单桩竖向承载力设计值 R/kN	953.1	953.1
桩顶轴向压力设计值 N/kN	911.9	1053.0
验算结果（N与R比较）	$N<R$（满足）	$N>R$（不满足）

表 4.31   沉降量计算所选用的压缩量值一览表

层 号	③	④	⑤	⑥	⑦	⑧	⑨	⑩
压缩模量 E_s/MPa	15.6	24.0	22.0	13.0	19.5	23.1	23.1	28.9

5. 设计注意事项

（1）设计时选择的桩体强度应满足设计要求。

（2）具体设计时，复合地基承载力特征值应经过静载荷试验确定。

（3）由于以上荷载均为估算，请设计单位根据各建筑物实际荷载情况，结合有关参数进行复核。

【实例4.3】 郑州东区某高层建筑采用天然地基筏板基础可行性分析

1. 上部荷载

根据设计单位提供的荷载，1号、2号、3号、5号、9号、10号楼地上30层，地下2层，筏基平均荷重530kPa，4号、6号、7号楼地上32层，地下2层，筏基平均荷重560kPa，8号楼，地上31层，地下2层，筏基平均荷重545kPa，24号楼地上26层，地下2层，筏基平均荷重470kPa。详见表4.32。

表 4.32   各建筑物估算荷载一览表

工程名称	1号、2号、3号、5号、9号、10号楼	4号、6号、7号楼	8号楼	24号楼
建筑物层数	30层	32层	31层	26层
建筑物高度/m	100.0	100.0	100.0	
地下室层数	2层	2层	2层	2层
基础埋深/m	11.0	11.0	11.0	11.0
基底标高/m	80.42	80.42	80.42	80.42
基底压力/（kN/m²）	530	560	545	470

2. 地基土均匀性评价

根据《高层建筑岩土工程勘察规程》（JGJ 72—2004）第 8.2.4 条，评价地基土均匀性，评价结果详见表 4.33。

表 4.33　　　　　　　　　　　　　地基土的均匀性评价结果表

建筑物名称		1～3号楼	4号楼	5号楼	6号楼	7号楼	8号楼	9～10号楼	24号楼
层数		30层	32层	30层	32层	32层	31层	30层	26层
基础埋深/m		11.0	11.0	11.0	11.0	11.0	11.0	11.0	11.0
基底标高/m		81.02	81.02	81.02	81.02	81.02	81.02	81.02	81.02
是否跨地貌（或工程地质）单元		否	否	否	否	否	否	否	否
持力层		④层局部⑤层	④	④层局部⑤层	④	④	④	④层局部⑤层	④层局部⑤层
持力层坡度	持力层坡度	<10%	<10%	<10%	<10%	<10%	<10%	<10%	<10%
	判别结果	满足	满足	满足	满足	满足	满足	满足	满足
持力层与第一下卧层厚度之和在基础宽度方面之差	0.05b	1.5	1.5	1.5	1.3	1.5	1.5	1.5	1.4
	最大厚度差	<1.5	<1.5	<1.5	<1.3	<1.5	<1.5	<1.5	<1.4
	判别结果	满足	满足	满足	满足	满足	满足	满足	满足
压缩模量判别	E_{smax}/E_{smin}	1.03	1.05	1.07	1.02	1.04	1.04	1.02	1.03
	K	1.5	1.5	1.5	1.5	1.5	1.5	1.5	1.5
	判别结果	满足	满足	满足	满足	满足	满足	满足	满足
综合评价结果		均匀	均匀	均匀	均匀	均匀	均匀	均匀	均匀

根据表 4.33，拟建 1～10 号楼及 24 号楼地基属均匀地基。

3. 天然地基持力层强度验算

按照 GB 50007—2002 规范第 5.2.4、5.2.5 条对天然地基持力层强度进行验算，验算结果见表 4.34。

表 4.34　　　　　　　　　　　　　持力层强度验算表

建筑物名称		1号、2号、3号、5号、9号、10号楼	4号、6号、7号楼	8号楼	24号楼
建筑物层数		30层	32层	31层	26层
持力层	层号	④局部⑤	④	④	④局部⑤
	持力层承载力特征值/kPa	110	110	110	110
基底平均压力 P_k/kPa		530	560	545	470
不同计算方法求得的 f_a/kPa	①	122.0	122.0	122.0	122.0
	②	165.0	165.0	165.0	165.0
	③	190.7	190.7	190.7	190.7

建　筑　物　名　称			1号、2号、3号、5号、9号、10号楼	4号、6号7号楼	8号楼	24号楼
第④层修正系数：$\eta_b=0$ $\eta_d=1.0$	$\Phi_k=22°$时：$M_b=0.61$ $M_d=3.44$ $M_c=6.04$	$\gamma/(kN/m^3)$	10	10	10	10
		$\gamma_m/(kN/m^3)$	12	12	12	12
		C_k/kPa	11	11	11	11
		$\phi_k/(°)$	22	22	22	22
		b/m	取6.0	取6.0	取6.0	取6.0
		d/m	取1.5	取1.5	取1.5	取1.5
验算结果			不满足	不满足	不满足	不满足

注　1. 深度修正公式：$f_a=f_{ak}+\eta_b\cdot\gamma(b-3)+\eta_d\cdot\gamma_m(d-0.5)$
　　2. 理论计算公式：$f_a=M_b\cdot\gamma\cdot b+M_d\cdot\gamma_m\times d+M_c\cdot C_k$
　　3. JGJ 72—2004 附录 A：$f_u=1/2N_r\xi_r b\gamma+N_q\xi_q\gamma_0 d+N_c\xi_C C_k$
　　　$\varphi_k=22.0$ 时，$N_C=16.88$，$N_q=7.82$，$N_\gamma=7.13$，$\xi_r=0.94$，$\xi_q=1.061$，$\xi_c=1.069$，$C_k=11.0$。

根据表4.34的计算结果，上述高层建筑均不能采用天然地基筏板基础。

说明：（1）若能满足，还需要进行软弱下卧层验算。还有变形验算。

（2）若天然地基持力层强度软弱下卧层验算和变形验算均能满足设计要求，必要时应建议进行载荷试验以进一步分析论证采用天然地基筏板基础的可能性。

（3）必须提醒设计单位：以上计算结果是在假定荷载下的对持力层承载力和变形的估算结果，请设计单位复核确定。

（4）对重要建筑物，当缺乏地区经验时，应建议业主单位组织有关部门邀请专家论证。

【实例 4.4】　成都地区某房建岩土工程详勘目录

任务 4.2　地基处理工程岩土工程勘察

4.2.1　地基处理工程勘察的要求

地基处理的岩土工程勘察应满足下列要求：

(1) 针对可能采用的地基处理方案，提供地基处理设计和施工所需的岩土特性参数。

(2) 预测所选地基处理方法对环境和邻近建筑物的影响。

(3) 提出地基处理方案的建议。

(4) 当场地条件复杂且缺乏成功经验时，应在施工现场对拟选方案进行试验或对比试验，检验方案的设计参数和处理效果。

(5) 在地基处理施工期间，应进行施工质量和施工对周围环境和邻近工程设施影响的监测。

4.2.2　不同地基处理方法的岩土工程勘察内容

1. 换填垫层法的岩土工程勘察内容

(1) 查明待换填的不良土层的分布范围和埋深。

(2) 测定换填材料的最优含水率、最大干密度。

(3) 评定垫层以下软弱下卧层的承载力和抗滑稳定性，估算建筑物的沉降。

(4) 评定换填材料对地下水的环境影响。

(5) 对换填施工过程应注意的事项提出建议。

(6) 对换填垫层的质量进行检验或现场试验。

2. 预压法的岩土工程勘察内容

(1) 查明土的成层条件，水平和垂直方向的分布，排水层和夹砂层的埋深和厚度，地下水的补给和排泄条件等。

(2) 提供待处理软土的先期固结压力、压缩性参数、固结特性参数和抗剪强度指标、软土在预压过程中强度的增长规律。

(3) 预估预压荷载的分级和大小、加荷速率、预压时间、强度可能的增长和可能的沉降。

(4) 对重要工程，建议选择代表性试验区进行预压试验；采用室内试验、原位测试、变形和孔压的现场监测等手段，推算软土的固结系数、固结度与时间的关系和最终沉降量，为预压处理的设计施工提供可靠依据。

(5) 检验预压处理效果，必要时进行现场载荷试验。

3. 强夯法的岩土工程勘察内容

(1) 查明强夯影响深度范围内土层的组成、分布、强度、压缩性、透水性和地下水条件。

(2) 查明施工场地和周围受影响范围内的地下管线和构筑物的位置、标高；查明有无对振动敏感的设施，是否需在强夯施工期间进行监测。

(3) 根据强夯设计，选择代表性试验区进行试夯，采用室内试验、原位测试、现场监测等手段，查明强夯的有效加固深度，夯击能量、夯击遍数与夯沉量的关系，夯坑周围地面的振动和地面隆起，土中孔隙水压力的增长和消散规律。

4. 桩土复合地基的岩土工程勘察内容

（1）查明暗塘、暗浜、暗沟、洞穴等的分布和埋深。

（2）查明土的组成、分布和物理力学性质，软弱土的厚度和埋深，可作为桩基持力层的相对硬层的埋深。

（3）预估成桩施工的可能性（有无地下障碍、地下洞穴、地下管线、电缆等）和成桩工艺对周围土体、邻近建筑、工程设施和环境的影响（噪声、振动、侧向挤土、地面沉陷或隆起等），桩体与水土间的相互作用（地下水对桩材的腐蚀性，桩材对周围水土环境的污染等）。

（4）评定桩间土承载力，预估单桩承载力和复合地基承载力。

（5）评定桩间土、桩身、复合地基、桩端以下变形计算深度范围内土层的压缩性，任务需要时估算复合地基的沉降量。

（6）对需验算复合地基稳定性的工程，提供桩间土、桩身的抗剪强度。

（7）任务需要时应根据桩土复合地基的设计，进行桩间土、单桩和复合地基载荷试验，检验复合地基承载力。

5. 注浆法的岩土工程勘察内容

（1）查明土的级配、孔隙性或岩石的裂隙宽度和分布规律，岩土渗透性，地下水埋深、流向和流速，岩土的化学成分和有机质含量；岩土的渗透性宜通过现场试验测定。

（2）根据岩土性质和工程要求选择浆液和注浆方法（渗透注浆、劈裂注浆、压密注浆等），根据地区经验或通过现场试验确定浆液浓度、黏度、压力、凝结时间、有效加固半径或范围，评定加固后地基的承载力、压缩性、稳定性或抗渗性。

（3）在加固施工过程中对地面、既有建筑物和地下管线等进行跟踪变形观测，以控制灌注顺序、注浆压力、注浆速率等。

（4）通过开挖、室内试验、动力触探或其他原位测试，对注浆加固效果进行检验。

（5）注浆加固后，应对建筑物或构筑物进行沉降观测，直至沉降稳定为止，观测时间不宜少于半年。

4.2.3　地基处理工程勘察报告内容

除应包含岩土工程勘察报告基本内容要求外，还要包含地基处理方式的选择，以及勘察结果。复合地基方案应根据高层建筑特征及场地条件建议一种或几种复合地基加固方案，并分析确定加固深度或桩端持力层。应提供复合地基承载力及变形分析计算所需的岩土参数，条件具备时，应分析评价复合地基承载力及复合地基的变形特征。

【实例 4.5】　开封某场地多层建筑采用水泥土搅拌桩复合地基和郑州东区某小高层建筑采用高压旋喷桩和 CFG 桩复合地基处理方案的分析论证

1　开封某场地多层建筑采用水泥土搅拌桩复合地基

根据拟建建筑物的特点（6F，基础埋深 1.5m）和场地地质条件，结合开封地区类似工程中的经验，本工程的地基处理可采用水泥土搅拌桩复合地基。

1. 水泥土搅拌桩复合地基持力层选择

根据场地条件，本工程 1～7 号楼均可选用第⑧层中等压缩性粉土作为桩端持力层，场地内该层分布稳定，层顶深度12.3～13.6m，层底埋深15.0～16.4m，层厚2.1～3.6m，平均厚度2.8m，厚度较大，承载力相对较高，压缩性相对较低，是比较理想的桩端持力层。水泥土搅拌桩复合地基桩端入土深度13～14.5m，有效桩长11.5～13.5m。

2.水泥土搅拌桩复合地基设计参数

根据《建筑地基处理技术规范》（JGJ 79—2002）第11.2.4条，结合场地质条件和郑州地区建筑经验，分别给出各层土的水泥土搅拌桩参数，见表4.35。

表4.35　　　　　　　　水泥土搅拌桩复合地基设计参数一览表

层号	②	③	④	⑤	⑥	⑦	⑧	⑨
桩周土侧阻力特征值/kPa	11	8	14	10	14	10	12	17
桩端未经修正的承载力特征值/kPa							120	200

3.水泥土搅拌桩单桩竖向承载力特征值估算

按JGJ 79—2002第11.2.4条式（11.2.4-1）、式（11.2.4-2）（采用两公式计算后取其小值）分别对1号楼（以1号孔地层为例）和2～7号楼（以33号孔地层为例）的单桩竖向承载力特征值进行估算，估算结果见表4.36。

表4.36　　　　　　　　单桩竖向承载力特征值估算结果一览表

拟建工程	1号楼		2～7号楼	
层数/层	6		6	
结构形式	1～2层框架，3～6层砖混结构		砖混结构	
复合地基类型	水泥土搅拌桩		水泥土搅拌桩	
持力层层号	⑧		⑧	
计算方法	式（11.2.4-1）	式（11.2.4-2）	式（11.2.4-1）	式（11.2.4-2）
基础埋深/m	1.5	1.5	1.5	1.5
桩径/mm	0.5	0.5	0.5	0.5
桩尖入土深度/m	13.2	13.2	13.5	13.5
有效桩长/m	11.7	11.7	12.0	12.0
计算的单桩承载力特征值 R_a/kN	213.5	118	216.3	118
确定的单桩承载力特征值 R_a/kN	118		118	

注　JGJ 79—2002第11.2.4条式（11.2.4-2）是按照桩身材料强度确定的单桩竖向承载力特征值，f_{cu}取值按2MPa。

4.复合地基承载力特征值估算

按JGJ 79—2002第11.2.3条对复合地基承载力特征值进行估算，见表4.37。

表4.37　　　　　　　　水泥土搅拌桩复合地基承载力验算表

工程名称	1号住宅楼	2～7号住宅楼
层数/层	6	6
基底压力平均值/kPa	114	116
基础埋深/m	1.5	1.5
有效桩长/m	11.7	12.0

工 程 名 称	1 号住宅楼		2～7 号住宅楼	
持力层层号	⑧		⑧	
桩径/mm	500		500	
桩中心距/m	1.0	1.2	1.0	1.2
布桩形式	梅花形	梅花形	梅花形	梅花形
单桩承载力特征值 R_a/kN	118	118	118	118
复合地基承载力特征值 f_{spk}/kPa	152.6	112.4	152.6	112.4
考虑水泥土强度，修正后的复合地基承载力特征值 f_a/kPa	152.6	112.4	152.6	112.4
验算结果	$P_k<f_a$ 满足	$P_k>f_a$ 不满足	$P_k<f_a$ 满足	$P_k>f_a$ 不满足

5. 变形验算

根据 GB 50007—2002 表 3.0.2，综合判定本场地 1～7 号楼地基属非均匀地基，需进行变形计算。由于上部荷载为估算值，请设计单位根据实际上部荷载情况进行验算。

6. 设计注意事项

(1) 由于本场地为中等液化场地，据 JGJ 79—2002 条文说明第 9.1.1 条，若采用 CFG 桩复合地基，应采取 CFG 桩与碎石桩相结合的多桩型复合地基，可消除液化。

(2) 以上计算仅以 1 号楼以 1 号孔地层为例，对于 2～7 号楼以 33 号孔地层为例估算，仅供设计时参考。

(3) 设计时应按照规范要求设置褥垫层。

(4) 具体设计时，复合地基承载力特征值应经过静载荷试验确定。

(5) 由于以上荷载均为估算，请设计单位根据各建筑物实际荷载情况，结合有关参数进行复核。

2 郑州东区某小高层建筑（12 层）采用高压旋喷桩和 CFG 桩复合地基处理方案

根据拟建 1 号、2 号、3 号、5 号住宅楼的建筑特点和场地地质条件，结合郑州地区类似工程中的成熟经验，适合本场地的地基加固处理方法为 CFG 桩和高压旋喷桩复合地基方案。

2.1　CFG 桩复合地基方案论证

1. CFG 桩桩端持力层选择

根据场地条件，桩端持力层可选用第⑩层密实中细砂，该层分布稳定，顶板标高 69.26～72.27m，层顶深度 20.0～23.5m，层底标高 89.24～61.74m，层底深度 29.4～33.1m，层厚 6.8～11.3m，平均厚度 9.1m，承载力较高，压缩性低，是理想的桩端持力层。

2. CFG 桩桩基设计参数

根据场地土的物理性质，按 JGJ 79—2002 第 9.2.6 条结合当地施工经验，分别给出各层土的 CFG 桩桩基设计参数，见表 4.38。

3. 单桩承载力估算

以 8 号孔为例，假定 CFG 桩桩径 400mm，进入持力层深度为 1.0m，则桩入土深度 23.5m，有效桩长 19.0m，按 JGJ 79—2002 第 9.2.6 条，计算出 CFG 桩单桩竖向承载力特征值为 660.5kN。

表 4.38　　　　　　　　　　　CFG 桩桩基设计参数一览表

层　号	③	④	⑤	⑥	⑦	⑧	⑨	⑩
桩极限侧阻力标准值/kPa	35	40	50	45	55	50	60	75
桩极限端阻力标准值/kPa								1100

4. 复合地基承载力特征值估算

按 JGJ 79—2002 规范第 3.0.4 条及第 9.2.5 条，采用不同桩间距进行计算。主要计算参数见表 4.39。

表 4.39　　　　　　　　　　　CFG 桩复合地基承载力验算表

地上层数/层	24		
预估基础埋深/m	4.5		
桩径/mm	400		
有效桩长/m	19.0		
桩端入土深度/m	23.5		
持力层层号	⑩		
桩中心距/m	1.2	1.4	1.6
布桩形式	梅花形	梅花形	梅花形
单桩承载力特征值 R_a/kN	631.7	631.7	631.7
复合地基承载力特征值 f_{spk}/kPa	571.1	437.7	353.7
修正后复合地基承载力特征值 f_a/kPa	591.1	457.7	373.7
基底压力平均值 P_k/kPa	448.0	448.0	448.0
验算结果	$P_k<f_a$，满足	$P_k<f_a$，满足	$P_k>f_a$，不满足

5. 变形验算

因上部荷载为估算值，具体荷载甲方尚未提供，变形验算请设计单位根据上部实际荷载进行计算。

6. 设计注意事项

（1）由于本场地为轻微液化场地，据 JGJ 79—2002 条文说明第 9.1.1 条，若采用 CFG 桩复合地基，应采取 CFG 桩与碎石桩相结合的多桩型复合地基，可消除液化。

（2）设计时应注意 CFG 桩桩体强度应满足设计要求。

（3）设计时应按照规范要求设置褥垫层。

（4）具体设计时，复合地基承载力特征值应经过静载荷试验确定。

（5）由于以上荷载均为估算，请设计单位根据各建筑物实际荷载情况，结合有关参数进行复核。

2.2　高压旋喷桩复合地基基础方案论证

1. 桩端持力层选择

根据场地条件，桩端持力层可选用第⑩层密实中细砂，该层分布稳定，顶板标高 69.26～72.27m，层顶深度 20.0～23.5m，层底标高 89.24～61.74m，层底深度 29.4～33.1m，层厚 6.8～11.3m，平均厚度 9.1m，承载力较高，压缩性低，是理想的桩端持力层。

2. 高压旋喷桩桩基设计参数

根据 JGJ 79—2002 第 12.2.3 条，结合场地地质条件和郑州地区建筑经验，分别给出各层土的高压旋喷桩设计参数，见表 4.40。

表 4.40　　　　　　　　　　　　高压旋喷桩桩基设计参数一览表

层　号	③	④	⑤	⑥	⑦	⑧	⑨	⑩
桩周土侧阻力特征值/kPa	18	20	25	23	28	25	30	30
桩端未经修正的承载力特征值/kPa								260

3. 单桩竖向承载力特征值估算

以 8 号孔为例，假定高压旋喷桩桩径 600mm，进入第⑦层持力层深度为 1.0m，则入土深度 23.5m，有效桩长为 19.0m；假定水泥土的无侧限抗压强度为 5.0MPa，按 JGJ 79—2002 第 12.2.3 条，根据高压旋喷桩的桩身强度和侧阻、端阻分别计算单桩竖向承载力特征值为 466.3kN 和 963.7kN，取其较小值，确定单桩竖向承载力特征值为 466.3kN。

4. 复合地基承载力特征值估算

按 JGJ 79—2002 第 12.2.2 条和第 3.0.4 条，选择不同布桩形式，不同桩间距分别估算复合地基承载力特征值，其复合地基主要计算参数见表 4.41。

表 4.41　　　　　　　　　　　　高压旋喷桩复合地基承载力验算表

层数/层	24		
基础埋深/m	4.5		
桩径/mm	600		
有效桩长/m	19.0		
桩尖入土深度/m	23.5		
持力层层号	⑩		
桩中心距/m	1.0	1.1	1.2
布桩形式	梅花形	梅花形	梅花形
单桩承载力特征值 R_a/kN	466.3	466.3	466.3
复合地基承载力特征值 f_{spk}/kPa	549.4	457.3	387.1
修正后的复合地基承载力特征值 f_a/kPa	549.4	457.3	387.1
基底压力平均值 P_k/kPa	448.0	448.0	448.0
验算结果	$P_k < f_a$，满足	$P_k < f_a$，满足	$P_k > f_a$，不满足

复合地基承载力特征值应经过静载荷试验确定。

5. 复合地基变形验算

根据 JGJ 79—2002 第 12.2.7 条规定对高压旋喷桩复合地基应进行变形验算。因上述荷载为估算值，具体荷载甲方尚未提供，变形验算请设计单位根据上部实际荷载进行计算。

6. 设计注意事项

（1）由于本场地为轻微液化场地，据 JGJ 79—2002 条文说明第 9.1.1 条，若采用 CFG 桩复合地基，应采取 CFG 桩与碎石桩相结合的多桩型复合地基，可消除液化。

（2）设计时应按照规范要求设置褥垫层。

（3）具体设计时，复合地基承载力特征值应经过静载荷试验确定。

（4）由于以上荷载均为估算，请设计单位根据各建筑物实际荷载情况，结合有关参数进行复核。

任务 4.3   地下洞室岩土工程勘察

地下洞室是指以岩土体为介质，在岩土体中用人工开挖或利用天然形成的地下空间。本工作任务主要讨论人工开挖的无压地下洞室的岩土工程勘察。

4.3.1   地下洞室勘察任务及各阶段勘察的手段和内容

1. 地下洞室的岩土工程勘察任务

（1）选择地质条件优越的洞址、洞位、洞口。

（2）进行洞室围岩分类和稳定性评价。

（3）提出设计、施工参数和支护结构方案的建议。

（4）提出洞室、洞口布置方案和施工方法的建议。

（5）对地面变形和既有建筑物的影响进行评价。

2. 可行性研究勘察

可行性研究勘察应通过搜集区域地质资料，现场踏勘和调查，了解拟选方案的地形地貌、地层岩性、地质构造、工程地质、水文地质和环境条件，作出可行性评价，选择合适的洞址和洞口。

3. 初步勘察

初步勘察应采用工程地质测绘、勘探和测试等方法，初步查明选定方案的地质条件和环境条件，初步确定岩体质量等级（围岩类别），对洞址和洞口的稳定性作出评价，为初步设计提供依据。

初步勘察时，工程地质测绘和调查应初步查明下列问题：

（1）地貌形态和成因类型。

（2）地层岩性、产状、厚度、风化程度。

（3）断裂和主要裂隙的性质、产状、充填、胶结、贯通及组合关系。

（4）不良地质作用的类型、规模和分布。

（5）地震地质背景。

（6）地应力的最大主应力作用方向。

（7）地下水类型、埋藏条件、补给、排泄和动态变化。

（8）地表水体的分布及其与地下水的关系，淤积物的特征。

（9）洞室穿越地面建筑物、地下构筑物、管道等既有工程时的相互影响。

4. 详细勘察

详细勘察应采用钻探、钻孔物探和测试为主的勘察方法，必要时可结合施工导洞布置洞探，详细查明洞址、洞口、洞室穿越线路的工程地质和水文地质条件，分段划分岩体质量等级（围岩类别），评价洞体和围岩的稳定性，为设计支护结构和确定施工方案提供资料。

详细勘察应进行下列工作：

（1）查明地层岩性及其分布，划分岩组和风化程度，进行岩石物理力学性质试验。

（2）查明断裂构造和破碎带的位置、规模、产状和力学属性，划分岩体结构类型。

（3）查明不良地质作用的类型、性质、分布，并提出防治措施的建议。

（4）查明主要含水层的分布、厚度、埋深，地下水的类型、水位、补给排泄条件，预测开挖期间出水状态、涌水量和水质的腐蚀性。

（5）城市地下洞室需降水施工时，应分段提出工程降水方案和有关参数。

（6）查明洞室所在位置及邻近地段的地面建筑和地下构筑物、管线状况，预测洞室开挖可能产生的影响，提出防护措施。

详细勘察可采用浅层地震勘探和孔间地震 CT 或孔间电磁波 CT 测试等方法，详细查明基岩埋深、岩石风化程度，隐伏体（如溶洞、破碎带等）的位置，在钻孔中进行弹性波波速测试，为确定岩体质量等级（围岩类别），评价岩体完整性，计算动力参数提供资料。

4.3.2　地下洞室勘察的要求

1. 初步勘察

勘探与测试应符合下列要求：

（1）采用浅层地震剖面法或其他有效方法圈定稳伏断裂、构造破碎带，查明基岩埋深、划分风化带。

（2）勘探点宜沿洞室外侧交叉布置，勘探点间距宜为 100～200m，采取试样和原位测试勘探孔不宜少于勘探孔总数的 2/3；控制性勘探孔深度，对岩体基本质量等级为Ⅰ级和Ⅱ级的岩体宜钻入洞底设计标高下 1～3m；对Ⅲ级岩体应钻入 3～5m，对Ⅳ级、Ⅴ级的岩体和土层，勘探孔深度应根据实际情况确定。

（3）每一主要岩层和土层均应采取试样，当有地下水时应采取水试样；当洞区存在有害气体或地温异常时，应进行有害气体成分、含量或地温测定；对高地应力地区，应进行地应力量测。

（4）必要时，可进行钻孔弹性波或声波测试，钻孔地震 CT 或钻孔电磁波 CT 测试。

（5）室内岩石试验和土工试验项目，应按岩土工程勘察室内试验的规定执行。

2. 详细勘察

勘探点宜在洞室中线外侧 6～8m 交叉布置，山区地下洞室按地质构造布置，且勘探点间距不应大于 50m；城市地下洞室的勘探点间距，岩土变化复杂的场地宜小于 25m，中等复杂的宜为 25～40m，简单的宜为 40～80m。

采集试样和原位测试勘探孔数量不应少于勘探孔总数的 1/2。

第四系中的控制性勘探孔深度应根据工程地质、水文地质条件、洞室埋深、防护设计等需要确定；一般性勘探孔可钻至基底设计标高下 6～10m。控制性勘探孔深度，与初步勘察控制性勘探孔深度确定方法相同。

室内试验和原位测试，除应满足初步勘察的要求外，对城市地下洞室尚应根据设计要求进行下列试验：

（1）采用承压板边长为 30cm 的载荷试验测求地基基床系数。

（2）采用面热源法或热线比较法进行热物理指标试验，计算热物理参数：导温系数、导热系数和比热容。

（3）当需提供动力参数时，可用压缩波波速 v_P 和剪切波波速 v_S 计算求得，必要时，可采用室内动力性质试验，提供动力参数。

3. 施工勘察

施工勘察应配合导洞或毛洞开挖进行，当发现与勘察资料有较大出入时，应提出修改设计和施工方案的建议。

地下洞室勘察，仅凭工程地质测绘、工程物探和少量的钻探工作，其精度是难以满足施工要求的，尚需依靠施工勘察和超前地质预报加以补充和修正。因此，施工勘察和地质超前预报关系到地下洞室掘进速度和施工安全，可以起到指导设计和施工的作用。超前地质预报主要内容包括下列四方面：①断裂、破碎带和风化囊的预报；②不稳定块体的预报；③地下水活动情况的预报；④地应力状况的预报。

超前预报的方法主要有超前导坑预报法、超前钻孔测试法和掌子面位移量测法等。

4.3.3 地下洞室监测

由于洞室的开挖，破坏了岩体的原始应力状态，洞室将产生表面的位移收敛，对洞室进行收敛量测，可以评价其稳定性，并对防护设计工作具有指导意义。

收敛量测可以了解洞室的变形形态，判断围岩压力类型，推算最大位移，以正确指导设计和施工。收敛量测特别适用于软质岩石，因软质岩石在开挖后变形延续时间很长，变形后一般处在残余阶段。收敛位移的量测采用仪器有铟钢丝收敛计、卷尺式伸长计和套管式收敛计。

洞室收敛量测拱断面的选择一般包括三条基线：边墙-拱顶，边墙-拱腰，拱腰-拱顶。测点的埋设可采用膨胀式锚钉，用 $\phi 12mm$、深 30mm 的小孔，放入锚栓，拧紧后即可测量。

量测工作应在下一步开挖循环前进行，并距上次爆破时间不超过 24h。根据量测记录绘制收敛曲线（位移与观测时间曲线），并分析岩体的应力状态、收敛的对称性和岩体的流变形。

4.3.4 地下洞室岩土工程评价

地下洞室围岩的稳定性评价可采用工程地质分析与理论计算相结合的方法，理论分析可采用数值法或弹性有限元图谱法计算。

地下洞室围岩的质量分级应与洞室设计采用的标准一致，无特殊要求时可根据《工程岩体分级标准》（GB 50218—1994）执行，地下铁道围岩类别应按《地下铁道、轻轨交通岩土工程勘察规范》（GB 50307—1999）执行。

当洞室可能产生偏压、膨胀压力、岩爆和其他特殊情况时，应进行专门研究。

4.3.5 地下洞室勘察报告内容

地下洞室岩土工程勘察报告，除包括岩土工程勘察一般要求外，还应包括下列内容：

（1）划分围岩类别。

（2）提出洞址、洞口、洞轴线位置的建议。

（3）对洞口、洞体的稳定性进行评价。

（4）提出支护方案和施工方法的建议。

（5）对地面变形和既有建筑的影响进行评价。

任务 4.4 岸边工程岩土工程勘察

岸边工程是指港口工程、造船和修船水工建筑物以及取水构筑物的岸边。本工作任务主要讨论港口工程的岩土工程勘察，也用于修船、造船水工建筑物、通航工程和取水构筑物的勘察。岸边工程处于水陆交互地带，往往一个工程跨越几个地貌单元；地层复杂，层位不稳定，常分布有软土、混合土、层状构造土；由于地表水的冲淤和地下水动水压力的影响，不良地质作用发育，多滑坡、岸、潜蚀、管涌等现象；船舶停靠挤压力，波浪、潮汐冲击力，系揽力等均对岸坡稳定产生不利影响。因此岸边工程勘察任务就是要重点查明和评价这些问题，并提出治理措施的建议。

4.4.1　岸边工程勘察阶段的划分及主要手段

岸边工程的勘察阶段，对于大、中型工程分为可行性研究、初步设计和施工图设计三个勘察阶段；对小型工程、地质条件简单或有成熟经验地区的工程可简化勘察阶段。

（1）可行性研究勘察时，应进行工程地质测绘或踏勘调查，其内容包括地层分布、构造特点、地貌特征、岸坡形态、冲刷淤积、水位升降、岸滩变迁、淹没范围等情况和发展趋势。必要时应布置一定数量的勘探工作，并应对岸坡的稳定性和场址的适宜性作出评价，提出最优场址方案的建议。

（2）初步设计阶段勘察应符合下列规定：

1）工程地质测绘，应调查岸线变迁和动力地质作用对岸线变迁的影响；埋藏河、湖、沟谷的分布及其对工程的影响；潜蚀、沙丘等不良地质作用的成因、分布、发展趋势及其对场地稳定性的影响。

2）勘探线宜垂直岸向布置；勘探线和勘探点的间距，应根据工程要求、地貌特征、岩土分布、不良地质作用等确定；岸坡地段和岩石与土层组合地段宜适当加密。

3）勘探孔的深度应根据工程规模、设计要求和岩土条件确定。

4）水域地段可采用浅层地震剖面或其他物探方法。

5）对场地的稳定性应作出进一步评价，并对总平面布置、结构和基础形式、施工方法和不良地质作用的防治提出建议。

（3）施工图设计阶段勘察时，勘探线和勘探点应结合地貌特征和地质条件，根据工程总平面布置确定，复杂地基地段应予加密。勘探孔深度应根据工程规模、设计要求和岩土条件确定，除建筑物和结构物特点与荷载外，应考虑岸坡稳定性、坡体开挖、支护结构、桩基等的分析计算需要。

据勘察结果，应对地基基础的设计和施工及不良地质作用的防治提出建议。

测定土的抗剪强度选用剪切试验方法时，应考虑下列因素：

1）非饱和土在施工期间和竣工以后受水浸成为饱和土的可能性。

2）土的固结状态在施工和竣工后的变化。

3）挖方卸荷或填方增荷对土性的影响。

4）各勘察阶段勘探线和勘探点的间距、勘探孔的深度、原位测试和室内试验的数量等的具体要求，应符合现行有关标准的规定。

4.4.2　岸边工程勘察的要求

岸边工程勘察应着重查明下列内容：

（1）地貌特征和地貌单元交界处的复杂地层。

（2）高灵敏软土、层状构造土、混合土等特殊土和基本质量等级为Ⅴ级岩体的分布和工程特性。

（3）岸边滑坡、崩塌、冲刷、淤积、潜蚀、沙丘等不良地质作用。

4.4.3 岸边工程原位测试

岸边工程原位测试应符合岩土工程勘察原位测试各项要求，软土中可用静力触探或静力触探与旁压试验相结合，进行分层，测定土的模量、强度和地基承载力等；用十字板剪切试验，测定土的不排水抗剪强度。

测定土的抗剪强度时剪切试验方法选用，应考虑下列因素：

（1）非饱和土在施工期间和竣工以后受水浸成为饱和土的可能性。

（2）土的固结状态在施工和竣工后的变化。

（3）挖方卸荷或填方增荷对土性的影响。

4.4.4 岸边工程岩土工程评价

评价岸坡和地基稳定性时，应考虑下列因素：

（1）正确选用设计水位。

（2）出现较大水头差和水位骤降的可能性。

（3）施工时的临时超载。

（4）较陡的挖方边坡。

（5）波浪作用。

（6）打桩影响。

（7）不良地质作用的影响。

4.4.5 岸边工程勘察报告内容

岸边工程岩土工程勘察报告除应包括岩土工程勘察报告一般内容外，还应根据相应勘察阶段的要求编写勘察报告，一般还应包括下列内容：

（1）分析评价岸坡稳定性和地基稳定性。

（2）提出地基基础与支护设计方案的建议。

（3）提出防治不良地质作用的建议。

（4）提出岸边工程监测的建议。

任务 4.5 边坡工程岩土工程勘察

4.5.1 边坡工程勘察阶段的划分及要求

1. 大型边坡勘察各阶段的要求

大型边坡勘察宜分阶段进行，各阶段应符合下列要求：

（1）初步勘察应搜集地质资料，进行工程地质测绘和少量的勘探和室内试验，初步评价边坡的稳定性。

（2）详细勘察应对可能失稳的边坡及相邻地段进行工程地质测绘、勘探、试验、观测和分析计算，作出稳定性评价，对人工边坡提出最优开挖坡角；对可能失稳的边坡提出防护处理措施的建议。

（3）施工勘察应配合施工开挖进行地质编录，核对、补充前阶段的勘察资料，必要时，进行施工安全预报，提出修改设计的建议。

2. 边坡工程勘察应查明的内容

（1）地貌形态，当存在滑坡、危岩和崩塌、泥石流等不良地质作用时，应符合不良地质作用勘察要求。

（2）岩土的类型、成因、工程特性、覆盖层厚度、基岩面的形态和坡度。

（3）岩体主要结构面的类型、产状、延展情况、闭合程度、充填状况、充水状况、力学属性和组合关系，主要结构面与临空面关系，是否存在外倾结构面。

（4）地下水的类型、水位、水压、水量、补给和动态变化，岩土的透水性和地下水的出露情况。

（5）地区气象条件（特别是雨期、暴雨强度）、汇水面积、坡面植被，地表水对坡面、坡脚的冲刷情况。

（6）岩土的物理力学性质和软弱结构面的抗剪强度。

对于岩质边坡，工程地质测绘是勘察工作首要内容，并应着重查明：①边坡的形态和坡角，这对于确定边坡类型和稳定坡率是十分重要的；②软弱结构面的产状和性质，因为软弱结构面一般是控制岩质边坡稳定的主要因素；③测绘范围不能仅限于边坡地段，应适当扩大到可能对边坡稳定有影响的地段。

4.5.2　边坡工程勘察工作量布置原则

勘探线应垂直边坡走向布置，勘探点间距应根据地质条件确定。当遇有软弱夹层或不利结构面时，应适当加密。勘探孔深度应穿过潜在滑动面并深入稳定层 $2\sim5m$。除常规钻探外，可根据需要，采用探洞、探槽、探井和斜孔。

主要岩土层和软弱层应采取试样。每层的试样对土层不应少于 6 件，对岩层不应少于 9 件，软弱层宜连续取样。

4.5.3　室内试验、原位测试要求

三轴剪切试验的最高围压和直剪试验的最大法向压力的选择，应与试样在坡体中的实际受力情况相近。对控制边坡稳定的软弱结构面，宜进行原位剪切试验。对大型边坡，必要时可进行岩体应力测试、波速测试、动力测试、孔隙水压力测试和模型试验。

抗剪强度指标，应根据实测结果结合当地经验确定，并宜采用反分析方法验证。对永久性边坡，尚应考虑强度可能随时间降低的效应。

大型边坡应进行监测，监测内容根据具体情况可包括边坡变形、地下水动态和易风化岩体的风化速度等。

4.5.4　边坡工程岩土工程评价方法

边坡的稳定性评价，应在确定边坡破坏模式的基础上进行，可采用工程地质类比法、图解分析法、极限平衡法、有限单元法进行综合评价。各区段条件不一致时，应分区段分析。

边坡稳定系数 F_s 的取值，对新设计的边坡、重要工程宜取 $1.30\sim1.50$，一般工程宜取 $1.15\sim1.30$，次要工程宜取 $1.05\sim1.15$。采用峰值强度时取大值，采取残余强度时取小值。验算已有边坡稳定时，F_s 取 $1.10\sim1.25$。

边坡稳定性计算在"岩石力学"和"土力学"课程中有详细讲述，此处不再赘述。

4.5.5　边坡工程勘察报告内容

边坡岩土工程勘察报告应包括一般岩土工程勘探规定的内容，还应论述下列内容：

(1) 边坡的工程地质条件和岩土工程计算参数。

(2) 分析边坡和建在坡顶、坡上建筑物的稳定性，对坡下建筑物的影响。

(3) 提出最优坡形和坡角的建议。

(4) 提出不稳定边坡整治措施和监测方案的建议。

任务 4.6　其他工程岩土工程勘察

4.6.1　管道和架空线路工程岩土工程勘察

本工作任务主要讨论长输油、气管道线路及其大型穿、跨越工程的岩土工程勘察以及大型架空线路工程，包括 220kV 及其以上的高压架空送电线路、大型架空索道等的岩土工程勘察。

4.6.1.1　管道和架空线路工程勘察阶段的划分

1. 管道工程勘察阶段划分

管道工程勘察阶段的划分应与设计阶段相适应。长输油、气管道工程等大型管道工程和大型穿越、跨越工程可分为选线勘察、初步勘察和详细勘察三个阶段。中型工程可分为选线勘察和详细勘察两个阶段。对于小型线路工程和小型穿跨越工程一般不分阶段，一次达到详勘要求。初步勘察应以搜集资料和调查为主。

管道遇有河流、湖泊、冲沟等地形、地物障碍时，必须跨越或穿越通过。根据国内外的经验，一般是穿越较跨越好，但是管道线路经过的地区，各种自然条件不尽相同，有时因为河床不稳，要求穿越管线埋藏很深；有时沟深坡陡，管线敷设的工程量很大；有时水深流急施工穿越工程特别困难；有时因为对河流经常疏浚或渠道经常扩挖，影响穿越管道的安全。在这些情况下，采用跨越的方式比穿越方式好。因此应根据具体情况因地制宜地确定穿越或跨越方式。

河流的穿、跨越点选得是否合理，是关系到设计、施工和管理的关键问题。所以，在确定穿、跨越点以前，应进行必要的选址勘察工作。通过认真的调查研究，比选出最佳的穿、跨越方案。既要照顾到整个线路走向的合理性，又要考虑到岩土工程条件的适宜性。

2. 架空线路工程勘察阶段划分

大型架空线路工程可分初步设计勘察和施工图设计勘察两阶段；小型架空线路可合并勘察阶段。初步设计勘察应以搜集和利用航测资料为主。大跨越地段应做详细的调查或工程地质测绘，必要时，辅以少量的勘探、测试工作。

4.6.1.2　管道和架空线路工程勘察的内容

1. 管道工程各阶段工作内容与要求

(1) 选线勘察阶段工作内容与要求。选线勘察应通过搜集资料、测绘与调查，掌握各方案的主要岩土工程问题，对拟选穿、跨越河段的稳定性和适宜性作出评价，并应符合下列要求：

1) 调查沿线地形地貌、地质构造、地层岩性、水文地质等条件，推荐线路越岭方案。

2）调查各方案通过地区的特殊性岩土和不良地质作用，评价其对修建管道的危害程度。

3）调查控制线路方案河流的河床和岸坡的稳定程度，提出穿、跨越方案比选的建议。

4）调查沿线水库的分布情况，近期和远期规划，水库水位、回水浸没和坍岸的范围及其对线路方案的影响。

5）调查沿线矿产、文物的分布概况。

6）调查沿线地震动参数或抗震设防烈度。

穿越和跨越河流的位置应选择河段顺直，河床与岸坡稳定，水流平缓，河床断面大致对称，河床岩土构成比较单一，两岸有足够施工场地等有利河段。宜避开下列河段：

1）河道异常弯曲，主流不固定，经常改道。

2）河床为粉细砂组成，冲淤变幅大。

3）岸坡岩土松软，不良地质作用发育，对工程稳定性有直接影响或潜在威胁。

4）断层河谷或发震断裂。

（2）初步勘察阶段工作内容。初步勘察应以搜集资料和调查为主。管道通过河流、冲沟等地段宜进行物探。地质条件复杂的大中型河流，应进行钻探。

初勘工作，主要是在选线勘察的基础上，进一步搜集资料，现场踏勘，进行工程地质测绘和调查，对拟选线路方案的岩土工程条件作出初步评价。协同设计人员选择出最优的线路方案。这一阶段的工作主要是进行测绘和调查，尽量利用天然和人工露头，一般不进行勘探和试验工作，只在地质条件复杂、露头条件不好的地段，才进行简单的勘探工作。因为在初勘时，还可能有几个比选方案。如果每一个方案都进行较为详细的勘察工作，工作量太大。所以，在确定工作内容时，要求初步查明管道埋设深度内的地层岩性、厚度和成因，这里的"初步查明"是指把岩土的基本性质查清楚，如有无流沙、软土和对工程有影响的不良地质作用。

穿、跨越工程的初勘工作，也以搜集资料、踏勘、调查为主，必要时进行物探工作。山区河流，河床的第四系覆盖层厚度变化大，单纯用钻探手段难以控制，可采用电法或地震勘探，以了解基岩埋藏深度。对于大中型河流，除地面调查和物探工作外，尚需进行少量的钻探工作，对于勘探线上的勘探点间距，未作具体规定，以能初步查明河床地质条件为原则。这是考虑到本阶段对河床地层的研究仅是初步的，山区河流同平原河流的河床沉积差异性很大，即使是同一条河流，上游与下游也有较大的差别。因此，勘探点间距应根据具体情况确定。至于勘探孔的深度，可以与详勘阶段的要求相同。

初步勘察阶段工作内容主要包括：

1）划分沿线的地貌单元。

2）初步查明管道埋设深度内岩土的成因、类型、厚度和工程特性。

3）调查对管道有影响的断裂的性质和分布。

4）调查沿线各种不良地质作用的分布、性质、发展趋势及其对管道的影响。

5）调查沿线井、泉的分布和地下水位情况。

6）调查沿线矿藏分布及开采和采空情况；

7）初步查明拟穿、跨越河流的洪水淹没范围，评价岸坡稳定性。

（3）详细勘察应查明沿线的岩土工程条件和水、土对金属管道的腐蚀性，提出工程设计所需要的岩土特性参数。穿、跨越地段的勘察应符合下列规定：

1）穿越地段应查明地层结构、土的颗粒组成和特性；查明河床冲刷和稳定程度；评价岸坡稳定性，提出护坡建议。

2）抗震设防烈度不小于Ⅵ度地区的管道工程，勘察工作应满足抗震设计勘察的要求（场地和地基的地震效应）。

2. 架空线路工程

初步设计勘察应以搜集资料、利用航测资料和踏勘调查为主，大跨越地段应作详细的调查或工程地质测绘，必要时，辅以少量的勘探、测试工作，必要时可做适当的勘探工作。为了能选择地质、地貌条件较好，路径短、安全、经济、交通便利、施工方便的线路方案，可按不同地质、地貌情况分段提出勘察报告。

调查和测绘工作，重点是调查研究路径方案跨河地段的岩土工程条件和沿线的不良地质作用，对各路径方案沿线地貌、地层岩性、特殊性岩土分布、地下水情况也应了解，以便正确划分地貌，地质地段，结合有关文献资料归纳整理提出岩土工程勘察报告。对特殊设计的大跨越地段和主要塔基，应作详细的调查研究，当已有资料不能满足要求时，尚应进行适量的勘探测试工作。

（1）初步设计勘察应符合下列要求：

1）调查沿线地形地貌、地质构造、地层岩性和特殊性岩土的分布、地下水及不良地质作用，并分段进行分析评价。

2）调查沿线矿藏分布、开发计划与开采情况；线路宜避开可采矿层；对已开采区，应对采空区的稳定性进行评价。

3）对大跨越地段，应查明工程地质条件，进行岩土工程评价，推荐最优跨越方案。

（2）施工图设计勘察应符合下列要求：

1）平原地区应查明塔基土层的分布、埋藏条件、物理力学性质、水文地质条件及环境水对混凝土和金属材料的腐蚀性。

2）丘陵和山区除查明1）的内容外，尚应查明塔基近处的各种不良地质作用，提出防治措施建议。

3）大跨越地段尚应查明跨越河段的地形地貌，塔基范围内地层岩性、风化破碎程度、软弱夹层及其物理力学性质；查明对塔基有影响的不良地质作用，并提出防治措施建议。

4）对特殊设计的塔基和大跨越塔基，当抗震设防烈度不小于Ⅵ度时，勘察工作应满足抗震设计要求。

（3）施工图设计勘察阶段，对架空线路工程的转角塔、耐张塔、终端塔、大跨越塔等重要塔基和地质条件复杂地段，应逐个进行塔基勘探。

1）平原地区勘察。转角、耐张、跨越和终端塔等重要塔基和复杂地段应逐基勘探，对简单地段的直线塔基勘探点间距可酌情放宽。

2）线路经过丘陵和山区，应围绕塔基稳定性并以此为重点进行勘察工作；主要是查明塔基及其附近是否有滑坡、崩塌、倒石堆、冲沟、岩溶和人工洞穴等不良地质作用及其对塔基稳定性的影响。

3）跨越河流湖沼勘察对跨越地段杆塔位置的选择，应与有关专业共同确定；对于岸边和河中立塔，尚需根据水文调查资料（包括百年一遇洪水、淹没范围、岸边与河床冲刷以及河床演变等），结合塔位工程地质条件，对杆塔地基的稳定性做出评价，跨越河流或湖沼，宜选择在跨距较短、岩土工程条件较好的地点布设杆塔，对跨越塔，宜布置在两岸地势较高、岸边稳定、地基土质坚实、地下水埋藏较深处；在湖沼地区立塔，则宜将塔位布设在湖沼沉积层较薄处，并需着重考虑杆塔地基环境水对基础的腐蚀性。

架空线路杆塔基础受力的基本特点是上拔力、下压力或倾覆力。因此，应根据杆塔性质（直线塔或耐张塔等），基础受力情况和地基情况进行基础上拔稳定计算、基础倾覆计算和基础下压地基计算，具体的计算方法可参照《架空送电线路基础设计技术规定》（DL/T 5219—2005）执行。

4.6.1.3　管道和架空线路工程勘察工作量布置

1. 管道工程

（1）初步勘察阶段。每个穿、跨越方案宜布置勘探点 1～3 个；对管道线路工程，勘探点间距视地质条件复杂程度而定，宜为 200～1000m，包括地质点及原位测试点，并应根据地形、地质条件复杂程度适当增减；勘探孔深度宜为管道埋设深度以下 1～3m；当采用沟埋敷设方式穿越时，勘探孔深度宜钻至河床最大冲刷深度以下 3～5m；当采用顶管或定向钻方式穿越时，勘探孔深度应根据设计要求确定。

（2）详细勘察勘探点的布置，应满足下列要求：

1）勘探点间距视地质条件复杂程度而定，宜为 200～1000m，包括地质点及原位测试点，并应根据地形、地质条件复杂程度适当增减；勘探孔深度宜为管道埋设深度以下 1～3m。

2）勘探点应布置在穿越管道的中线上，偏离中线不应大于 3m，勘探点间距宜为 30～100m，并不应少于 3 个；当采用沟埋敷设方式穿越时，勘探孔深度宜钻至河床最大冲刷深度以下 3～5m；当采用顶管或定向钻方式穿越时，勘探孔深度应根据设计要求确定。

抗震设防烈度不小于Ⅵ度地区的管道工程，勘察工作应满足抗震勘察要求。

2. 架空线路工程

施工图设计勘察阶段直线塔基地段宜每 3～4 个塔基布置一个勘探点；深度应根据杆塔受力性质和地质条件确定。对架空线路工程的转角塔、耐张塔、终端塔、大跨越塔等重要塔基和地质条件复杂地段，应逐个进行塔基勘探。

根据国内已建和在建的 500kV 送电线路工程勘察方案的总结，结合土质条件、塔的基础类型、基础埋深和荷重大小以及塔基受力的特点，按有关理论计算结果，勘探孔深度一般为基础埋置深度下 0.5～2.0 倍基础底面宽度，表 4.42 可作参考。

表 4.42　　　　　　　　　　　不同类型塔基勘探深度

塔　型	勘探孔深度/m		
	硬塑土层	可塑土层	软塑土层
直线塔	$d+0.5b$	$d+(0.5\sim1.0)b$	$d+(1.0\sim1.5)b$
转角、耐张、跨越和初终端塔	$d+(0.5\sim1.0)b$	$d+(1.0\sim1.5)b$	$d+(1.5\sim2.0)b$

注　1. 本表适用于均质土层。如为多层土或碎石土、砂土时，可适当增减。

　　2. d—基础埋置深度，m；b—基础底面宽度，m。

4.6.1.4　管道和架空线路工程勘察报告内容

1. 管道工程岩土工程勘察报告的内容

（1）选线勘察阶段，应简要说明线路各方案的岩土工程条件，提出各方案的比选推荐建议。

（2）初步勘察阶段，应论述各方案的岩土工程条件，并推荐最优线路方案；对穿、跨越工程尚应评价河床及岸坡的稳定性，提出穿、跨越方案的建议。

（3）详细勘察阶段，应分段评价岩土工程条件，提出岩土工程设计参数和设计、施工方案的建议；对穿越工程尚应论述河床和岸坡的稳定性，提出护岸措施的建议。

2. 架空线路工程岩土工程勘察报告的内容

（1）初步设计勘察阶段，应论述沿线岩土工程条件和跨越主要河流地段的岸坡稳定性，选择最优线路方案。

（2）施工图设计勘察阶段，应提出塔位明细表，论述塔位的岩土条件和稳定性，并提出设计参数和基础方案以及工程措施等建议。

4.6.2　废弃物处理工程岩土工程勘察

废弃物包括矿山尾矿、火力发电厂灰渣、氧化铝厂赤泥等工业废料，以及城市固体垃圾等各种废弃物。由于我国工业和城市废弃物处理的问题日益突出，废弃物处理工程日益增多，为适应社会的需求和工程的需要，必须对废弃物处理进行岩土工程勘察。本工作任务主要讨论工业废渣堆场、垃圾填埋场等固体废弃物处理工程的岩土工程勘察，核废料处理场地的勘察应满足有关规范的要求，此处不作讨论。

4.6.2.1　废弃物处理岩土工程勘察

1. 废弃物处理工程勘察的范围

废弃物处理工程勘察的范围应包括堆填场（库区）、初期坝、相关的管线、隧洞等构筑物和建筑物以及邻近相关地段，并应进行地方建筑材料的勘察。

2. 废弃物处理工程的岩土工程勘察的任务

（1）查明地形地貌特征和气象水文条件。

（2）查明地质构造、岩土分布和不良地质作用。

（3）查明岩土的物理力学性质。

（4）查明水文地质条件、岩土和废弃物的渗透性。

（5）查明场地、地基和边坡的稳定性。

（6）查明污染物的运移，对水源和岩土的污染，对环境的影响。

（7）查明筑坝材料和防渗覆盖用黏土的调查。

（8）查明全新活动断裂、场地地基和堆积体的地震效应。

3. 废弃物处理工程的勘察阶段划分和勘察方法

废弃物处理工程的勘察应配合工程建设分阶段进行，可分为可行性研究勘察、初步勘察和详细勘察，并应符合有关标准的规定。

（1）可行性研究勘察应主要采用踏勘调查，必要时辅以少量勘探工作，对拟选场地的稳定性和适宜性作出评价。

（2）初步勘察应以工程地质测绘为主，辅以勘探、原位测试、室内试验、对拟建工程的总平面布置、场地的稳定性、废弃物对环境的影响等进行初步评价，并提出建议。

（3）详细勘察应采用勘探、原位测试和室内试验等手段进行，地质条件复杂地段应进行工程地质测绘，获取工程设计所需的参数，提出设计施工和监测工作的建议，并对不稳定地段和环境影响进行评价，提出治理建议。

4．废弃物处理工程勘察前应搜集的技术资料

（1）废弃物的成分、粒度、物理和化学性质，废弃物的日处理量、输送和排放方式。

（2）堆场或填埋场的总容量、有效容量和使用年限。

（3）山谷型堆填场的流域面积、降水量、径流量、多年一遇洪峰流量。

（4）初期坝的坝长和坝顶标高，加高坝的最终坝顶标高。

（5）活动断裂和抗震设防烈度。

（6）邻近的水源地保护带、水源开采情况和环境保护要求。

5．废弃物处理工程的工程地质测绘

废弃物处理工程的工程地质测绘应包括场地的全部范围及其邻近有关地段，其比例尺初步勘察宜为 1：2000～1：5000，详细勘察的复杂地段不应小于 1：1000，着重调查下列内容：

（1）地貌形态、地形条件和居民区的分布。

（2）洪水、滑坡、泥石流、岩溶、断裂等与场地稳定性有关的不良地质作用。

（3）有价值的自然景观、文物和矿产的分布，矿产的开采和采空情况。

（4）与渗漏有关的水文地质问题。

（5）生态环境。

6．废弃物处理工程专门水文地质勘察

在可溶岩分布区，应着重查明岩溶发育条件，溶洞、土洞、塌陷的分布，岩溶水的通道和流向，岩溶造成地下水和渗出液的渗漏，岩溶对工程稳定性的影响。

初期坝的筑坝材料勘察及防渗和覆盖用黏土材料的勘察，应包括材料的产地、储量、性能指标、开采和运输条件。可行性勘察时应确定产地，初步勘察时应基本完成。

4.6.2.2　工业废渣堆场岩土工程勘察

1．工业废渣

工业废渣包括矿山尾矿、火力发电厂灰渣、氧化铝厂赤泥等工业废料。

2．工业废渣勘察任务

对场地进行岩土工程分析评价，并提出防治措施建议；对废渣加高坝，应分析评价现状和达到最终高度时的稳定性，提出堆积方式和应采取措施的建议；提出边坡稳定、地下水位、库区渗漏等方面监测工作的建议。

3．工业废渣堆场详细勘察时勘探工作的规定

（1）勘探线宜平行于堆填场、坝、隧洞、管线等构筑物的轴线布置，勘探点间距应根据地质条件复杂程度确定。

（2）对初期坝，勘探孔的深度应能满足分析稳定、变形和渗漏的要求。

（3）与稳定、渗漏有关的关键性地段，应加密加深勘探孔或专门布置勘探工作。

（4）可采用有效的物探方法辅助钻探和井探。

（5）隧洞勘察根据地下洞室的勘察要求进行。

4．废渣材料加高坝的勘察

废渣材料加高坝的勘察应采用勘探、原位测试和室内试验的方法进行，并应着重查明下列内容：

（1）已有堆积体的成分、颗粒组成、密实程度、堆积规律。

（2）堆积材料的工程特性和化学性质。

（3）堆积体内浸润线位置及其变化规律。

（4）已运行坝体的稳定性，继续堆积至设计高度的适宜性和稳定性。

（5）废渣堆积坝在地震作用下的稳定性和废渣材料的地震液化可能性。

（6）加高坝运行可能产生的环境影响。

5．废渣材料加高坝的勘察

按堆积规模，垂直坝轴线布设不少于 3 条勘探线，勘探点间距在堆场内可适当增大；一般勘探孔深度应进入自然地面以下一定深度，控制性勘探孔深度应能查明可能存在的软弱层。

6．工业废渣堆场的岩土工程评价内容

（1）洪水、滑坡、泥石流、岩溶、断裂等不良地质作用对工程的影响。

（2）坝基、坝肩和库岸的稳定性，地震对稳定性的影响。

（3）坝址和库区的渗漏及建库对环境的影响。

（4）对地方建筑材料的质量、储量、开采和运输条件，进行技术经济分析。

7．工业废渣堆场的勘察报告

工业废渣堆场的勘察报告除应符合岩土工程勘察报告的一般规定外，还应包括下列内容：

（1）进行岩土工程分析评价，并提出防治措施的建议。

（2）对废渣加高坝的勘察，应分析评价现状和达到最终高度时的稳定性，提出堆积方式和应采取措施的建议。

（3）提出边坡稳定、地下水位、库区渗漏等方面监测工作的建议。

4.6.2.3　垃圾填埋场岩土工程勘察

废弃物的堆积方式和工程性质不同于天然土，按其性质可分为似土废弃物和非土废弃物。似土废弃物如尾矿赤泥、灰渣等，类似于砂土、粉土、黏性土，其颗粒组成、物理性质、强度、变形、渗透和动力性质，可用土工试验方法测试。非土废弃物如生活垃圾，取样测试都较困难，应针对具体情况进行专门考虑。有些力学参数也可通过现场监测，用反分析方法确定。

（1）垃圾填埋场勘察前搜集资料时，除应遵守废弃物处理工程勘察前应搜集资料的规定外，还应包括下列内容：

1）垃圾的种类、成分和主要特性以及填埋的卫生要求。

2）填埋方式和填埋程序以及防渗衬层和封盖层的结构，渗出液集排系统的布置。

3）防渗衬层、封盖层和渗出液集排系统对地基和废弃物的容许变形要求。

4）截污坝、污水池、排水井、输液输气管道和其他相关构筑物情况。

（2）垃圾填埋场的勘探测试，除应遵守工业废渣堆场详细勘察的规定外，还应符合下列要求：

1）需进行变形分析的地段，其勘探深度应满足变形分析的要求。

2）岩土和似土废弃物的测试，根据岩土工程勘察的原位测试和室内试验的规定执行，非土废弃物的测试，应根据其种类和特性采用合适的方法，并可根据现场监测资料，用反分析方法获取设计参数。

　　3）测定垃圾渗出液的化学成分，必要时进行专门试验，研究污染物的运移规律。

　　（3）垃圾填埋场勘察的岩土工程评价。力学稳定和化学污染是废弃物处理工程评价两大主要问题，垃圾填埋场勘察的岩土工程评价除应按工业废渣堆场的岩土工程评价规定执行外，还应包括下列内容：

　　1）工程场地的整体稳定性以及废弃物堆积体的变形和稳定性。

　　2）地基和废弃物变形，导致防渗衬层、封盖层及其他设施失效的可能性；因为变形有时也会影响工程的安全和正常使用，土石坝的差异沉降可引起坝身裂缝；废弃物和地基土的过量变形，可造成封盖和底部密封系统开裂。

　　3）坝基、坝肩、库区和其他有关部位的渗漏。

　　4）预测水位变化及其影响。

　　5）污染物的运移及其对水源、农业、岩土和生态环境的影响。

　　（4）垃圾填埋场的岩土工程勘察报告，除应符合岩土工程勘察报告的一般规定外，尚应符合下列规定：

　　1）按垃圾填埋场勘察的岩土工程评价要求进行岩土工程分析评价。

　　2）提出保证稳定、减少变形、防止渗漏和保护环境措施的建议。

　　3）提出筑坝材料、防渗和覆盖用黏土等地方材料的产地及相关事项的建议。

　　4）提出有关稳定、变形、水位、渗漏、水土和渗出液化学性质监测工作的建议。

4.6.3　核电厂岩土工程勘察

　　核电厂是各类工业建筑中安全性要求最高、技术条件最为复杂的工业设施。在总结已有核电厂勘察经验的基础上，遵循核电厂安全法规和导则的有关规定，参考国外核电厂前期工作的经验，确定核电厂岩土工程勘察。本工作任务适用于各种核反应堆型的陆上商用核电厂的岩土工程勘察。

4.6.3.1　核电厂勘察阶段的划分

　　核电厂岩土工程勘察的安全分类，可分为与核安全有关建筑和常规建筑两类。核电厂中与核安全有关的建筑物有：核反应堆厂房、核辅助厂房、电气厂房、核燃料厂房及换料水池、安全冷却水泵房及有关取水构筑物、其他与核安全有关的建筑物；除此之外，其余建筑物均为常规建筑物。与核安全有关建筑物应为岩土工程勘察的重点。

　　核电厂岩土工程勘察可划分为初步可行性研究、可行性研究、初步设计、施工图设计和工程建造等 5 个勘察阶段。

　　（1）初步可行性研究阶段以工程地质测绘、勘探和测试、物探辅助勘察。

　　（2）可行性研究勘察应进行工程地质测绘、勘探和测试。

　　（3）初步设计核岛地段勘察应进行钻探、测试。

　　（4）施工图设计阶段勘察应进行钻探。

　　（5）工程建造阶段勘察主要是现场检验和监测。

4.6.3.2　勘察阶段的要求和工作量布置原则

　　1. 初步可行性研究阶段

　　初步可行性研究阶段应对两个或两个以上厂址进行勘察，最终确定 1～2 个候选厂址。

勘察工作以搜集资料为主，根据地质条件复杂程度进行调查、测绘、钻探、测试和试验。

初步可行性研究勘察应对各拟选厂址的区域地质、厂址工程地质和水文地质、地震参数区划、历史地震及历史地震的影响烈度以及近期地震活动等方面资料加以研究分析，对厂址的场地稳定性、地基条件、环境水文地质和环境地质作出初步评价，提出建厂的适宜性意见。

厂址工程地质测绘的比例尺应选用 1∶10000～1∶25000，范围应包括厂址及其周边地区，面积不宜小于 4km²。

初步可行性研究阶段工程地质测绘内容包括地形、地貌、地层岩性、地质构造、水文地质以及岩溶、滑坡、崩塌、泥石流等不良地质作用。重点调查断层构造的展布和性质，必要时应实测剖面。

（1）初步可行性研究勘察，应通过必要的勘探和测试，提出厂址的主要工程地质分层，提供岩土初步的物理力学性质指标，了解预选核岛区附近的岩土分布特征，并应符合下列要求：

1）每个厂址勘探孔不宜少于两个，深度应为预计设计地坪标高以下 30～60m。

2）应全断面连续取芯，回次岩芯采取率对一般岩石应大于 85%，对破碎岩石应大于 70%。

3）每一主要岩土层应采取 3 组以上试样；勘探孔内间隔 2～3m 应作标准贯入试验一次，直至连续的中等风化以上岩体为止；当钻进至岩石全风化层时，应增加标准贯入试验频次，试验间隔不应大于 0.5m。

4）岩石试验项目应包括密度、弹性模量、泊松比、抗压强度、软化系数、抗剪强度和压缩波速度等；土的试验项目应包括颗粒分析、天然含水率、密度、相对密度、塑限、液限、压缩系数、压缩模量和抗剪强度等。

初步可行性研究勘察，对岩土工程条件复杂的厂址，可选用物探辅助勘察，了解覆盖层的组成、厚度和基岩面的埋藏特征，了解隐伏岩体的构造特征，了解是否存在洞穴和隐伏的软弱带。

在河海岸坡和山丘边坡地区，应对岸坡和边坡的稳定性进行调查，并作出初步分析评价。

（2）评价厂址适宜性应考虑下列因素：

1）有无能动断层，是否对厂址稳定性构成影响。

2）是否存在影响厂址稳定的全新世火山活动。

3）是否处于地震设防烈度大于Ⅷ度的地区，是否存在与地震有关的潜在地质灾害。

4）厂址区及其附近有无可开采矿藏，有无影响地基稳定的人类历史活动、地下工程、采空区、洞穴等。

5）是否存在可造成地面塌陷、沉降、隆起和开裂等永久变形的地下洞穴、特殊地质体、不稳定边坡和岸坡、泥石流及其他不良地质作用。

6）有无可供核岛布置的场地和地基，并具有足够的承载力。

7）是否危及供水水源或对环境地质构成严重影响。

根据我国目前的实际情况，核岛基础一般选择在中等风化、微风化或新鲜的硬质岩石地基上，其他类型的地基并不是不可以放置核岛，只是由于我国在这方面的经验不足，应当积累经验。

2. 可行性研究勘察阶段

（1）可行性研究勘察内容应符合下列规定：

1）查明厂址地区的地形地貌、地质构造、断裂的展布及其特征。

2）查明厂址范围内地层成因、时代、分布和各岩层的风化特征，提供初步的动静物理力学参数；对地基类型、地基处理方案进行论证，提出建议。

3）查明危害厂址的不良地质作用及其对场地稳定性的影响，对河岸、海岸、边坡稳定性作出初步评价，并提出初步的治理方案。

4）判断抗震设计场地类别，划分对建筑物有利、不利和危险地段，判断地震液化的可能性。

5）查明水文地质基本条件和环境水文地质的基本特征。

可行性研究勘察应进行工程地质测绘，测绘范围应包括厂址及其周边地区，测绘地形图比例尺为 1∶1000～1∶2000，测绘要求按工程地质测绘和调查以及其他有关规定执行。

本阶段厂址区的岩土工程勘察应以钻探和工程物探相结合的方式，查明基岩和覆盖层的组成、厚度和工程特性；基岩埋深、风化特征、风化层厚度等；并应查明工程区存在的隐伏软弱带、洞穴和重要的地质构造；对水域应结合水工建筑物布置方案，查明海（湖）积地层分布、特征和基岩面起伏状况。

（2）可行性研究阶段的勘探和测试应符合下列规定：

1）厂区的勘探应结合地形、地质条件采用网格状布置，勘探点间距宜为 150m。控制性勘探点应结合建筑物和地质条件布置，数量不宜少于勘探点总数的 1/3，沿核岛和常规岛中轴线应布置勘探线，勘探点间距宜适当加密，并应满足主体工程布置要求，保证每个核岛和常规岛不少于 1 个。

2）勘探孔深度，对基岩场地宜进入基础底面以下基本质量等级为Ⅰ级、Ⅱ级的岩体不少于 10m；对第四纪地层场地宜达到设计地坪标高以下 40m，或进入Ⅰ级、Ⅱ级岩体不少于 3m；核岛区控制性勘探孔深度，宜达到基础底面以下 2 倍反应堆厂房直径；常规岛区控制性勘探孔深度，不宜小于地基变形计算深度，或进入基础底面以下Ⅰ级、Ⅱ级、Ⅲ级岩体 3m；对水工建筑物应结合水下地形布置，并考虑河岸、海岸的类型和最大冲刷深度。

3）岩石钻孔应全断面取芯，每回次岩芯采取率对一般岩石应大于 85%，对破碎岩石应大于 70%，并统计 RQD、节理条数和倾角；每一主要岩层应采取 3 组以上的岩样。

4）根据岩土条件，选用适当的原位测试方法，测定岩土的特性指标，并可用声波测试方法，评价岩体的完整程度和划分风化等级。

5）在核岛位置，宜选 1～2 个勘探孔，采用单孔法或跨孔法，测定岩土的压缩波速和剪切波速，计算岩土的动力参数。

6）岩土室内试验项目除了要求外，增加每个岩体（层）代表试样的动弹性模量、动泊松比和动阻尼比等动态参数测试。

（3）可行性研究阶段的地下水调查和评价应符合下列规定：

1）结合区域水文地质条件，查明厂区地下水类型，含水层特征，含水层数量、埋深、动态变化规律及其与周围水体的水力联系和地下水化学成分。

2）结合工程地质钻探对主要地层分别进行注水、抽水或压水试验测，测求地层的渗透系数和单位吸水率，初步评价岩体的完整性和水文地质条件。

3）必要时，布置适当的长期观测孔，定期观测和记录水位，每季度定时取水样一次作水质分析，观测周期不应少于一个水文年。

可行性研究阶段应根据岩土工程条件和工程需要，进行边坡勘察、土石方工程和建筑材料的调查和勘察。

3. 初步设计勘察阶段

（1）初步设计勘察应分核岛、常规岛、附属建筑和水工建筑 4 个地段进行，并应符合下列要求：

1）查明各建筑地段的岩土成因、类别、物理性质和力学参数，并提出地基处理方案。

2）进一步查明勘察区内断层分布、性质及其对场地稳定性的影响，提出治理方案的建议。

3）对工程建设有影响的边坡进行勘察，并进行稳定性分析和评价，提出边坡设计参数和治理方案的建议。

4）查明建筑地段的水文地质条件。

5）查明对建筑物有影响的不良地质作用，并提出治理方案的建议。

（2）初步设计核岛地段勘察应满足设计和施工的需要，勘探孔的布置、数量和深度应符合下列规定：

1）应布置在反应堆厂房周边和中部，当场地岩土工程条件较复杂时，可沿十字交叉线加密或扩大范围。勘探点间距宜为 10～30m。

2）勘探点数量应能控制核岛地段地层岩性分布，并能满足原位测试的要求。每个核岛勘探点总数不应少于 10 个，其中反应堆厂房不应少于 5 个，控制性勘探点不应少于勘探点总数的 1/2。

3）控制性勘探孔深度宜达到基础底面以下 2 倍反应堆厂房直径，一般性勘探孔深度宜进入基础底面以下 Ⅰ级、Ⅱ级岩体不少于 10m。波速测试孔深度不应小于控制性勘探孔深度。

（3）初步设计常规岛地段勘察，首先应符合一般建筑物工程的规定，另外还需满足下列要求：

1）勘探点应沿建筑物轮廓线、轴线或主要柱列线布置，每个常规岛勘探点总数不应少于 10 个，其中控制性勘探点不宜少于勘探点总数的 1/4。

2）控制性勘探孔深度对岩质地基应进入基础底面下 Ⅰ级、Ⅱ级岩体不少于 3m，对土质地基应钻至压缩层以下 10～20m；一般性勘探孔深度，岩质地基应进入中等风化层 3～5m，土质地基应达到压缩层底部。

（4）初步设计阶段水工建筑的勘察应符合下列规定：

1）泵房地段钻探工作应结合地层岩性特点和基础埋置深度，每个泵房勘探点数量不应少于 2 个，一般性勘探孔应达到基础底面以下 1～2m，控制性勘探孔应进入中等风化岩石1.5～3.0m；土质地基中控制性勘探孔深度应达到压缩层以下 5～10m。

2）位于土质场地的进水管线，勘探点间距不宜大于 30m，一般性勘探孔深度应达到管线底标高以下 5m，控制性勘探孔应进入中等风化岩石 1.5～3.0m。

3）与核安全有关的海堤、防波堤、钻探工作应针对该地段所处的特殊地质环境布置，查明岩土物理力学性质和不良地质作用；勘探点宜沿堤轴线布置，一般性勘探孔深度应达到堤底设计标高以下 10m，控制性勘探孔应穿透压缩层或进入中等风化岩石 1.5～3.0m。

4. 施工图设计阶段

施工图设计阶段应完成附属建筑的勘察和主要水工建筑以外其他水工建筑的勘察，并根据需要进行核岛、常规岛和主要水工建筑的补充勘察。勘察内容和要求可按初步设计阶段有关规定执行，每个与核安全有关的附属建筑物不应少于一个控制性勘探孔。

5. 工程建造阶段

工程建造阶段勘察主要是现场检验和监测，其内容和要求按现场检验和监测有关规定及相关规定执行。

核电厂的液化判别应根据《核电厂抗震设计规范》（GB 50267—1997）执行。

4.6.3.3　室内实验和现场测试

1. 初步可行性研究阶段的室内实验项目

岩石试验项目应包括密度、弹性模量、泊松比、抗压强度、软化系数、抗剪强度和压缩波速度等，土的试验项目应包括颗粒分析、天然含水率、密度、相对密度、塑限、液限、压缩系数、压缩模量和抗剪强度等。

2. 可行性研究阶段的室内实验项目

岩土室内试验项目除应符合初步可行性勘察阶段的要求外，增加每个岩体（层）代表试样的动弹性模量、动泊松比和动阻尼比等动态参数测试。

3. 初步设计阶段勘察的测试

本测试除应满足一般建筑物试验、原位测试和监测的要求外，尚应符合下列规定：

（1）根据岩土性质和工程需要，选择合适的原位测试方法，包括波速测试、动力触探试验、抽水试验、注水试验、压水试验和岩体静载荷试验等；并对核反应堆厂房地基进行跨孔法波速测试和钻孔弹模测试，测求核反应堆厂房地基波速和岩石的应力应变特性。

（2）室内试验除进行常规试验外，还应测定岩土的动静弹性模量、动静泊松比、动阻尼比、动静剪切模量、动抗剪强度、波速等指标。

4.6.3.4　核电厂监测内容

除了符合岩土工程勘察规定的监测内容外，还应包括：

（1）地震活动监测系统。

（2）放射性流出物和环境监测。

（3）核电厂常规岛热力性能在线监测等内容。

4.6.3.5　核电厂勘察报告内容

核电厂勘察报告除应符合岩土工程勘察规范规定的报告内容外，还应有核电厂各勘察阶段进行的所有工作和提供资料的描述。

4.6.4　既有建筑物的增载和保护工程岩土工程勘察

既有建筑物的增载和保护的类型主要指在大中城市的建筑密集区进行改建和新建时可能遇到的岩土工程问题。特别是在大城市，高层建筑的数量增加很快，高度也在增高，建筑物增层、增载的情况较多；不少大城市正在兴建或计划兴建地铁，城市道路的大型立交工程也在增多等。深基坑、地下掘进、较深较大面积的施工降水、新建建筑物的荷载在既有建筑物地基中引起的应力状态的改变等是这些工程的岩土工程特点。

4.6.4.1 既有建筑物增载和保护勘察要求

1. 既有建筑物的增载和保护的岩土工程勘察要求

（1）搜集建筑物的荷载、结构特点、功能特点和完好程度资料，基础类型、埋深、平面位置，基底压力和变形观测资料；场地及其所在地区的地下水开采历史，水位降深、降速、地面沉降、形变，地裂缝的发生、发展等资料。

（2）评价建筑物的增层、增载和邻近场地大面积堆载对建筑物的影响时，应查明地基土的承载力，增载后可能产生的附加沉降和沉降差；对建造在斜坡上的建筑物尚应进行稳定性验算。

（3）对建筑物接建或在其紧邻新建建筑物，应分析新建建筑物在既有建筑物地基土中引起的应力状态改变及其影响。

（4）评价地下水抽降对建筑物的影响时，应分析地下水抽降引起地基土的固结作用和地面下沉、倾斜、挠曲或破裂对既有建筑物的影响，并预测其发展趋势。

（5）评价基坑开挖对邻近既有建筑物的影响时，应分析开挖卸载导致的基坑底部剪切隆起，因坑内外水头差引发管涌，坑壁土体的变形与位移、失稳等危险；同时还应分析基坑降水引起的地面不均匀沉降的不良环境效应。

（6）评价地下工程施工对既有建筑物的影响时，应分析伴随岩土体内的应力重分布出现的地面下沉、挠曲等变形或破裂，施工降水的环境效应，过大的围岩变形或坍塌等对既有建筑物的影响。

2. 建筑物接建、邻建的岩土工程勘察要求

（1）除应符合建筑物的增层、增载和邻近场地大面积堆载的岩土工程勘察的要求外，尚应评价建筑物的结构和材料适应局部挠曲的能力。

（2）除按既有建筑物的增载和保护的岩土工程勘察的有关要求对新建建筑物布置勘探点外，尚应为研究接建、邻建部位的地基土、基础结构和材料现状布置勘探点，其中应有探井或静力触探孔，其数量不宜少于3个，取土间距宜为1m。

（3）压缩试验成果中应有 $e-\lg p$ 曲线，并提供先期固结压力、压缩指数、回弹指数和与增荷后土中垂直有效压力相应的固结系数，以及三轴不固结不排水剪切试验成果。

（4）岩土工程勘察报告应评价由新建部分的荷载在既有建筑物地基土中引起的新的压缩和相应的沉降差；评价新基坑的开挖、降水、设桩等对既有建筑物的影响，提出设计方案、施工措施和变形监测的建议。

4.6.4.2 勘察内容

建筑物的增层、增载和邻近场地大面积堆载的岩土工程勘察应包括下列内容：

（1）分析地基土的实际受荷程度和既有建筑物结构、材料状况及其适应新增荷载和附加沉降的能力。

（2）勘探点应紧靠基础外侧布置，有条件时宜在基础中心线布置，每栋单独建筑物的勘探点不宜少于3个；在基础外侧适当距离处，宜布置一定数量勘探点。

（3）勘探方法除钻探外，宜包括探井和静力触探或旁压试验；取土和旁压试验的间距，在基底以下一倍基宽的深度范围内宜为0.5m，超过该深度时可为1m；必要时，应专门布置

探井查明基础类型、尺寸、材料和地基处理等情况。

（4）压缩试验成果中应有 $e-\lg p$ 曲线，并提供先期固结压力、压缩指数、回弹指数和与增荷后土中垂直有效压力相应的固结系数，以及三轴不固结不排水剪切试验成果；当拟增层数较多或增载量较大时，应作载荷试验，提供主要受力层的比例界限荷载、极限荷载、变形模量和回弹模量。

（5）岩土工程勘察报告应着重对增载后的地基土承载力进行分析评价，预测可能的附加沉降和差异沉降，提出关于设计方案、施工措施和变形监测的建议。

4.6.4.3　岩土工程评价

1. 评价地下开挖对建筑物影响的岩土工程勘察要求

（1）分析已有勘察资料，必要时应做补充勘探测试工作。

（2）分析沿地下工程主轴线出现槽形地面沉降和在其两侧或四周的地面倾斜、挠曲的可能性及其对两侧既有建筑物的影响，并就安全合理的施工方案和保护既有建筑物的措施提出建议。

（3）提出对施工过程中地面变形、围岩应力状态、围岩或建筑物地基失稳的前兆现象等进行监测的建议。

2. 评价基坑开挖对邻近建筑物影响的岩土工程勘察要求

（1）搜集分析既有建筑物适应附加沉降和差异沉降的能力，与拟挖基坑在平面与深度上的位置关系和可能采用的降水、开挖与支护措施等资料。

（2）查明降水、开挖等影响所及范围内的地层结构，含水层的性质、水位和渗透系数，土的抗剪强度、变形参数等工程特性。

3. 评价地下水抽降影响的岩土工程勘察要求

（1）研究地下水抽降与含水层埋藏条件、可压缩土层厚度、土的压缩性和应力历史等的关系，作出评价和预测。

（2）勘探孔深度应超过可压缩地层的下限，并应取土试验或进行原位测试。

（3）压缩试验成果中应有 $e-\lg p$ 曲线，并提供先期固结压力、压缩指数、回弹指数和与增荷后土中垂直有效压力相应的固结系数，以及三轴不固结不排水剪切试验成果。

（4）岩土工程勘察报告应分析预测场地可能产生地面沉降、形变、破裂及其影响，提出保护既有建筑物的措施。

项目5 水利水电工程地质勘察

【学习目标】 掌握水利水电工程地质勘察各勘察阶段的任务；在掌握了水利水电工程常见工程地质问题和工程地质分析的基础上，理解水利水电工程枢纽、水库、地下建筑物和渠道的勘察要点；了解天然建筑材料勘察和储量计算。

【重点】 水利水电工程地质勘察各勘察阶段的工作内容和工作方法。

【难点】 水利水电工程枢纽、水库、地下建筑物和渠道的勘察要点。

任务5.1 水利水电工程地质勘察阶段划分

水利水电工程地质勘察的主要任务是通过对水利水电建筑区工程地质条件和岩土工程问题的调查和分析，为水利水电建筑的规划、设计、施工提供可靠的地质依据。水利水电工程地质勘察分为四个阶段，即规划勘察阶段、可行性研究勘察阶段、初步设计勘察阶段和施工设计勘察阶段。对大型、重要的工程，要求严格遵循勘察阶段，按顺序完成各阶段勘察工作。对中小型工程，在条件简单情况下，则可以适当压缩勘察阶段，简化工程地质勘察工作。下面逐一介绍各勘察阶段的勘察内容，各勘察阶段水库区和坝址区的勘察要点和方法。

5.1.1 规划阶段工程地质勘察

规划阶段工程地质勘察应对规划方案和近期开发工程选择进行地质论证，并提供工程地质资料。规划阶段工程地质勘察任务是了解规划河流、河段或工程的区域地质和地震概况；了解规划河流、河段或工程的基本工程地质条件和主要工程地质问题；对规划河流（段）和各类规划工程天然建筑材料进行普查。为各类水资源综合利用工程规划选点、选线和合理布局进行地质论证并提供工程地质资料。

1. 主要勘察工作内容

坝址区：对梯级开发坝区来说，要了解基本工程地质条件，注意河谷第四系分布，重要不良地质现象的分布和规模；岩层透水性及可能产生渗漏的地段。近期开发工程和控制性工程的坝区，应在上述基础上进一步了解坝基软弱夹层大致分布；坝区内大断层、活断层及缓倾角断层情况；风化壳深度；透水层及隔水层大致深度；岸坡稳定条件及地下水高程。对第四系地区应了解其厚度及基本物理性状，尤其要注意不良土石体的分布。

水库区：梯级开发库区内，要了解严重威胁水库规划方案成立的重大不良地质现象（主要是滑坡、泥石流，岩溶的分布）以及大规模的浸没、塌岸和严重渗漏可能性问题。近期开发工程和控制性地段，应对上述有关问题作出初步评价。

2. 一般勘察方法

坝址区：梯级开发区以工程地质测绘和物探为主，测绘比例尺选用 1：5000～1：1 万

（平原区 1∶1 万～1∶2.5 万），物探工作主要布置不少于 3～5 条物探剖面，以了解覆盖层厚度、地下水和地质构造情况。适当做些试验工作。近期开发和控制性区段，在上述工作基础上，在代表性勘探剖面上布置 3～5 个钻孔，主要了解地层情况，结合钻孔做压水试验工作。两岸适量布置轻型坑探工程。

水库区：主要结合区域地质调查来进行，对近期开发和控制性工程，如存在重大岩土工程问题，要进行专门工程地质测绘，有重点地布置少量勘探工作。水库工程地质测绘比例尺应选用 1∶2.5 万～1∶5 万，测绘范围应包括研究渗漏问题有关的分水岭及邻谷地区。

5.1.2　可行性研究阶段工程地质勘察

可行性研究阶段工程地质勘察应在河流、河段或工程规划方案的基础上选择工程建设位置，并应对选定的坝址、场址、线路等和推荐的建筑物基本形式、代表性工程布置方案进行地质论证，提供工程地质资料。

1. 主要勘察内容

坝址区：①了解河床及两岸第四系地层厚度、分布和物质组成，特别是软土层及砂砾卵石层分布；②了解基岩岩性、分层（类），软弱夹层的分布、厚度、性质，分析其与工程的关系；③了解坝区断裂带的产状、延伸、性质、规模、充填物质，尤其是顺河断裂及缓倾角断裂，分析它们对工程的影响；④了解风化分带及各带厚度、分布规律和强度性质；⑤初步分析存在的崩、滑体等不良地质现象的形成条件、稳定性和危害程度；⑥了解坝址区水文地质条件及岩土体透水性，岩溶发育深度和主要岩溶现象的存在情况，分析渗漏的可能性。

水库区：在全面了解库区工程地质条件基础上，着重针对库区岩土工程问题进行勘察研究，即：①调查库区水文地质条件，分析通过各种渗漏通道产生渗漏的可能性，特别是岩溶区，要结合岩溶发育程度和隔水层分布情况，分析渗漏途径和形式，并进行渗漏量估算，分析其对建库的影响和处理的可能性；②根据地形地貌条件、水文地质条件和第四系地层分布情况，研究浸没的可能性，初步预测浸没区范围；③调查对工程有影响的滑坡、泥石流分布，初步评价其稳定性，对土岸的塌岸情况也要作出预测；④配合地震部门对水库诱发地震问题作出可能性判断。

2. 一般勘察方法

坝址区：采用 1∶2000～1∶5000（平原区 1∶2000～1∶1 万）的工程地质测绘。各比较坝址布置 1～3 条勘探剖面，其剖面应能控制坝址河床、软弱夹层、顺河断层、不稳定岸坡。手段以钻探为主，峡谷陡岸坝肩部位也可考虑平洞勘探，物探工作主要用来配合查明地质结构、风化层、覆盖层、不稳定坡体以及钻孔测井工作。钻孔应分段做压水试验（第四系地层作抽水试验）。岩土试验以室内物理力学指标测试和现场简单测试为主。对这些重要现象可开展长期观测工作。

水库区：主要采用 1∶1 万～1∶5 万工程地质测绘，重点研究地段可选用较大比例尺测绘。应用物探方法配合调查滑坡体、地下水情况、岩溶、断裂带等。影响库坝址选择的重大岩土工程问题，应布置勘探剖面进行钻探工作，结合钻探进行一些试验工作。

5.1.3　初步设计阶段工程地质勘察

初步设计阶段勘察是整个勘察工作中最关键和最重要的阶段。勘察工作是在选定的坝址和建场地上进行的，旨在全面查明建筑区工程地质条件和库区存在的岩土工程问题，为选定大坝及其他主要建筑的轴线、形式、规模以及有关岩土工程问题处理方案提供地质资料、数据和建议。

1. 主要勘察内容

坝趾区：在前阶段工作基础上，进一步加深了解如下地质内容：①在查明场地内第四土层分布和厚度基础上，进一步提出各土层的变形模量、压缩系数、允许渗透梯度等参数，查明砂类土的振动液化条件；②在岩体详细的分层（类）基础上，结合建筑要求，分段分类提出岩体的有关物理力学性质指标，进一步查明坝基（肩）岩体内软弱夹层（或软弱结构面）的物质成分、起伏差、连通率、组合关系以及力学参数；③了解岩体各风化带的物理力学性质和抗水性，提出开挖深度和处理措施；④深入查清对工程有影响的断裂破碎带的一些细节内容，包括准确的产状、宽度、构造岩的物理力学性质等，提出处理措施；⑤查明岩土体的水文地质结构，各层的渗透系数，渗漏带的边界条件，预测渗漏量及基坑涌水量，提出防渗处理范围和深度；⑥查清坝基（肩）的工程地质条件，针对不稳定结构体、渗透变形的土石体存在情况，对坝基（肩）岩体的稳定性作出评价。

水库区：中心内容是深入查清所存在的主要岩土工程问题，并作出确切结论。具体有：①详细查明渗漏地段的渗漏途径和通道、边界条件、渗透性大小等，计算渗漏量，确定防渗处理范围和深度；②在前阶段圈定的可能浸没区内，进一步搞清土层分布、结构、厚度、物理性质、毛细性、渗透性、地下水位、浸没的地下水临界深度，作出预测并提出防治措施；③查明不稳定边坡的边界条件，对近坝区的崩滑体做出稳定性判断，第四系土体库岸要预测塌岸范围，提出防治措施；④如果存在水库诱发地震可能性，即应进一步开展工作，对产生水库诱发地震的地质条件作出分析评价。

2. 一般勘察方法

坝趾区：进行 1：1000～1：2000 的工程地质测绘。物探工作主要是配合钻探和坑探进行，结合建筑物需要布置勘探剖面，进行一定数量的钻探工作，如坝基处要沿坝轴线布置主勘探剖面和上、下游辅助勘探剖面，勘探点间距 20～100m 不等，一般孔深应深入到拟定建基面以下 1/3～1/2 倍坝高。大型和重要工程，一般均需布置重型坑探工程和大口径钻探，拱坝坝肩也应布置坑探工程，查明岩体结构等。结合室内试验开展一些现场试验工作，如岩体坝基的现场变形模量试验不少于 4 点，软弱面原位抗剪试验不少于 4 组。水文地质试验要兼顾到灌浆处理工程情况，进行压水（抽水）试验。视情况开展长期观测工作。

水库区：应针对专门问题采取相应的勘察方法。一般都要进行 1：2000～1：1 万工程地质测绘。此外，如研究渗漏问题可采用物探方法探测溶洞发育情况、地下水情况；采用钻孔揭露地下水位和进行地下水位动态长期观测工作；地下水调查的连通试验工作等。如研究浸没问题应布置适当的勘探剖面，原则上，浸没区每一地貌单元至少有两个控制钻孔；勘探剖面之间可以结合物探方法了解地下水位等条件；试验工作主要了解土的渗透性、毛细性、基本物理性质相化学性质，每一浸没区主要土层的物理、化学性质试验不少于 10 组，塌岸区的工程地质勘察中，一般每隔 200～3000m 布置一条勘探剖面；各土层应做不少于 10 组的物理力学性质试验。

5.1.4　施工详图设计阶段工程地质勘察

本阶段的基本任务是利用施工开挖条件验证已有地质资料，补充论证新发现的岩土工程问题。进行施工地质编录、预报和验收工作，提出施工期工程地质监测工作的建议。

主要工作内容是对新发现的问题和临时建筑地点的补充勘察和评价；施工开挖面的记录描述工作；配合设计、施工等部门进行地基处理和其他验收工作。

勘察的方法视具体情况而定，一般采用超大比例尺的测绘、专门性的勘探、试验工作。同时，继续完善长期观测工作。

上述仅对各勘察阶段的研究内容及工作方法作了一般性介绍，实际工作中，可参照有关规范的细则指导工程地质勘察工作。

任务 5.2 水利水电枢纽工程地质勘察

在水利水电工程地质勘察中，枢纽地区的勘察最重要，也最繁重。大坝是水利枢纽的主体建筑物，因此枢纽地区工程地质勘察以大坝为主，所以又称为坝址区的工程地质勘察。

5.2.1 不同坝型对工程地质条件的要求

水坝起拦挡水流、抬高上游水位的作用，是水工建筑物中的主要建筑。水坝类型较多，不同类型的水坝其工作特点和对工程地质条件的要求不同。按筑坝的材料不同，主要可分为散体堆填坝和混凝土（或浆砌石）坝两类。前者是适应于较大变形的柔性结构，又可分为土坝、堆石坝、干砌石坝等；而后者则是变形敏感的相对刚性结构，按结构又可分为重力坝、拱坝和支墩坝等。

1. 土坝

土坝是利用当地土料堆筑而成的历史最悠久、采用最广泛的坝型。它有很多优点：①可以就地取材、造价相对较低；②结构简单，施工容易，既可以大规模机械化施工，又可以机械化施工；③属柔性结构物，抗震性能好；④对地质条件要求低，几乎在所有条件下均可修建；⑤寿命较长，维修简单，后期加高、加宽均较容易，因此，在各国坝工建设中所占比例最大。我国 15m 以上的水坝中土坝占 95％；美国土坝比例占 45％，日本占 86％。有些国家采用这种坝型堆筑高坝，如苏联、加拿大和美国。

土坝对工程地质条件的要求如下：

（1）坝基有一定强度。由于土坝允许产生较大的变形，故可以在土基（软基）上修建。但它是以自身的重力抵挡库水的推力而维持稳定的结构物，体积很大，荷载被分布在较大的面积上，所以要求坝基材料具有一定承载能力和抗剪强度。选择坝址时，应避免淤泥软土层，膨胀、崩解性较强的土层，湿陷性较强的黄土层以及易溶盐含量较高的岩层作为坝基。考虑到高坝地基产生的沉陷量较大，坝体应采取超高建筑的形式设计，使超高等于所计算的最终沉降量。

（2）坝基透水性要小。坝基若是深厚的砂卵石层或岩溶化强烈的碳酸盐岩类，则不仅会产生严重的渗漏，影响水库蓄水效益，而且可能会出现渗透稳定问题。在河谷地段地下水位较低、岩石透水性较强的碳酸盐岩地区建坝，常会出现"干库"。因此，在查明以上条件后，要进行防渗设计。

（3）附近应有数量足够、质量合乎要求的土料，包括一般堆填料和防渗土料，它直接影响坝的经济条件和坝体质量。

（4）要有修建泄洪道的合适地形、地质条件。需要修建泄洪道是土坝的特点，在选坝时必须考虑有无修建泄洪道的有利地形、地质条件；否则会增加工程布置的复杂性性和造价。

2. 堆石坝（干砌石坝）

坝体用石料堆筑（干砌）而成，它也是一种就地取材的古老坝型。现今由于机械化施工和定向爆破技术的不断发展，堆石坝已成为经济坝型的一种。

堆石坝对工程地质条件要求与土坝大致相同，但地基要求要高些。一般岩基均能满足此种坝的要求；而松软的淤泥土、易被冲刷的粉细砂、地下水位较低的强烈岩溶化地层，则不适宜修建此种坝型。此外，采用刚性斜墙防渗结构的堆石坝，应修建在岩基上，修建堆石坝的另一重要条件是坝趾区要有足够的石料，其质量的要求是有足够的强度和刚度及有较高的抗风化和抗水能力。

3. 重力坝

重力坝也是一种常见坝型，有混凝土重力坝和浆砌石重力坝。由于它结构简单，工作可靠、安全，对地形适应性好，施工导流方便，易于机械化施工，速度快，使用年限长，养护费用低，安全性好，所以重力坝在近代发展很快，在各种坝型中的比例仅次于土坝。目前，世界上最高的重力坝是瑞士的大获克逊（Grand Dixence）坝，高为285m。

重力坝的特点是重量大，依靠其自重与地基间产生的摩擦力来抵抗坝前库水等的水平推力，保持大坝稳定。同时，还利用其自重在上游面产生的压应力，足以抵消库水等在坝体内接触面上产生的拉应力，使之不致发生拉张破坏。重力坝在满足抗滑稳定及无拉应力两个主要条件的同时，坝体内的压应力通常是不高的。如一座高达70m的重力坝，其坝体最大压应力一般不超过2MPa，所以材料强度未能被充分利用，不经济。同时，由于基础面较宽，地基面上的压应力也较小。

浇筑混凝土坝体时，由于温度效应会使其产生裂缝。为了克服上述缺点和节省材料，近数十年来国内外创造发展了宽缝式、空腹式、空腹填渣式及预应力式等新型重力坝。重力坝对工程地质条件的要求如下：

（1）坝基岩石的强度要高。要求坝基岩石坚硬完整，有较高的抗压强度，以支持坝体的重量。同时，也应具有较大的抗剪强度，以利于抗滑稳定性。因此，一般要求重力坝修建在坚硬的岩石地基上，软基是不适宜的。当坝基中有缓倾角的软弱夹层、泥化夹层和断层破碎带等软弱结构面时，对重力坝的抗滑极为不利，尤其是那些倾向与工程作用力方向一致的缓倾角结构面。坝基中若有河流覆盖层和强风化基岩时，需清除或加固。

（2）坝基岩石的渗透性要弱。坝基岩石中的缝隙，会产生渗漏及扬压力，对水库蓄水效益和坝基抗滑稳定均不利。特别是强烈岩溶化地层及顺河向的大断裂破碎带，在坝址勘察时应十分注意，对它们的处理常常是复杂和困难的。

（3）就近应有足够的、合乎质量要求的砂砾石和碎石等混凝土骨料，它往往是确定重力坝型的依据之一。

4. 拱坝

拱坝在平面上呈圆弧形，凸向上游，拱脚支撑于两岸。作用于坝体上的库水压力等，借助于拱的推力作用传递给拱端两岸的山体，并依靠它的支承力来维持稳定。拱坝是一个整体的空间壳体结构。从水平切面上看，它是由许多上下等厚或变厚的拱圈叠成，大部分荷载即由拱的作用传递到两岸山体上。在铅直断面上，则是由许多弯曲的悬臂梁组成，少部分荷载依靠梁的作用传递给坝基。由于拱是推力结构，只要充分利用它的作用，即可充分发挥材料强度。典型的薄拱坝，比起相同高度的重力坝可节省混凝土量 80%，如法国的托拉（Tora）拱坝高为 85m，其最大厚度仅 2.4m。因而，拱坝是一种经济合理的坝型，但它的施工技术要求很高。

拱坝具有较强的抗震性能和超载能力。位于阿尔卑斯山区的瓦伊昂（Vaiont）双曲拱坝，高为 261.6m，当 1963 年 10 月 9 日水库左岸的高速巨大滑坡体进入库内时，激起 250m 高的涌浪，高 150m 的洪波溢过坝顶泄向下游，而坝体却安然无恙。

拱坝的上述结构特点，决定了它对工程地质条件的特殊要求如下：

（1）坝趾应为左右对称的峡谷地形。河谷高宽比（L/H）应小于 2，越狭窄的 V 字形峡谷，越有利于发挥拱坝的推力结构作用。若地形不对称，就需开挖或采取结构措施使之对称。

（2）坝基及拱端应坐落在坚硬、完整、新鲜、均匀的基岩上，上、下游岸坡和拱端岩体稳定，且无与推力方向一致的软弱结构面存在。

（3）拱坝要求变形量小，特别应注意地基的不均匀沉降和潜蚀等现象。

5. 支墩坝

支墩坝是由相隔一定距离的支墩和向上游倾斜的挡水盖板组成。库水压力等由盖板经支墩传递给地基。为了增加支墩的整体性和侧向稳定性，支墩还常设有加劲梁。根据盖板的形状不同，支墩坝可分为平板坝、大头坝和连拱坝。

支墩坝是一种轻型坝，它的特点是能比较充分地利用材料强度，能利用上游面的水重帮助坝体稳定，扬压力对它的作用很小。因此，可节省大量材料。

支墩坝对工程地质条件要求较低，可修建在各种地基上，在地基较差的河段中修建支墩坝时，通常设有基础板，把荷载分布在地基上，以免除由不均匀沉陷而产生扭应力。支墩坝可修建在较宽阔的河谷中，但要求两岸坡度不易过陡；否则，必须做一段重力墩来过渡。

由于支墩坝的坝轴方向整体性差和对坝肩岩体变形抵抗能力低，在强震区和坝肩存在蠕滑体时，不宜选用此种坝型。

5.2.2　坝趾选择的工程地质论证

选择坝趾是水利水电建设中一项具有战略意义的工作。它直接关系到水工建筑物的安全、经济和正常使用。工程地质条件在选坝中占有极其重要的地位，选择一个地质条件优良的坝趾，并据此合理配置水利枢纽的各个建筑物，以便充分利用有利的地质因素，避开或改造不利的地质因素。

坝趾的概念应该包括整个水利枢纽各种建筑的场地。所以在坝趾选择时除了考虑主体建筑物挡水坝的地质条件外，还应研究包括溢洪、引水、电厂、船闸等建筑物的地质条件，为规划、设计和施工提供可靠依据。

坝趾选择，一般按照"面中求点，逐级比较"的方法进行。即首先了解整个流域的工程地质条件，选择出若干个可能建坝的河段，经过地质和经济技术条件的比较，制定出梯级开发方案，并确定首期开发的河段或坝段。进一步研究首期开发段的工程地质条件，提出几个供比选的坝趾，经过工程地质勘察和概略设计之后，对各比选坝趾的地质条件、可能出现的工程地质问题及各建筑物配置的合理性、工作量、造价和施工条件等进行论证，选定一个坝趾。坝趾比选是一项十分重要的工作，它决定了以后的勘察、设计、施工的总方针，因而需要地质、水工设计及施工等人员相互配合、详细讨论后决定。然后，在选定的坝趾区再提出几条供比选的坝轴线，进行详细的勘察和各种试验，为设计提供各种必要的地质资料和参数，并主要由地质条件确定施工的坝线。

在自然界中，地质条件完美的坝趾很少，尤其是大型的水利枢纽，对地质条件的要求很高，更不能完全满足建筑物的要求。所谓"最优方案"是比较而言的，最优坝趾在地质上也会存在缺陷。所以在坝趾选择时，也应当考虑不同方案为改善不良地质条件的处理措施。因此，地质条件较差、预计处理困难、投资高昂的方案，应首先被否定。

坝趾选择时，工程地质论证的主要内容包括区域稳定性、地形地貌、岩土性质、地质构造、水文地质条件和物理地质作用以及建筑材料等，还要预计到可能产生的工程地质问题和处理这些问题的难易程度、工作量大小等，下面分别论述。

1. 区域稳定性

区域稳定性问题的研究在水利水电建设中具有特别重要的意义。围绕坝趾成要开发的河段，对区域地壳稳定性和区域场地稳定性进行深入研究是一项战略任务。特别是地震的影响直接关系着坝趾和坝型的选择，一般情况下，地震烈度由地震部门提供，但对于重大的水利枢纽工程要进行地震危险性分析和地震安全性评价。因此，对于大型水电工程，在可行性研究阶段，应组织专门力量解决区域稳定性评价。

2. 地形地貌

地形地貌条件是确定坝型的主要依据之一，同时，它对工程布置和施工条件有制约作用。狭窄、完整的基岩 V 形谷适合修建拱坝，所以坝趾通常选在河流峡谷段。但是河谷过于狭窄，则对枢纽和施工场地布置不利，给施工导流也增加难度。所以一般宜选择宽度适中的峡谷河段作为坝趾，这样坝体工作量既不过大，枢纽和施工场地的布置及施工导流也都比较方便。峡谷段较长时，以接近峡谷进、出口段比较有利。但峡谷段河流冲刷能力强，有时可能形成局部深槽、深潭；或因冰川、泥石流、崩塌等地质作用，在河谷底部堆积身后的松散沉积层，这在勘察工作中也是需要特别注意的。

丘陵地区河谷横剖面形态往往较复杂，河谷也较宽阔，两岸谷坡通常较缓；或形成一岸陡峻，另一岸平缓的不对称河谷。河床覆盖层一般较厚，以砂砾石为主，阶地比较发育，天然建筑材料丰富。在这类河谷中选择坝址要因地制宜，具体分析，一般宜选择地形相对完整，宽度适中的河段。宽高比大于 2 的 U 形基岩河谷区宜修建混凝土重力坝或砌石坝。宽敞河谷地区岩石风化较深或有较厚的松散沉积层，一般修建土坝。

不同地貌单元其岩性、结构有其自身的特点，如河谷开阔地段，其阶地发育，二元结构和多元结构往往存在渗漏和渗透变形问题。古河道往往控制着渗漏途径和渗漏量等。因此在坝趾比选时要充分考虑地形、地貌条件。此外还应当充分利用有利地形条件，布置水电站或施工导流、泄洪、通航等建筑物。这样可以减少主体工程施工时的干扰，今后运行也较方便。

3. 岩土性质

岩土性质对建筑物的稳定来说十分重要，对坝址的比选具有决定性意义。因此，在坝趾比选时，首先要考虑岩土性质。修建高坝，特别是混凝土坝，应选择坚硬、完整、新鲜均匀、透水性差而抗水性强的岩石作为坝趾。我国已建和正在施工的 70 余座高坝中，有半数建于强度较高的岩浆岩地基上，其余的绝大多数建于片麻岩、石英岩和砂岩上，而建于可溶性碳酸盐岩和强度低易变形的页岩、千枚岩上的极少。

在世界坝工建设史上，由于坝基强度不够，而改变设计、增加投资，甚至发生严重事故者不乏其例。例如，美国圣弗朗西斯科（St. Francis）坝是一座高 62.6m 的混凝土重力坝，坝趾岩石为云母片岩和红色砾岩，二者在右岸斜坡上呈断层接触。砾岩泥质胶结，并穿插有石膏细脉，强度低且易饱水软化崩解。水库于 1926 年初开始蓄水，至 1928 年初突然垮坝，右翼首先被水冲溃；继之左翼也坍垮，仅残留河床中部 23m 长的一个坝段。后经查明，垮坝的原因是右岸红色砾岩中石膏脉的溶解和岩石软化崩解以及左岸云母片岩顺片理滑动。我国黄河干流上的八盘峡水利枢纽坝基岩石系白垩纪红色砂页岩，岩性软弱，由于勘察和选坝工作粗糙，未查清坝基地质条件就施工，第一期基坑开挖后才发现有两条顺河大断层切穿坝基岩体，在进一步勘察过程中又查明了坝基内顺层的缓倾角软弱泥化夹层分布广，抗剪强度低，对坝基抗滑稳定影响极大。此外，断层带及软弱泥化夹层有发生渗透变形的可能。经计算，原设计断面已不能满足稳定的需要。为改善地基条件被迫炸毁三段导墙，将坝线上移 103m，使开挖量和混凝土浇筑量加大、工期延长。

　　下面将不同成因类型岩土的建坝适宜性及其主要问题作简要概述。

　　侵入的块状结晶岩体，一般致密坚硬、均一、完整、强度大、抗水性强、渗透性弱，是修建高混凝土坝最理想的地基，其中尤以花岗岩类为最佳。这类岩石需注意它们与围岩以及不同侵入期的边缘接触面、平缓的原生节理、风化壳和风化夹层的分布，选坝时避开这些不利因素。

　　喷出岩类强度较高、抗水性强，也是较理想的坝基。我国东南沿海、华北和东北有不少大坝坐落在这类岩石上。喷出岩的喷发间断面往往是弱面，存在风化夹层、夹泥层及松散的砂砾石层，还有凝灰岩的泥化和软化等，对坝基抗滑稳定性的影响不可忽视。此外，玄武岩中的柱状节理，透水性很强，在选坝时也须注意研究。桑干河干流上的山西省册田水库大坝坝基为新生代的玄武岩，柱状节理极发育，坝基及绕坝渗漏严重，影响水库蓄水效益。

　　深变质的片麻岩、变粒岩、混合岩、石英岩等，强度高、抗水性强、渗透性差，也是较理想的坝基。但是在这类岩体中选坝址，必须注意片理面的各向异性及软弱夹层的存在，选坝时，应避开软弱矿物富集的片岩（如云母片岩、石墨片岩、绿泥石片岩、滑石片岩）。在浅变质岩的板岩、千枚岩区，应特别注意岩石的软化和泥化问题。

　　沉积岩中，以厚层的砂岩和碳酸盐岩为较好的坝基。这类岩石坝基较岩浆岩、变质岩的条件复杂。这是因为在厚层硬岩层中常夹有软弱岩层，这些夹层力学强度低，抗水能力差，易构成滑移控制面。碎屑岩类如砾岩、砂岩等，强度与胶结物类型有关，一些胶结物在水的作用下可能产生溶解、软化、崩解、膨胀等。在构造变动下往往发生层间错动，经过次生作用易于发生泥化。在坝趾比选时必须十分注意这一问题。此外，碳酸盐岩的岩溶洞穴和裂隙的发育，可能会产生严重的渗漏。

　　另外，在坝趾比选中，河床松散覆盖层具有重要意义。修建高混凝土坝，坝体必须坐落在基岩之上，若河床覆盖层过厚，就会增加坝基的开挖工程量，使施工条件复杂化。所以其他条件大致相同时，应将坝趾选择在覆盖层较薄的地段。有的河段因覆盖层过厚，只得采用土石坝型。比选松散土体坝基的坝趾时，须研究渗漏、渗透变形和振动液化等问题，而且应避开如淤泥类土等软弱、易变形土层。

4. 地质构造

地质构造在坝趾选择中同样占有重要地位，对变形较为敏感的刚性坝来说更为重要。

在地震强烈活动或活动性断裂发育的地区，选坝时应尽量避开或远离活断层，而位于区域稳定条件相对较好的地块上。在选坝前的可行性研究时，应进行区域地质研究，查明区域构造格局。尤其要查明目前仍持续活动或可能活动断裂的分布、类型、规模和错动速率，并预测发生水库诱发地震的可能及震级。国外有些水坝就因横跨活断层而坝体被错开或致垮坝。例如，美国西部位于圣安德烈斯大断裂上的晶泉坝和老圣安德烈斯坝，在1908年旧金山大地震时分别被错开2.5m和2m。1963年洛杉矶附近鲍尔德温山水库大坝的溃决，则是因通过库区和坝下的断层活动，水沿断层渗流使坝基中粉、细砂层发生渗透变形所致。经研究，断层的最大错距达150mm。我国新丰江水库1982年3月6.1级诱发地震发生后，更重视了选坝中对区域稳定条件的研究。

地质构造也经常控制坝基、坝肩岩体的稳定，在层状岩体分布地区，倾向上游或下游的缓倾含层中存在层间错动带时。在后期次生作用下往往演化为泥化夹层。若有其他构造结构面切割的话，对坝基抗滑稳定极为不利，在选坝时应特别注意。因为缓倾岩层的构造变动一般较轻微，容易被忽视。陡倾甚至倒转岩层，由于构造形变强烈，岩石完整性受到强烈破坏，在选坝时更要特别注意查清坝基内缓倾角的压性断裂。总之，要尽可能选择岩体完整性较好的构造部位做坝趾，避开断裂、裂隙强烈发育的地段。

5. 水文地质条件

在以渗漏问题为主的岩溶区和深厚河床覆盖层上选坝时，水文地质条件应作为主要考虑的因素。

从防渗角度出发，岩溶区的坝址应尽量选在有隔水层的横谷，且陡倾岩层倾向上游的河段上。同时还要考虑水库是否有严重的渗漏问题，岸区最好是强透水岩层底部有隔水岩层的纵谷，且两岸的地下分水岭较高。

当岩溶区无隔水层可以利用的情况下，坝趾应尽可能选在岩溶发育微弱、岩石渗透性不强烈的河段为坝趾。硅质灰岩、白云岩或白云质灰岩，比同样条件下的石灰岩岩溶发育程度要微弱。构造断裂不发育，河谷近期强烈下切的河段，岩溶发育也相对要差一些。

6. 物理地质作用

影响坝址选择的物理地质作用较多，诸如岩石风化、岩溶、滑坡、崩塌、泥石流等，但从一些水库失事实例来看，滑坡对选择坝趾的影响较大。

在河谷狭窄的河段上建坝可节省工程量和投资，所以选择坝趾时总希望找最窄的峡谷地段。但是，峡谷地段往往存在岸坡稳定问题，一定要慎重研究。如法国罗曼什河上游一坝趾，地形上系狭窄河段，河谷左岸由花岗岩和三叠纪砂岩及石灰岩构成。右岸是里亚斯页岩，表面上看来岩体较完整，后经钻探发现页岩下面为古河床相的砂砾石层，表明了页岩是古滑坡体物质，滑坡作用将河槽向左岸推移了70m，因而只得放弃该坝趾而另选新址。我国江西某水电站勘察中也遇到类似的情况，原拟在下游的茶子山河段上建坝，经勘察发现由花岗岩及变质砂岩组成的右岸高陡岸坡岩体已发生变形移位、危岩耸立。于是不得不放弃该坝趾而在上游另选罗湾坝趾进行勘探。

滑动堆积区是强烈透水的，若在滑坡体上建坝不但会产生强烈的渗漏，而且滑坡体还有可能重新滑动，危及大坝的安全。因此选坝趾是应尽量避开滑坡地段，如必须在滑坡处建坝，则应对比工程处理的难易程度，慎重进行坝趾选择。

近坝库区若在蓄水后，甚至施工期间。有发生大规模崩滑的可能，也会严重威胁大坝的安全。意大利瓦力昂水库的崩滑，就是这方面最著名的例子。

7. 天然建筑材料

天然建筑材料也是坝址选择的重要因素。坝体施工常常需要当地材料，坝趾附近是否有质量合乎要求、储量满足建坝需要的建材，如砂石、黏土等，是坝趾选择应考虑的。

天然建筑材料的种类、数量、质量及开采条件和运输条件对工程的质量、投资影响很大，在选择坝趾时应进行勘察。

5.2.3 溢洪道工程地质勘察

溢洪道是渲泄水库正常高水位以上多余的洪水，以保证大坝安全的泄水建筑物。溢洪道在整个枢纽中的地位十分重要，有时甚至可能左右坝趾和坝型的选择。

溢洪道在修建及运行过程中经常遇到的主要工程地质问题有：高边坡稳定问题，溢洪道闸基（堰槛段）的地基稳定问题和陡槽段、消能段的地基稳定问题。前两个问题已有论述，现仅分析溢洪道陡槽段和消能段的地基稳定问题。

1. 陡槽段地基稳定分析

当溢洪道底板不衬砌时，陡槽段岩体的破坏主要由高速水流的冲刷所致。岩体的抗冲刷性能，既与岩性有关，又与构造破坏和风化作用的影响有关。如果岩体新鲜，坚硬、完整，受断裂构造影响较小，则抗冲刷性能较好，冲蚀破坏较小。若岩体软弱或胶结不好；或受断裂构造影响较大，节理发育，岩体破碎；或受风化作用影响岩体强度下降，则易遭受高速水流冲刷破坏。

陡槽内水流速度过高时，不但能冲毁破碎的岩体（或软弱岩体），有时竟连混凝土板也一起冲走。为了防止陡槽段底板被水流冲毁，所用的砌石护料要有足够重量，砌护面板厚度不应太薄。

对于有衬砌的溢洪道，渗透水流对陡槽段底板稳定的影响，是一个必须注意的问题。渗透水流的扬压力作用在底板下面，减轻了底板的重量，若底板与岩体之间胶结不良，其间存在缝隙或底板下排水不畅，底板的刚度又不够，则可能被鼓起，甚至鼓裂，或者产生滑动。渗透水流还可将裂隙中细小颗粒带出，造成底板下土体的潜蚀，结果底板下面被掏空，致使溢洪道遭到破坏。

为了减少地下水对溢洪道底板的渗透压力，施工时常在护面板（即底板）底下设置纵横方向的排水沟，沟内充填砂、碎石等反滤料，排走面板底下的地下水，保证面板正常工作和稳定。

陡槽地基岩土的冻胀作用，也常使冬季严寒地区的底板破坏。因此，在这些地区应将陡槽段放在不易受冻胀影响的岩（土）体地基上，或采用处理措施保证其不受冻胀破坏。

2. 出口消能段地基稳定问题

溢洪道出口消能段的地基岩体，若过于软弱，或风化破碎，或其中软弱结构面（特别是有缓倾角的）形成不利的组合，在洪水巨大推力下容易失稳，其回流水的冲刷，还有可能危及坝基稳定。在采用挑流消能时，下游冲刷坑能否扩大而危及挑流鼻坎基础稳定，亦是必须研究的问题之一。

因此冲刷坑的位置应尽量设置在坚硬、新鲜、完整的岩体上。冲刷坑距离工程基础的保证一定的安全距离。

　　3. 溢洪道位置的选择

　　溢洪道的布置应根据不同的地形、地貌、地质条件和不同坝型的要求，因地制宜。一般重力坝和拱坝常采用坝顶溢流方式，或者坝顶加底孔溢洪，这样虽能使枢纽布置紧凑，管理方便，但往往会出现坝下游的冲刷问题。土坝、堆石坝和多数的支墩坝，一般不允许坝顶溢流，必须在坝体以外设置旁侧溢洪道，或者开凿溢洪隧洞。为了避免坝下游产生剧烈冲刷，重力坝和拱坝也有布置这类溢洪道的。

　　在选择溢洪道位置时，应尽量使溢洪道长些、宽些，因为水流在溢洪道内高速下泄，冲刷能力极强，这样可以减轻冲刷。同时应尽量避免深挖方，因为开挖边坡过陡，边坡容易失稳；开挖边坡过缓，则工程量太大。溢洪道也不宜和断层、岩层的走向平行。

　　溢洪道应尽量设置在坚硬完整的岩体上，避免从节理裂隙发育、风化作用强烈的地段通过。也不应从第四系松散覆盖层厚度很大，或是滑坡、泥石流、岩溶等物理地质现象发育的地段通过。

　　溢洪道进口段地形要开阔些，以保证水流畅通。出口处则应离坝趾要有一定距离，避免回流掏蚀坝趾。

　　为避免施工和运行时的相互干扰，溢洪道应尽可能不与放水洞、发电洞及船闸布置在同一侧，也不宜离坝体太近。有条件利用坝体附近的垭口地形，布置溢洪道最为理想。这样既不影响大坝和其他建筑物，开挖量又小。但垭口处往往地质条件比较复杂，对垭口式溢洪道要特别注意堰槛基础的稳定。若山体单薄，尚需注意渗漏和地下水对陡槽段基础渗透破坏问题。

5.2.4　施工导流建筑工程地质勘察

　　在河床中修建水利枢纽，必须引导河水绕过施工场地流至下游。常用的导流方式有：隧洞导流、明渠导流、涵管导流、渡槽导流、河床分段导流、坝体底孔或缺口导流等多种形式。总的来说可以分成两大类：一类是另辟水道，让河流暂时绕流；另一类则是利用原有河道的一部分进行导流。采用合理的施工导流方式，不但能使施工顺利，工期缩短，还能节省工程投资。导流方式选用不当或不重视导流建筑物的勘察，就有可能导致施工过程出现重大问题，不仅要延长工期，增加投资，甚至还能使施工中的工程全部毁灭，造成巨大的生命财产损失。因此水利水电工程建设，应当高度重视施工导流建筑物的勘察设计。施工导流条件是比选坝址的一个重要方面。

　　1. 施工导流常用方式

　　（1）隧洞导流。在峡谷河段，只有在岸边挖掘导流隧洞作为新的水道，并用上、下游围堰拱截河流，使河水经由导流隧洞下泄，然后将基坑内水排干，开挖清基，进行基础处理和主题建筑物的施工。

　　隧洞的断面需根据河流的流量来确定，由于大坝施工时间有的往往长达数年，在这几年中，就有可能遇到很大的洪水。流量较大的河流，不仅需要大断面的导流隧洞，甚至需要多条导流隧洞才能满足要求。为了加大洞内水流的流速以减小隧洞断面，隧洞往往有较大底坡或作成有压隧洞，这就要求上游围堰有较大的高度，才能形成所需水头。

　　隧洞导流一般来说工程量大，工期长，技术复杂，而且要求有合适的工程地质条件，要求岸坡岩体坚硬完整，作为隧洞围岩的地下岩体结构稳定。为了缩短隧洞长度，隧洞最好放在河流凸岸，或者利用河弯进行导流。

（2）明渠导流。在河岸开挖明渠，再用围堰阻断河流，河水即经由渠道下泄。明渠开挖方便，施工较快，对地质条件的要求较低，能过较大流量，故优于隧洞导流。采用明渠导流要求河谷稍宽，至少有一岸谷坡较缓，或有较宽的阶地、漫滩。明渠的主要工程地质问题是内侧高边坡稳定问题、明渠外导墙的基础稳定问题和基坑的渗漏问题。

（3）河床分段导流。利用上下游围堰和连接它们的纵线围堰将一部分河床先围住，抽水后形成第一期施工基槽，河水则有河床的另一部分下泄。待第一期工程大坝修到一定高程后，再将河床另一部分围住，同时拆除仪器工程上下游围堰，让河水经由一期工程预留的底孔或缺口下泄，而在河床的另一部分进行二期工程的修建。

采用河床分段导流，河谷应比较开口，而且最好要有修建纵向围堰的有利地形地质条件，如河床覆盖层不厚或有心滩、孤岛。葛洲坝水利枢纽的导流工程就是利用了长江河床中的黄草坝、葛洲坝这两个河心洲滩，修建了长度超过 1000m 的纵向围堰。

2．围堰及其地质要求

围堰是导流工程中用以围护基坑，保证建筑物能在水中施工的临时性挡水建筑物，在完成导流任务后，一般都要立即拆除，所以结构通常都比较简单，修建和拆除都比较容易，常用的围堰形式为土围堰或土石混合围堰，它可以利用挖方弃土直接在河水中填筑。

由于围堰是在河水流动的情况下修建的，堰基的河床覆盖层无法挖除，所以河床覆盖层的性质对围堰基础的稳定和渗漏至关重要。为此要求覆盖层较薄，透水性较小，颗粒级配条件不致引起渗透变形。需要用混凝土防渗墙进行堰基防渗处理的，要求覆盖层中大块石要小要少。覆盖层中若有细粉砂层，容易在地震和高压水流的作用下发生液化或产生流沙，也会危及堰基和基坑开挖边坡的稳定。

在布置围堰时，除考虑地质条件外，还应考虑基坑的范围，围堰坡脚距基坑开挖边线要留有一定距离，这样既对围堰稳定有利，又能为施工期间根据基坑开挖后所暴露的地质情况，加深基坑开挖或修改摆动坝轴线带来方便。因为原来设计的建基高程及坝轴线位置是在有河水及河床覆盖层的情况下通过勘探来决定的，与实际情况往往会有些出入，所以这种调整在工程实践中是常有的。

也有些大型工程由于各种原因需要修建较高的混凝土围堰，这就要按坝的要求进行勘察。

5.2.5 枢纽工程地质勘察要点

5.2.5.1 规划勘察阶段

规划选点阶段的勘察工作，首先是搜集规划河流及其邻近地区的区域地质资料，包括航空照片和卫星照片，只在已有资料不能满足要求的情况下，才开展沿河的区域地质工作，必要时范围还可扩展到相邻河流。在此基础上，研究河流规划方案，拟定各规划方案的勘察工作计划。

各规划方案枢纽的工程地质勘察工作，以地质测绘为主，配合必要的轻型山地工作和物探工作。测绘比例尺，峡谷区一般采用 1：1 万～1：5000，平原区 1：2.5 万～1：1 万。

对近期开发工程的坝段，通过工程地质测绘和物探工作，应选出一个或几个代表性的坝址，每个坝址可布置一条勘探剖面。剖面上钻孔的深度应超过覆盖层和风化层，并打到相对隔水层，其中河床部分，应有深孔控制，以了解岩性、构造或岩溶发育状况。基岩钻孔应进行压水试验，河床覆盖层厚度较大时，应尽量作单孔抽水试验。平原松软地基的钻孔尚应进行标准贯入试验和取样等工作。各主要坝趾的代表性岩、土、水样的取样试验工作，可视具体需要布置。

5.2.5.2 初步设计勘察阶段

1. 初步设计第一期工程地质勘察工作的布置

本期勘察工作，首先应针对影响坝趾选定的关键性问题进行布置。工作中应注意及时淘汰那些有明显重大缺陷的比较方案，对各自存在的主要工程地质问题的查明深度应大致相同。该期勘察工作的布置原则如下：

(1) 工程地质测绘的比例尺，在峡谷区宜采用1：5000～1：2000，平原区宜采用1：1万～1：2000。测绘范围应能满足研究和阐明各比较坝趾工程地质条件的需要，岩溶地区的测绘范围应视具体情况可适当扩大。

(2) 对主要的比较坝址，一般应布置2～3条勘探剖面，各种勘探工作（包括钻孔、探坑、探槽、平洞、竖井及物探工作）的布置，应视地质条件的复杂程度、建筑物形式和规模而定。钻孔间距一般为100～200m，局部地层变化复杂地段应适当加密，并应控制主要地貌和地质构造单元。正常高水位以下的基岩钻孔段应全部进行压水试验。遇砂砾石层或其他主要含（透）水层时，应分层进行抽、注水试验。

(3) 各比较坝趾的有关岩（土）层，应分层取样进行物理力学性质试验，方法一般以试验室测定为主。必要时，应对主要的软弱夹层进行野外试验。

(4) 在坝趾区选有代表性的钻孔和泉，对地下水动态进行长期观测，岩溶区尚应进行岩溶洞穴间的连通试验。对工程有影响的不稳定岩体，也应开展长期观测工作。

溢洪道工程地质勘察，以工程地质测绘为主，比例尺一般采用1：5万～1：2000。测绘范围视其距坝远近，可单独测绘，也可包括在坝趾工程地质测绘的范围内。溢洪道地段的勘探工作，主要布置探坑和探槽，必要时也可布置少量钻孔，孔深一般达到底板高程以下10～15m，特殊情况下还应适当加深。

结合枢纽区的勘察，还应论证各比较坝趾的施工导流方案的工程地质条件。必要时也可单独布置物探和钻探工作，查明施工导流建筑物的主要工程地质问题。

2. 初步设计第二期工程地质勘察工作的布置

本期勘察工作的布置，应按选定坝址的地质条件、坝高、水工布置等情况而定。基岩波谷区的勘察工作布置原则如下：

(1) 工程地质测绘的范围，应包括该坝址的有关建筑物（包括上下游围堰和导流工程）地段及对施工和运转安全有重要意义的地段，比例尺一般采用1：2000～1：1000。

(2) 沿坝轴线必须有勘探剖面，上、下游必须有辅助剖面（可结合截水墙、防渗帷幕设置）。在溢流坝段、厂房坝段应有纵（顺河）剖面。勘探点的位置、深度和相互间距，应结合建筑物类型、坝高（或基础宽度）、地质条件等具体确定。河床部分钻孔的孔深，除少数控制性深孔以外，一般为坝高的2/3～1倍，中低坝或闸基，一般为坝高或闸底板宽度的一倍左右。

(3) 为了查明风化带、断层带、软弱夹层、卸荷裂隙、岩溶洞穴和滑塌体等情况，应考虑在坝基、坝肩或有关地段布置平硐、竖井或大口径钻孔等重型勘探工作，均应达到新鲜或完整岩石内一定深度，必要时，对拱坝的坝肩，应每隔一定高度布置一层平洞。

（4）布置的各种勘探工作，应尽量利用来进行物探、钻孔电视、孔壁取样、现场岩体力学试验等。所有勘探工程均应用文字和图表进行编录，并尽量用彩色照片和录像把最要地质资料记录下来。不留作长期观测或其他用途的勘探工程，均应做好回填处理，以免破坏地基的完整。

（5）岩（土）物理力学试验研究工作，应以室内试验和野外试验相结合为原则。取样深度应达到坝基以下 1/2～1/3 坝高的深度范围。水文地质试验主要集中在坝基、坝肩和帷幕线上，对断层破碎带或岩溶区的溶蚀裂隙夹泥，应进行潜蚀（管涌）试验。岩溶暗河上进行连通试验，继续进行地下水动态长期观测，研究其变化规律。不稳定岩体的变化观测也要继续进行。

对平原区河谷，初步设计第二期坝址工程地质勘察工作的布置原则如下：

（1）地质测绘工作一般不再进行。

（2）勘探剖面应结合坝（闸）轴线、防渗线、减压井、消能建筑物、翼墙、闸墩等布置，土石坝轴线剖面开始宜控制在 50～100m 内；辅助剖面 100～200m 内，并根据土层变化的复杂程度适当加密或减稀；混凝土建筑物或地质条件比较复杂地段，宜控制在 20～50m 之间，局部地段还可适当加密。孔深一般为 1.5～2 倍坝高或 1.5～2 倍闸基宽度。如地基中隔水层较浅时，孔深一般打到这些岩层中一定深度。如埋藏很深时，应设置部分控制性深孔。

（3）持力层范围内的每一土层，均应取原状土样，测定其物理力学性质指标。还应针对不同土层的工程地质问题布置各种野外试验，如混凝土拖板（抗剪）试验、软土层的十字板剪力试验、砂土地基的振动液化试验，砂卵石层的管涌试验和湿陷性黄土的试抗浸水试验等。

（4）钻探时应注意划分含水层与隔水层，测定各含水层的初见水位和静止水位，并进行野外渗透试验、地下水动态观测、水质化学分析等工作。

初步设计第二期溢洪道工程地质勘察工作的布置原则如下：

（1）溢洪道若离坝较远，应单独进行工程地质测绘，比例尺采用 1：2000～1：1000。

（2）勘探工作应沿溢洪道、溢流堰（泄洪闸）、消能建筑物等中心线以及有复杂工程地质问题地段布置。勘探方法以钻探为主。

（3）根据建筑物要求，并结合地质情况进行必要的试验和长期观测。主要溢流堰地基岩石的抗剪试验、钻孔压水试验和地下水动态、边坡稳定性的长期观测。

围堰和导流工程的勘探工作，应充分利用坝（闸）趾和其他枢纽地区建筑物的勘探试验资料。如资料不足，应沿上、下游围堰轴线和导流明渠中心线布置必要的勘探剖面，开展有关岩土的物理力学性质和渗透性能的试验工作。

3. 施工详图设计阶段

施工图设计阶段的工程地质勘察工作，主要围绕着选定的坝轴线地段进行。其任务是校核初步设计阶段的地质资料，查明新提出的工程地质问题。因此这一阶段的勘察工作主要是勘探和试验的补充性工作，以平洞、竖井和大口径钻探为主。由于在本阶段施工准备工作和施工导流工程往往已经开展，这就十分有利于本阶段勘察工作的进行，所以应尽量利用先期施工开挖出来的剖面和导洞。

为了补充和验证岩土的有关指标，必须进行补充性试验工作，包括某些现场大型试验。配合设计、施工和科研等有关单位，进行地基基础处理和其他有关试验。

继续进行长期观测工作，并根据新的情况对观测项目和观测程序进行调整。

在施工图设计阶段，还应进行施工临时建筑工程和附属企业，如施工便桥、混凝土拌和楼、机械修配厂等的地基勘察工作。

4. 施工地质工作

施工地质工作的主要任务是及时观察、描述、记录和测量在施工开挖过程中节理的各种地质现象，编制相应的图件和文字说明；预测其发展趋向，及时提出有关工程地质预报和处理建议；参加地基验收工作。

施工地质编录工作是对施工开挖过程中和建基面上所暴露的各种地质现象，进行系统的观察、记录和测量。基坑的编录一般都分块进行，通常用1：100～1：20比例尺进行素描的方法绘制基坑地质图。编录时要特别注意软弱结构面、断层破碎带、岩体风化、岩溶等重要地质现象的细微变化。

在施工开挖期间，还要定期或不定期地对由于爆破、基坑排水、灌浆、围堰壅水等可能引起的地基岩体膨胀回弹、岩体开裂、边坡变形、围堰松软基础的流土管涌现象以及易风化岩体的风化速度，进行认真细致的观察。

在基坑内还应采集代表性岩石标本，特别是泥化夹层标本，进行编号建档，永久保存。必要时可取原状样进行试验室复核试验。

施工过程中，如发现地基的实际情况与原勘察结论有较大出入，或发现有新的不利地质因素，或由于施工方法不当使岩体稳定性遭到破坏时，均应及时向设计和施工单位反映，以便修改设计或采取其他有效措施。

基坑验收也是施工地质的一项重要工作，其目的是确保开挖工作的质量，使建基面的岩体性质能满足建筑物稳定性的要求。具体工作如下：

（1）检查基坑开挖深度是否已达到设计标高，风化、破碎和松动、软弱岩体是否已按规定清除；已达到建基面标高的岩体，其强度和完整性是否已达到预期的标准；建基面岩体表面清理是否达到要求，岩屑是否已冲洗干净，裂隙中的充填物是否已冲洗掉，岩体表面凿毛和起伏情况是否符合要求；岩溶洞穴、裂隙、深槽、深潭及勘探坑孔清理回填的质量是否满足要求；等等。只有在基坑开挖处理质量满足要求后，才能签字验收。

（2）施工地质工作期间，应编写施工地质日记。施工地质工作结束之后，应编写施工地质报告。施工地质报告是对工程地质条件的全面、系统和概要性的总结，内容包括地基开挖的地质情况、存在问题、主要结论、最后处理措施及其效果等的论述，并附以施工地质图件。还应包括"运转期间地质观测工作大纲"，以便出运转负责单位进行水文地质和地基变形、边坡稳定情况等的长期观测工作。

（3）为了总结经验教训，提高工程地质勘察工作的理论和技术水平，应通过施工开挖对有关工程地质问题的勘察研究方法进行探讨，同时对施工地质工作的指导思想、工作方法、不利地质问题处理等方面的经验进行总结，提出改进的建议，编写工程地质勘察技术总结。

任务5.3　水库区工程地质勘察

水库区工程地质勘察工作及其对库区地质构造的了解，不仅能为讨论水库区工程地质问题提供地质依据，而且由于水库区范围往往很大，特别是一些大型水库可长达数十千米，因而也为论证坝区的工程地质问题提供了较为广阔的地质背景资料。而某些库区的工程地质问题有时可能影响到坝趾的选择和工程规模的确定。

由于水库区面积大，工程地质测绘是最主要的勘察手段。必要时在重点地段也可布置少量勘探、试验和长期观测工作。

水库蓄水后，周边水文地质条件发生剧烈变化，因此常引起一些工程地质问题。水库常见工程地质问题有水库渗漏、库岸稳定、库周浸没、水库淤积等，如果这些问题不予以解决，后果不堪设想。本节主要讨论水库渗漏与浸没、水库塌岸的工程地质勘察。

5.3.1　水库渗漏和浸没勘察

水库渗漏主要与地形地貌条件、分水岭地区的水文地质条件、岩石性质、地质构造和岩溶发育状况等地质条件有关，因此水库渗漏的工程地质勘察工作也总是围绕这几方面进行的。

研究水库渗漏问题时，前先应了解水库周围有无高程低于水库正常高水位的低洼地形（包括河流、沟谷、湖泊和洼地等）。在水文网切割密度和深度都比较大的山区，容易具备有利于渗漏的地形地貌条件，具体渗漏方向可以是向邻谷渗漏或通过河弯向下游渗漏。

中小型水利水电工程，为了获得较高的水头或能控制较大的灌溉面积，往往在相对高程比较高的地方建库，并与附近的低洼地距离较近，因而水力梯度也就比较大。因此对这种地区需要测定分水岭的高度和宽度。一般来说分水岭越高大宽厚，渗漏的可能性就越小。水库的渗漏还与地层岩性和地质构造有很大的关系，因此必须搞清可能渗漏段的地层岩性及地质结构，透水岩层的空间分布；有无断层从这里通向库外，断层的性质、规模和胶结情况；有无古河道通向库外；若系岩溶地区，还应进一步了解该地区岩溶的发育规律，有无岩溶通道通向库外，必要时应进行专门的岩溶调查与测绘。通过这些工作来判断地形上可能渗漏的地段有无漏水通道。若存在漏水通道，则应对该地区进行水文地质调查，必要时进行专门的水文地质测绘，来了解有无地下分水岭。若不存在地下分水岭，或地下分水岭的高程低于水库正常高水位，则还应进行水文地质试验，测定其渗透系数，以便计算渗漏量，研究防渗处理措施。勘探孔应顺渗漏方向布置，其中有些孔应考虑留作长期观测孔，以研究地下水位的变化。在分水岭地区钻探，孔深往往较深，交通运输不便，供水困难，工程比较艰巨，因此这类勘探孔的布置要特别慎重。

水库的浸没需要有一定的地形地貌、岩性构造和水文地质条件。水库的浸没主要发生在库岸平坦开阔的地区。平原地区往往利用低洼地或湖泊，在四周筑堤修建水库，库水位往往高出周围地面，导致库周地下水位的上升，浸没问题就比较严重。山区水库一般浸没问题不大，但若有高出水库正常高水位不多的开阔阶地或库周有低洼地带，也可能产生较严重的浸没问题。此外在库岸岩体透水性较好的情况下，也有可能使库周附近的矿井、隧洞或其他地下工程建筑涌水量增加。

浸没问题的勘察，在平原地区应对地貌和第四系沉积物进行认真的研究，因为浸没与岩土的水理性质有很大关系。若库岸由不透水或透水较微弱的岩层所组成，则可限制地下水的上升，浸没不易发生。在透水性较大而毛细性又较强的土的分布地区，则不但地下水位易上升，而且还要考虑毛细水上升高度。因此预测水库的浸没问题时，还必须对库周的岩土类型及其水理性质进行深入的研究。

浸没的影响还和水文地质条件有很大关系，应当很好调查库周的地下水位和它的排泄条件。当库岸地下水位高于水库正常高水位时，则不会发生浸没现象；当地下水位很低时，浸没可能造成的影响也不大；若地下水排泄条件较好，地下水位不易上升，则浸没影响也比较小。因此，测定地下水位及其变化幅度对研究浸没问题十分重要。

浸没问题的调查，一般结合库区工程地质测绘进行。对由于浸没而可能对国民经济产生较大影响的地段，应开展专门的研究。除测绘外，还应进行必要的勘探试验工作。勘探坑孔宜垂直库岸布置，查明地下水的埋藏深度和隔水层的埋藏深度及产状；进行水文地质试验确定岩土的渗透系数，对土体还应测定毛细管水上升高度；对地下水动态进行长期观测，为浸没的预测及防护工作提供工程地质资料。

5.3.2　水库塌岸勘察

水库蓄水后，岸边的岩石、土体受库水饱和、强度降低，加之库水波浪的冲击、淘刷，引起库岸坍塌后退的现象，称为塌岸。塌岸将使库岸扩展后退，对岸边的建筑物、道路、农田等造成威胁、破坏，且使塌落的土石又淤积库中，减少有效库容。还可能使分水岭变得单薄，导致库水外渗。

塌岸一般在平原水库比较严重，水库蓄水两三年内发展较快，以后逐趋稳定。

影响水库塌岸的因素主要有水文气象、地形地貌、地质条件等三个方面。因此，水库塌岸的工程地质勘察工作，首先应收集库区的有关水文气象资料。主要包括全年的主要风向和风力；刮风的时间和持续时间；主要风向上库面的宽度；全年气温情况，水库冬季是否结冰，结冰的厚度；水库的各种水位，各种水位的持续时间及变化速度。这些都是水库塌岸的动力条件，必须充分掌握。

水库岸线的形态、库岸坡度和相对高度、岸边沟谷切割情况对水库塌岸也有很大影响。再通过库区工程地质测绘，搞清库岸的岩土类型和地质结构，结合库区水文气象和地形地貌资料的分析，就可预测可能发生严重塌岸和一般塌岸的地段及塌岸带的范围。

对于山区水库要特别注意查明库区大塌滑体、大松散堆积体和其他不稳定边坡在水库蓄水后的稳定条件。通过对地层、岩性、各种结构面、斜坡形状、变形破坏迹象等的调查，判断库内有无发生崩滑的可能。近坝库区发生大规模的崩滑，对大坝安全威胁极大，在选择坝址时，也必须考虑这个问题。

对有可能发生崩滑的地段，应进行大比例尺工程地质测绘，同时还应测制斜坡剖面。对有可能威胁大坝或其他重要建筑物安全的可能崩滑地段，应进行专门性的工程地质勘察，顺滑动方向布置勘探坑孔（若规模较大时，应布置勘探网），研究滑动面的情况，研究地下水位及其变化，测定岩土体的抗剪强度。必要时也可布置平硐、竖井等重型勘探工作和长期观察工作，监测研究边坡的动态，测定滑动面的确切位置，为稳定性计算和进行处理提供地质资料。

5.3.3　水库淤积问题

水库建成后，上游河水携带大量泥沙及塌岸物质和两岸山坡地的冲刷物质，堆积于库底的现象称水库淤积。水库淤积必将减小水库的有效库容，缩短水库寿命。尤其在多泥沙河流上，水库淤积是一个非常严重的问题。

工程地质研究水库淤积问题，主要是查明淤积物的来源、范围、岩性及其风化程度及斜坡稳定性等，为论证水库的运用方式及使用寿命提供资料。

防治水库淤积的措施主要是在上游开展水土保持工作。

5.3.4 水库泄洪雾化问题

21世纪随着对资源的开发利用，我国迅速成为世界高坝大水库的建设中心。以二滩水电站为起点，我国相继设计和建设了一大批接近300m或超过300m的高坝和超高坝。如小湾水电站，坝高292m；溪洛渡水电站，坝高278m；锦屏一级水电站，坝高305m等。这些水利水电工程多数位于我国西南地区，具有"高水头，大泄量，陡岸坡，窄河谷"的特点，每遇泄流，坝下游相当大的范围内有如狂风暴雨、水雾迷漫。这种泄水建筑物泄水时所引起的一种非自然降雨过程与水雾弥漫现象成为泄洪雾化问题，是近20多年来水利水电工程中所提出的一个新课题。

目前研究认为，雾化源主要来自两个方面：一是水舌空中掺气扩散，二是水舌入水喷溅。对于上下或左右两股水对冲效能情况，其雾化源也来自水舌空中碰撞。其中，水舌在空中运动形成的雾化强度较低；而水舌入水喷溅所形成的雾化更为强烈，是雾化的主要来源。

泄洪雾化造成电站无法正常运行，甚至出现停电、淹没厂房等事故；有的因雾化水流导致库区交通或居民生活受到影响，以至于不得不迁移部分建筑物；有的因雾化水流导致下游两岸山坡失稳。

泄洪雾化的研究重点是雾流的影响范围和降雨强度。目前主要有三种研究方法：原型观测、物理模型和数值计算。原型观测时认识洪流雾化的重要手段，也是进行物理模型试验和数值计算工作的基础。但这种资料匮乏，很难得到精确数据。通过对一些大坝泄洪时的原型观测和研究，就泄洪雾化影响范围和降雨强度有以下共识：

（1）在整体上，最大降雨强度和泄洪流量、泄洪落差、泄洪集中程度成正比关系。

（2）对于某一点的研究，最大降雨强度和泄洪流量、泄洪落差、泄洪集中程度不一定成正比关系。因为在这个泄洪过程中，该店可能会移出强暴雨区。

（3）陡坡对降雨强度的影响。同样的泄洪条件，在水舌下游相同距离的点，若该点靠近陡坡则降雨强度大，远离陡坡则降雨强度小。

（4）冲沟对降雨强度及雾流范围的影响。当冲沟发育，而水舌入水激溅范围有爱冲沟附近，水雾沿冲沟向上爬行，爬升高度较高，降雨强度较大，形成的径流集中从沟内下泄，可能形成较大流量。

（5）风向的影响。相同泄洪条件，水舌下游的同一测点，当自然风与水舌风同向时降雨强度大，反之则小。

目前对泄洪雾化范围的估算，都处于经验阶段，仅考虑坝高的影响，所以是不充分的。从科学的角度、定量化的分析和研究泄洪雾化现象还需要更多的研究。

5.3.5 水库区工程地质勘察要点

水库区的工程地质勘察主要在规划选点和初步设计阶段进行。

1. 规划阶段工程地质勘察

其任务是对库区的工程地质条件取得全面的认识。基本了解库区存在的主要工程地质问题：有无严重的渗漏问题；大规模的库岸塌滑问题；有无影响到重要工矿区、城镇和农田的浸没问题，平原地区还应注意有无可能引起库岸周围土地盐碱化或沼泽化的问题；有无诱发水库地震的可能性；固体径流的主要来源及对其可能采取的防治措施等。

本阶段的勘察工作，应以收集区域地形、地质资料及航片，卫片进行分析判断为主。结合河谷地质地貌调查，了解主要工程地质问题，编制小比例尺工程地质图，对重点工程地质问题所在地区，应根据具体情况，开展测绘工作，如在有可能渗漏的分水岭及邻谷地段，进行比例尺为1：10万～1：5万的水文地质及工程地质测绘，有重要控制意义的点的高程要用仪器测定。

对影响方案成立或控制工程规模的最大工程地质问题，在本阶段也可开展少量的物探和钻探工作，初步查明这些问题，为工程的可行性研究提供依据。

2. 初步设计第一期的工程地质勘察工作

应全面查清库区所有工程地质问题，并对其严重程度作出评价，提出处理措施和意见。

应当论证水库诱发地震的可能性；岩溶地区应着重查明岩溶发育的程度和规律性；相对隔水层的分布，有效厚度和构造封闭情况；地下分水岭的位置、高程；地下水的补给排泄条件；分析可能的渗漏地段、渗漏通道，对其严重性和处理的可靠性作出初步估价。峡谷型水库应查明大的塌滑体，大规模松散堆积体的分布范围和体积，分析其对水库，大坝及坝下游的可能影响。

平原型或盆地型水库，应初步查明库岸的地貌和地质特征、地下水位和发生浸没的地下水临界深度，对水库塌岸和浸没的可能范围作出初步评价。

本阶段勘察方法，以工程地质测绘为主，比例尺一般为：1：5万～1：1万。测绘范围，峡谷水库一般应测到两岸坡顶，若两岸坡顶很高，应测到谷坡变缓的谷肩部位；盆地或平原型水库一般应测到水库盆地边缘坡麓，或水库正常蓄水位以上第一个阶地的全部宽度。在有可能向邻谷渗漏的单薄分水岭地段，测绘范围应包括整个分水岭地区，并适当向一邻谷延展。岩溶地区或构造不稳定地区，还应根据实际情况和需要适当延展。对威胁水库寿命、大坝及坝下游安全的大塌滑体和不稳定边坡，应进行较大比例尺的工程地质测绘，测绘范围应能满足分析评价工程地质问题的需要。

勘探、试验和长期观测工作应布置在有重大工程地质问题的地段，主要用来查明影响方案成立和坝址选择的重要工程地质问题。勘探工作布置原则：

（1）塌滑体。一般沿塌滑体的纵横方向布置剖面，孔深应穿过滑动面，深入到稳定的岩土体。

（2）岩溶渗漏带。一般沿垂直于地下水分水岭或平行于地下水流向布置剖面，孔深应打到可靠隔水层或岩溶发育相对下限以下的适当深度。

（3）浸没区。一般沿垂直宽或平行于地下水流向布置剖面，孔深视具体情况而定，其中孔深必须打到隔水层，浅孔或试坑应打到地下水位以下适当深度。

（4）塌岸预测剖面。一般垂直库岸布置，靠近岸边的孔深应打到水库消落水位以下5～10m或陡坡脚的高程，其余坑孔深度可按具体情况确定。

自本阶段起应有计划地进行下列长期观测和试验研究工作：

（1）坍塌体或不稳定边坡位移的观测和滑动面抗剪指标的试验研究。

（2）岩溶渗漏地带，还必须进行地下水动态观测和水化学性质的研究。有条件时应进行岩溶系统的连通试验、地下暗河流量测定和水量均衡研究工作等。

（3）在重点浸没区，应进行地下水位定期观测，测定地下水的化学成分、溶解性总固体（旧称矿化度）和各土层的渗透系数、给水度、饱和度、毛细管上升高度、水溶盐含量等。

（4）为研究水库塌岸问题，应注意调查地质条件相似的河、湖产库岸的天然稳定边坡和浪击带的坡角，测定有关土层的物理力学性质。有条件时，应进行岸边击浪对塌岸带浅滩形成影响的模拟试验。

在地质构造复杂并有活动性断裂，或地震活动较为频繁，基本烈度较高的地区，还应结合水库工程地质测绘进行区域地质和地震调查，以了解坝区构造体系，论证区域稳定性问题。

3. 初步设计第二期库区工程地质勘察工作

这阶段的工作应集中在前一阶段勘察工作中提出的、需要进一步作专门性勘察或需要采取防护措施的重点地段上进行。按照选坝后确定的设计正常高水位所存在的库区工程地质问题，作出最终的确切的论证和评价，并为防护工程的设计提供地质资料。

该阶段的主要任务有：对库区的大滑体、大松散堆积体或其他不稳定边坡地段，应在选坝阶段工作的基础上，补充必要的勘探和试验工作，查明其边界条件，确定滑动面的抗滑指标和其他有关参数，进行稳定分析，并预测蓄水后的稳定性和一旦破坏时对工程建筑的影响，配合设计提出防治措施；对浸没和塌岸区，应根据水库特征水位及水库运用中的变化幅度，预测浸没区域塌岸带的宽度及其发展速度，进一步查明需要防护地段的水文地质及工程地质条件；对已初步确定的水库渗漏地段，应进一步查明渗漏的条件和范围，计算渗漏量，评价渗漏引起的后果，并和设计人员共同研究防渗处理措施。

这一阶段的工程地质勘察工作以勘探为主，配合必要的试验和长期观测工作。只是在必要的时候，在重点地段进行 1：1 万～1：2000 的较大比例尺的工程地质测绘。

勘探工作的布置应根据研究地段的重要性和地质问题的复杂程度决定。大面积浸没或塌岸预测剖面的间距一般控制在 2～5km 以内。在城镇和重要工矿企业所在地段，应有专门的预测剖面。

长期观测工作和试验研究工作，应根据库区实际存在的各种工程地质问题的严重性和已经查清的程度，接着上一阶段观测研究工作继续进行。对于防护工程设计中需要的岩土的物理力学指标，则应进行专门的勘探和试验工作。对于地震烈度在 Ⅷ 度以上的地震区，应商请有关部门设置地震台网，进行地震活动性观测，有条件时，应进行地应力和活动性断裂的观测工作。

任务 5.4　　地下建筑物的工程地质勘察

水利电力工程中的地下建筑物主要有各种地下洞室如地下厂房、地下变电站、调压井、闸门井、交通隧洞等，以及各种水工隧洞，如引水隧洞、施工导流隧洞、泄洪隧洞、尾水隧洞等。

和地面建筑物相比，地下建筑物的勘察技术要求高、费用大，一般中小型地下工程主要依始加强地面测绘工作，搜集同样地质条件下的已建工程的资料，在施工过程中加强施工地质工作，边施工边收集地质资料。但比较重要的工程，地质条件比较复杂的地区或埋藏较深的情况下，必须要运用一定的勘探手段来了解地下建筑物所在部位的岩性、构造和地下水活动的特点，并配合各种现场试验来查明其工程地质条件。

地下建筑物的工程地质勘察主要查明下列四方面的问题：

（1）围岩稳定问题。地下洞室围岩的稳定取决于围岩的初始应力状态、岩石性质、地质构造、地下水的活动等自然因素，也与地下建筑物的形状、大小和施工方法等人为因素有关。

（2）围岩参数选择。根据地质条件及观测试验资料，参照已建工程选择确定地下工程设计和施工所需要的某些地质数据如山岩压力、岩体的抗力、外水压力和围岩最小厚度等。

（3）地下建筑物位置的选择。在工程设计许可的范围内，根据地质条件尽量选择洞口和洞身工程地质条件都比较良好的位置。

（4）预报施工过程中可能出现的不良地质问题。地下工程施工的安全与地质的关系极为密切，必须根据地质条件选择施工方法，并及时预报可能出现诸如塌方、岩爆、涌水、有害气体等不良工程地质现象及其对施工产生的危害，协同有关方面及时采取防护措施以保证施工安全。

5.4.1 地下建筑物位置的选择

1. 洞口的选择

地下建筑物的进出口，处于地下和地面的交接处，受力条件复杂，尤其是有压隧洞的进出口，更为复杂。因此选择良好的洞口位置，对保证工程的顺利施工和正常运转关系极大。

洞口应选择在稳定的、坡度较陡的斜坡上，避开斜坡岩体不稳定地段，尤其要避开可能发生滑坡的地方。一般说来，陡坡岩体通常较完整，风化作用较弱，而且进洞方便，"切口"很短，有利于洞脸和两侧边坡的稳定。

若条件不具备，则应尽量选择风化层较薄、岩体完整程度较好的位置，并采取适当的工程措施，保证洞脸及两侧边坡岩体的稳定。同时还必须注意上覆松散沉积层的厚度及其稳定性，必要时应当采取措施，防止上覆松散沉积层滑落堵塞洞口。洞口还应尽量避开断层和其他破碎带，附近也不应有滑坡和泥石流活动。

2. 洞身位置选择

地下建筑物洞身的位置，应考虑工程特点和设计要求，从地貌、岩性、地质构造、水文地质条件分析入手，把洞身选在较为稳定或容易处理的岩体内。

（1）地形地貌。浅埋隧洞应当尽量避开深切河床、冲沟、山垭口，因为这些负地形往往是断层和其他破碎带之所在，隧洞经过这里，容易出现洞顶围岩太薄，岩体风化破碎厉害，雨季地面水大量渗入等不利情况。通过隧洞上方的河流、冲沟有深厚覆盖层时，应查清底部基岩的标高。若标高过低，不能保证洞顶围岩有足够的厚度时，应将洞轴线上游适当移动。对穿越分水岭的长隧洞来说，还应注意选择有利地形开辟支洞和竖井，以利施工和通风。

傍山隧洞不要靠山坡太近，不能放在风化卸荷裂隙发育的不稳定地带内，也不要通过斜坡岩体不稳定地段，尤其是有压隧洞，以免隧洞渗水引起滑坡。

（2）岩性。岩性对围岩稳定性影响很大，所以地下建筑物应尽量放在坚硬岩体之中。花岗岩、闪长岩、流纹岩等岩浆岩以及片麻岩、石英片岩、厚层的白云岩、石灰岩、钙质胶结的砂岩、砾岩等都是良好的建洞岩类，当为完整、块状结构时，对埋深一般不超过 300m 的地下洞室，岩体强度是不成问题的。

而在千枚岩、泥质板岩、泥岩、凝灰岩、泥质胶结的砂岩和砾岩等软岩中修建地下工程，施工过程中岩石坍塌的可能性要大得多，加固费用也要高得多。

对层状岩石，岩层的层次越多，每层的厚度越薄，且夹有软弱夹层时，对围岩稳定是不利的。

（3）地质构造。洞身应尽量避开断层破碎带及节理密集带，无法避开时，应尽量使洞身轴钱与之成较大交角通过。若交角也很难增大时，尽量争取从受断层破坏影响较轻的一盘通过。

在褶皱构造中，应把洞室布置在岩层产状变化较缓的部位，一般情况下宜放存褶曲的翼部。因为轴面附近岩石通常比较破碎，尤其向斜轴部地下水十分活跃，更应避开。但若在箱型褶皱中，轴部反较两翼完整，就不宜再把洞身布置在翼部。

在软、硬岩层相间地区，则不论地层产状是水平的还是倾斜的，应尽量地把坚硬完整，的岩层放在洞顶。因为围岩的失稳一般最容易发生在洞顶。当岩体中只有一组结构面（如层面）最发育时，宜将洞轴线垂直于该组结构面的走向；当岩体内有两组主要结构面或软弱结构面时，洞轴线宜取这两组结构面走向交角的平分线方向。

（4）水文地质条件。地下水对围岩和衬砌结构的稳定十分有害，因此地下建筑物若能放在地下水位以上的包气带中，就可大大减轻地下水的危害。若洞室必须布置在地下水位以下时，则尽量在裂隙含水层中通过，不要放在孔隙含水层中。因为孔隙含水层往往有较好的水力联系，水量大，对施工和围岩稳定不利。

地下洞室还尽量不要通过承压含水层，必须通过时应查明地下水压力大小、补给来源、排泄地区以及岩体的渗透系数等。当洞顶上面有隔水层时，应充分利用它防止地下水为害。要避免在强烈透水层的底部和相对隔水层的接触部位布置她下建筑物，因为这里地下水活动特别强烈，对施工及围岩和衬砌的稳定不利。在可能的情况下，若隔水层较厚，可以把洞室高程适当降低，以便布置在隔水层中。若隔水层很薄，则可适当提高洞室高程，以避开其接触带。

岩溶地区，应注意不要把洞室布置在地下水的季节性变动带中，因为这里水气交换强烈，岩溶发育条件最好，容易发育有大的溶洞和暗河。在岩溶地区应在掌握当地构造、岩性、地下水活动的特点以及与地表水的联系的基础上，寻找地下水活动较弱。岩溶发育相对较差的地方布置地下工程。

利用围岩天然洞穴建设地下工程时，应清其水文地质条件和论证其围岩的稳定性。

在工程实践中，地下建筑物，尤其是水利水电工程地下建筑物，位置的选择由于受到工程设计的限制，不能单纯依靠地质条件来选择，即使有条件根据地质条件来比选，也不可能做到面面俱到。因此在实际工作中，应当根据具体情况，在工程设计允许的范围内，综合权衡利弊，选择相对比较有利的位置。

5.4.2　地下建筑物工程地质勘察要点

5.4.2.1　规划和初步设计勘察阶段

规划选点阶段；一般不单独进行地下建筑物的工程地质勘察，而是结合整个枢纽区的工程地质勘察，综合区域地质条件，初步了解几个可能方案的工程地质概况，作为进一步工作的基础。

初步设计第一期地下洞室的工程地质勘察以工程地质测绘为主，隧洞区比例尺一般为1∶1万～1∶5000，测绘范围应根据各地具体情况而定，为了方案比较和轴线摆动的需要，测绘范围不应过窄。并应注意各比较方案之间有关地质现象的侧向衔接问题，测绘范围应尽可能连成一片。

在隧洞进出口段，地形低洼处以及厂房、调压井、闸门井等主要建筑物区，应布置必要的物探、探坑、探槽、钻孔和平洞，并取样进行有关试验。以了解地下洞室所在地段的松散覆盖层和风化岩的厚度，地下岩体的岩性、构造，分析围岩及斜坡岩体的稳定条件。孔深宜达到洞底以下 10～15m，钻孔数量根据实际情况确定。

初步设计第二期，在地下洞室轴线确定之后，勘察工作应重点布置在洞口、交叉段、地下厂房轴线等建筑物地段。对洞口段、傍山浅埋段或其他地质条件复杂地段，必要时应补充比例尺 1：5000～1：1000 的专门工程地质测绘，地下厂房区的比例尺为 1：2000～1：1000。

钻孔打到洞线高程附近，一般均应进行压水试验。平洞可结合施工导洞布置，深度具体视具体情况而定。地下厂房的纵横轴线应布置一定数量的钻孔，厂房顶拱和边墙附近应布置平洞，洞深应超过厂房，必要时，还应增加支洞。

勘探平洞应进行岩体弹性模量、弹性抗力系数、某些软弱结构面的岩石抗剪强度试验。必要时还应进行山岩压力和地应力的测试。

5.4.2.2　施工工程地质

地下建筑工程的施工，地质工作特别重要，这是因为地下建筑物大多数埋藏较深，受力条件复杂，即使做了大量勘察工作，往往还不能完全反映地下围岩的实际情况。为了作出正确的设计和保证施工的安全，就需要在施工阶段加强施工地质工作，及时地通过地质编录、测绘、观察工作，全面系统地收集围岩地质资料，掌握所揭露的地质情况，验证前期的勘察工作，核定主要地质数据如山压、弹性抗力系数和井水压力的修正系数等。同时进行某些采样和试验工作，修正对围岩的分类和分段，对围岩地质条件作出更确切的评价，必要时还应补充进行勘探工作，及时修正设计。

同时，还应预测施工期间可能出现的有害工程地质问题，会同有关方面一起协商研究，提出正确和切实可行的处理措施。

1. 施工地质编录与测绘工作

地下建筑物开挖之后，大多需要立即补砌，因此地质编录和测绘工作应随开挖进行，不能拖延，否则就会影响工程进度或者遗漏重要地质资料。此外，运转期间出现与地质有关的问题时，也要依靠编录测绘所得到的地质资料来研究分析，因此施工地质的编录与测绘工作十分重要，不能忽视。

地质编录工作应该详细收集地下洞室本身各个部位和进出口洞脸及两侧边坡的下列资料：

地层岩性、产状、风化带厚度，岩体（围岩）稳定状况，断层破碎带、节理裂隙的发育情况及组合关系，充填物的情况，开挖后围岩松动情况，地下水活动情况，以及施工期间发生的不良地质现象。

还应收集开挖爆破对围岩的影响，测定围岩松动圈范围和对围岩的各种处理措施及处理效果方面的资料。

2. 施工阶段的地质测绘工作

施工阶段的地质测绘工作主要有以下几项：

进出口洞脸及两侧边坡开挖后的地质平面图及纵横剖面图，比例尺一般为 1：500～1：100。

隧洞一般应绘制洞壁展视图，每隔一定距离加测横剖面图，比例尺一般为 1：200～1：50。另外还需要测洞轴线纵剖面图，比例尺一般为 1：1000～1：100。在有导洞的情况下，应编制导洞工程地质展视图。

大型洞室一般需要测绘四周边墙和顶拱展示图，底板平面图，比例尺一般为 1：200～1：50。必要时加测预拱拱座切面图，比例尺可为 1：500～1：100。

测绘时通常采用丈量结合地质素描的方法。重要的地质现象，如断层破碎带、节理密集带、软弱夹层、围岩塌方、取样试验点等都应拍摄彩色照片。重要地段应进行洞壁连续摄影，有条件时也可采用照相成图法，加快测绘工作的进度。

地下工程施工期间还应进行地质采样工作，以存档备查和进行必要的补充试验工作。对各洞段代表性的岩石及主要断层、软弱夹层、岩脉等应取样包装归档。

有条件时，应利用洞室已经开挖出来的有利条件，在现场和室内进行下列试验工作：围岩弹性抗力试验，原位变形试验，滑动面抗剪试验，代表性岩石的物理力学性质试验，渗水量的测定和水的物理化学性质分析，地应力、山岩压力和地温的测试，配合有关方面进行喷锚试验、灌浆试验以及围岩松动范围的测定等。

3. 不良工程地质问题的预报和处理

为了保证地下工程施工的安全，对有害施工和影响围岩稳定的不良地质现象应及时作出预报。在进行预报时，应对下列部位特别注意观察：洞顶及拱座存在产状不利的断层、岩脉、软弱夹层或夹泥裂隙的洞段；洞顶及洞壁透水、滴水、涌水洞段；围岩特别破碎的洞段；洞壁有与洞轴线交角很小的陡倾角断层或软弱夹层的洞段；洞顶围岩特别薄的洞段。

地下工程施工时常见的不良工程地质问题主要有：

(1) 塌方。地下洞室在开挖过程中，或虽已开挖但尚未衬砌之前，岩体由于种种原因失稳而造成的掉块、崩落、滑动甚至冒顶通称塌方。塌方主要发生在洞顶，也可发生在洞两侧壁。塌方不仅危及施工人员和机具的安全，而且还会使围岩失稳，甚至发生冒顶，增加了施工难度和衬砌费用。因此施工中要及时作出预报，采取措施防止塌方发生。

在施工过程中，若发现有小块岩石不断下落，洞内灰尘突然增多，临时支护变形或连续发出响声，渗水量突然增大或者变浑，岩体突然开裂或原有裂隙不断变宽等现象，都是可能发生塌方的预兆，大雨之后尤其可能发生塌方。

在围岩地质条件较差地段内施工时，要注意采用适当的施工方法，控制炸药用量，甚至不要炸药。有条件的情况下可以在开挖前进行灌浆或冷冻处理。开挖后及时支撑、锚固或者喷射混凝土也可有效地防止塌方的发生。

施工过程中若发现有大塌方的预兆应及时报告有关方面，若来不及处理时，应立即组织施工人员和机具撤离现场。

(2) 涌水。大量地下水突然涌出称为涌水，地下工程只要不是位于强透水岩层，涌水问题往往只是一个局部性问题，只在断层破碎带和其他构造破碎带、节理密集带发生，裂隙地下水虽有时也可能具有很高的压力，但水量一般较小。而岩溶地下水则既可以有较大流量又可具有较大压力。大量地下水的突然涌出，不仅严重影响围岩的稳定，而且还会淹没施工巷道、冲走施工设备、危害施工人员，因此必须及时进行预报以便采取必要的措施。

首先在施工之前，应当根据工程所在区域的水文地质条件，搞清地下水的活动规律，预测可能出现涌水的地段。施工过程中要及时注意观察裂隙和炮眼的出水现象，在有疑问的地方，最好能打超前水平钻孔，以提前发现问题，避免盲目施工，造成打穿高压含水层、岩溶或破碎带含水层出现突然涌水现象。探明问题后，应立即会同设计、施工人员共同研究采取冻结、排引或灌堵等办法处理。

(3) 有害气体。地下工程开挖时，有时会遇到各种有害气体，一般通称为"瓦斯"。常见的有害气体主要有沼气、二氧化碳、硫化氢和一氧化碳等。这些气体有的对人体有毒，有的易燃易爆，对施工危害很大。

沼气（CH_4）主要产自含煤、含油、含沥青地层及炭质页岩地层。碳酸盐类岩石与酸性水相遇能分解出 CO_2，有机物氧化也可形成 CO_2。在不充分氧化的情况下易产生 CO。硫化氢主要是硫化矿物在还原环境下的产物。

地下建筑物在掘进之前，应根据沿轴线地质剖面，结合这些气体的产生和运移条件，预测可能出现有害气体的地段。特别要注意那些本身虽不能产生有害气体，但有裂隙和产气地层相通的地层。在施工过程中加强检测防范措施，是可以避免事故发生的。

(4) 地温。当地下洞室埋深超过 500m 时，或通过地热异常地区，有时会因地下温度过高而影响施工。地下温度通常是每向下 33m 增加 1℃。但这个数字随地质构造、地层岩性和地形条件的不同而有所变化。当地下洞室埋藏较深时，应注意收集当地的地热情况，在勘探时测定不同深度处的温度，查明热异常区的特点和分布，预测地下洞室的温度。

当施工到高温时，应采取加强通风、制冷等降温措施，保证施工人员的健康和混凝土补砌的养护质量。

任务 5.5　渠道工程地质勘察

5.5.1　渠道的工程地质问题

渠道是一种宽度不大、延伸距离很长的线型建筑物。渠道往往通过各种不同岩土类型的地貌单元，因此常遇到各种各样的工程地质问题，例如，因渗漏而引起的其他工程地质问题，以及渠道的淤积和冲刷问题等。本任务主要讨论渠道渗漏、边坡稳定和渡槽地基的工程地质问题。

5.5.1.1　渠道渗漏问题

渠道的渗漏在所难免，但是如果渗漏量过大，渠道就不能达到引水或输水的目的，同时会造成渠道沿线地下水位抬高，导致附近土壤盐渍化、沼泽化，在黄土地区会引起湿陷变形，在山区引起边坡滑动等。

1. 渠道渗漏的工程地质条件

基岩地区渠道渗透的主要条件取决于基岩的破碎程度和渗透通道特征。绝大多数岩石的透水性很弱，但在勘察要注意渠线是否穿越强透水层或强透水带（如断层破碎带、节理密集带、岩溶发育带、强烈风化带等），这些地段可产生大量渗漏。

第四系的松散沉积层地区，渠道渗漏主要取决于松散土体透水性，而透水性强弱又与成因类型和岩性及物质组成有关，在山前地带多为坡积物和残积物，坡积物一般上部颗粒粗，坡脚处颗粒细，通过粗颗粒时则易渗漏。残积物一般颗粒粗大，透水性好，应同时考虑垂向渗漏和侧向渗漏。洪积物透水性变异很大，大型洪积扇上部，一般为粗大颗粒，透水性强，而中、前部颗粒逐渐变小，透水性也相应变弱。平原地区一般在顶部为细小的黏土颗粒，可以找到相对稳定的黏性土作为相对隔水层。但由细粒物质组成的黄土类土，具大孔隙和垂直节理，透水性较强，故黄土地区的渠道渗漏也较严重。修建于河谷中的渠道应尽量将渠道开挖于二元结构上层的黏性土中，而避开渗漏性很强的下层砂卵石层。

渠道渗漏还受地下水位控制，当地下水位高于渠水水位时不会发生渗漏。地下水位越低，渗漏越严重。

在松散堆积层上修筑渠道，主要应查明各类土的空间分布范围，并进行渗水试验，以确定渠道线路和渠道的工程设计。

2. 渠道渗漏过程及渗漏阶段

渠道渗漏特点，可由其渗漏过程来表示。渠道过水初期，由于要浸入干燥的岩土体，入渗强度较大，随着时间延续而逐渐减少，到一定时间后，便达到相对稳定状态。根据渠道的这种渗漏特点，对其渗漏过程作如下的分析。

假定透水层均匀，地下水埋藏较深，则渠道的渗漏过程大体是：渠道过水初期，渗透水流在重力和毛细力作用下，渗漏以垂直渗漏为主，并有部分侧渗。当下渗水流到达地下水面后，转向两侧渗流。若两侧渗出的水量大于渗流排走的水量时，渠底下的地下水位逐渐上升，形成地下水峰；地下水峰逐渐升高，直至与渠水连成统一水面。此时，该地下水面不再上升而趋于稳定。此后渠道以侧向渗透为主。

因此将渠道的渗透过程分为三个阶段：

（1）垂向渗漏阶段，即出现地下水峰之前阶段。

（2）回水渗漏阶段，即地下水峰开始出现至水峰逐渐升高到与渠水连成统一水面之前阶段。

（3）侧向渗漏阶段，即地下水与渠水连成统一水位以后阶段。

当地下水埋藏较浅，土层渗透性弱或侧向排水条件差，渗水很快由垂直渗漏转为回水渗漏及侧向渗漏；当地下水埋藏较深，土层渗透性强，或非常年性过水的间歇性水流渠道，则可能仅处于垂向渗漏阶段。

3. 渠道渗漏的防治措施

渠道渗漏防治主要有三种措施：

（1）绕避。在渠道选线时尽可能避开强透水地段、断层破碎带和岩溶发育地段。

（2）防渗。采用不透水材料护面防渗，如黏土、三合土、浆砌石、混凝土、土工布等。

（3）灌浆、硅化加固等。因价格昂贵而较少采用。

5.5.1.2 渠道边坡稳定问题

渠道边坡的塌滑，常使渠道遭受破坏，因此边坡稳定性问题，是渠道的一个重要工程地质问题。

边坡稳定性分析和评价在"岩石力学""土力学"课程中已有详细论述，此处不再重复。但除了边坡本身因素外，由于渠道的开挖和过水，造成渠道边坡不稳定的因素还有：

（1）由于开挖时坡脚增大，原来倾角大于坡脚的结构面，有可能在开挖后的边坡上出露，对岩土体稳定性不利。在侧向剪切力的作用下，边坡可能向开挖放向滑动。

（2）原来位于地下的岩体因开挖而出露，在风化作用下，岩体强度降低，也会引起边坡的变形。

（3）渠水渗漏或浸润岩（土）体，渠水流动时对边坡的冲刷掏蚀作用，会降低边坡的稳定性，特别是土质边坡的稳定性。地下水的冻胀也会减弱岩（土）体的强度。

（4）当渠道两侧地下水位较高，地下水向渠道渗流时，对边坡岩（土）体产生动水压力，甚至发生潜蚀现象，渠道边坡，尤其是土质边坡的稳定性也会下降。

（5）在不同的自然地员条件下，修建渠道，其边坡的稳定程度也是不相同的。几种比较典型的地质、地貌单元渠道边坡的稳定情况见表 5.1。

表 5.1　　　　　　　　　　　　　　**地形地貌对渠道边坡稳定影响**

地形、地貌单元特征	影响渠道边坡稳定性的主要因素
Ⅰ地形平缓的厚层松散堆积物地区（由黄土、砂、砾石、黏性土构成的冲积平原缓坡丘陵地形）	较深的挖方是破坏土体平衡、引起塌滑的主要原因，如果有产状倾向渠道的黏土层存在，在地下水作用下，更容易造成塌滑。砂砾石层的潜蚀是主要危险。流沙也是边坡不稳定原因之一。不良地质作用不发育
Ⅱ地形平缓的基岩地区（侵蚀阶地、高原和平缓的斜坡）	挖方较深时，岩体中的断裂、裂隙、软弱夹层等各种软弱面的发育程度、填充物组合关系（尤其是被水浸湿后，填充物质或软弱夹层可以起到润滑作用的滑动面）以及岩体的风化程度，决定着边坡稳定性
Ⅲ地形倾斜的松散堆积物地区	基本与Ⅰ相同，但不良地质作用如滑坡、冲沟、泥石流等可能较发育。另外应特别注意，因渠道渗漏浸湿或地下水作用，使整个土体沿下伏基岩斜面产生滑动
Ⅳ地形倾斜的基岩地区	基本与Ⅱ相同，但不良地质作用如崩塌、山麓堆积、泥石流等对边坡稳定性危害极大。岸边剪切裂隙的发育和强烈风化，都会降低斜坡的稳定性
Ⅴ起伏极大、地形陡峻的地区（包括基岩和松散土体构成的陡崖地形）	边坡陡立，不良地质作用非常发育，对修建明渠不利，多采用隧洞

5.5.1.3　渡槽工程地质问题

渠道在跨越深沟或穿过交通线时，常采用渡槽的形式。渡槽包括上部过水的槽箱（有时还起交通桥的作用）和支撑槽箱的槽墩。渡槽工程地质问题主要就是槽墩基础的稳定问题。

槽墩基础支撑了整个渡槽的重量，因此要求地基不应有过大的压密变形和滑动。岩质地基一般较好，但有溶洞、软弱夹层、剧烈破碎带和风化带时，也需要处理。对土质地基，应特别注意沉陷变形，尤其不均匀沉陷变形，若遇流沙、软黏土、饱水淤泥、湿陷性黄土等，则需进行专门的处理。

位于有常年水流或有较大洪流的河流、冲沟上的槽墩，应注意基础的砌置深度，以免在洪水冲刷作用下，槽墩失稳。

此外，还应注意所跨河、沟的两岸边坡稳定问题，尤其是在岸坡上、布置有槽墩的情况下，更应注意在槽墩荷载作用下边坡的稳定问题。

5.5.1.4　黄土地区渠道工程的湿陷变形问题

黄土分布区气候比较干旱，为满足城市及工农业用水，常修建一些引水工程，这些工程为当地工农业生产和人民生活用水的需要发挥了很大效益。但是，在湿陷性黄土分布地区的渠系工程，除了同样会产生渠道的渗漏和稳定问题外，还会产生湿陷变形这一特殊工程地质问题。

由国内外一些观测资料可知，黄土地区运河、渠道的湿陷变形特点是在放水以后不久（有时在 1～2 天），即在河渠两侧产生许多裂缝，其延长方向与河渠平行，每一条裂缝的长度不等，由数米至数百米，裂缝的宽度由数厘米至 1m 左右。最后形成以渠道线为中心、向两侧逐级抬升的阶梯状湿陷台阶，每级台阶高 0.1～2.5m 不等，台阶可多达十余级。说明渠道中心线附近饱水土层厚度最大，因此湿陷变形最为强烈。湿陷裂缝的深度一般为 5～15m。两岸湿陷台阶的宽度可达 80m。这种湿陷变形现象可延续几年之久，而后逐渐消失。但当渠道水文动态发生改变，或渠道加深、加宽时，这种现象仍可重新发生。

由于地质条件和黄土湿陷特性的差异，可划分出以下四种湿陷变形的形态类型：

（1）对称湿陷变形。在平原、高原、盆地中心、平坦的分水岭台地或宽广阶地的黄土地区，由于黄土层厚度较大，且岩性均匀而形成。

（2）不对称湿陷变形。在山坡、山前斜坡地段、阶地和高原的边缘坡地的黄土地区，由于黄土层厚度不一，岩性比较复杂以及渠道两岸地形起伏不平而形成。

（3）不规则湿陷变形。由于渠水渗到地下后，产生了潜蚀作用，并在黄土层内形成洞穴，之后造成地面塌陷。它实际上是一种黄土"喀斯特"现象。

（4）局部湿陷变形。由于局部地质因素或人为因素形成的碟状湿陷洼地。

对称湿陷变形只造成渠床高程的改变，对渠坡稳定性影响不大，故渠道仍可继续使用而不对称及不规则湿陷变形则往往引起渠坡及其他渠系工程较大的变形破坏，终致废弃。此外，渠道湿陷变形还可能加剧渠道渗漏。

黄土区渠道工程湿陷变形的防治措施除各种防渗措施外还可以采用预浸水法、强夯法和土垫层法等。

由以上讨论可知，湿陷变形对黄土地区的渠系工程稳定性和正常运行影响很大，故在黄土地区修建渠系工程时，应对黄土地质成因、土体结构、厚度及湿陷性特征等进行研究，并进行湿陷等级的区域划分，预测湿陷变形量，为工程设计和防治措施提供依据。

5.5.2　渠道选线原则

当各方案的引水高程、渠线的起点和终点确定之后，在地形图上即能绘出各方案的中心线位置。在渠线方案选择时，应首先考虑线路所经地区的地形、地貌条件，应尽量选择在坡度平缓、地形连续完整的地带通过。避开切割强烈的高山深谷地区，因为渠道通过这些地区时必须采用渡槽、倒虹管等跨沟工程，或出现深挖方、高填方、长隧洞和等复杂工程。也应避开坡面强烈冲刷、冲沟发育的地区，因为这里的坡面稳定性较差，冲沟的发展还会对渠道造成威胁。还要避开崩塌、滑坡、泥石流等地质灾害发育的地区，实在避不开时，应通过技术经济比较，选用隧洞和暗渠等形式通过。渠线还应尽量避免通过地质结构不良地段，如大断层破碎带，边坡结构不稳定地段，强烈漏水的地段等。在岩溶发育地区还应注意绕避溶洞、漏斗、落水洞。黄土区应尽可能将渠道布置在塬面、宽阔的梁面和阶地面上，并尽可能使线路通过老黄土分布区，以减少湿陷、渗漏和提高工程稳定性。

平原地区选线应注意避开流沙层，不要把渠道布置在软土、淤泥和泥炭分布的地区，也要尽量避开强烈渗漏的地层。

选线时还应注意沿线各种建筑材料的分布和数量。

由于渠道往往延伸距离很长，要通过许多不同的地质、地貌单元，不可避免地会遇到一些不良的工程地质条件，在这种情况下应尽量选择危害较轻、且易于改善的地方。

选线是渠道工程成败的关键，必须予以足够的重视。地质条件是选线时应考虑的首要因素，不能单纯根据地形条件来选线，更不能在地形图上来选，必须灵活掌握选线的基本原则，现场查勘，最终通过技术经济比较来选定。

5.5.3　渠道工程地质勘察要点

规划选点阶段，主要是了解引水线路地区的地形、地貌和基本地质条件。因此应当充分收集已有的地形地质资料，包括地形图、地质图，航摄或陆摄照片，收集地质条件类似的工程的地质资料，结合路线查勘，了解沿线地质情况，编绘 1：10 万～1：5 万的地质图，其范围应尽量将各比较方案包括在内。

初设第一期工程地质勘察的任务是查明与线路方案选择有关的地质问题，以便选定最优的渠道线路。对傍山渠道一般采用 1：2.5 万～1：1 万的比例尺进行工程地质测绘，查明渠道各段的地貌、岩性和构造特征；强透水、易崩解和易溶岩层的分布；自重湿陷黄土以及崩滑体、崩塌堆积、残坡积等松散岩体的分布；有无岩溶洞穴、旧矿坑、古墓、砖窑；泥石流及冲沟的发育情况及其对渠道可能产生的影响。

除平面图外，还应沿渠道中心线测制工程地质纵剖面图，每隔一定距离测制横剖面图，比例尺均应大于平面测绘的比例尺。

对于平原渠道应沿渠线布置勘探剖面。勘探点的数量，根据渠道通过地段的工程地质或地貌分区特点拟定，孔深宜打到渠底高程以下 5～10m，或打到相对隔水层。对渠道工程和主要建筑物地段，应布置专门的勘探工作，并取土样进行有关项目的试验。

初步设计第二期工程地质勘察的任务是对选定的渠道线路在继续查明其地质问题的基础上，根据边坡稳定性、渠道渗漏等条件进行工程地质分段。关于渠道的工程地质分段，目前并无统一标准。一般先根据地貌单元划分开渠道的类型，然后再根据岩性、地质构造、不良地质作用和地质灾害等进一步划分小段。对所划分的渠段，均应作出工程地质评价，有的地段地质条件简单，仅通过地质测绘即可进行工程地质评价。当地质条件复杂时，则需要通过一定的勘探、试验和计算分析之后才能作出论证。工程地质评价应针对渠道的稳定、渗漏、浸没等问题：对线路的局部移动，边坡开挖方式和稳定坡角，以及防冲、防渗、边坡加固等工程地质问题的处理措施提出建议。

初步设计第二期渠道的工程地质勘察布置的原则如下：

盘山或傍山渠道的工程地质测绘和勘探工作，均应围绕存在工程地质问题的重点地段布置。测绘比例尺一般采用 1：5000～1：1000，勘探剖面或坑孔应根据具体情况布置，当渠道通过塌滑体、大的松散堆积体或其他不稳定边坡地段，应特别注意查明其分布范围和规模，滑动面的埋深和抗剪指标，以及地下水情况。

平原渠道的工程地质勘察应结合工程地质分段布置。每一分段均应有代表性的勘探剖面，地层变化复杂的地段相应要加密。勘探方法应根据地层的性质、预定勘探深度和取样试验要求等，选用钻探、触探或坑探。对存在渗漏、浸没或盐碱化等问题的地段尚应进行野外渗透试验，对黄土类土应进行湿陷性试验工作。

渠道的交叉建筑物（渡槽、涵洞、倒虹吸管等）及深挖方、高填方地段，应进行1：2000～1：1000 的工程地质测绘和相应的勘探、试验工作，查明地基和边坡岩（土）体性质、地质结构和水文地质条件，提出地基土的承载力，开挖边坡和各层岩（土）的物理力学性质指标。勘探坑孔布置及物理力学性质试验，应根据建筑物类型和地质条件确定。

对规模较小的引水工程，可以简化为规划选线和设计两个阶段。测绘和勘探工作量可适当减少，要求也可适当降低。

任务 5.6　天然建筑材料勘察

天然建筑材料勘察是水利水电工程地质勘察中的一项重要工作。水利水电工程建筑，大多体积庞大，需要大量各种建筑材料，其中有些是由地质作用形成的，如各种天然石料、砂砾料和土料，这些我们统称之为天然建筑材料。

天然建筑材料的种类、位置、数量和质量不但影响到建筑物的造价，还直接影响到建筑物的类型和结构。例如，坝址附近没有充足的能用于建坝的土料，选用土坝就是不适宜的。

因此，在进行枢纽区勘察的同时，还要开展天然建筑材料的勘察工作，查明天然建筑材料的储量、质量及开采运输条件，为选择和设计合理的坝型，为工程的施工提供可靠的基本依据。

5.6.1　主要天然建筑材料质量要求

1. 石料

岩石也可直接用来作为建筑材料，根据开采和加工方式的不同可分为以下几种：

（1）条石。指人工开凿出来的比较规则的长方柱体石块，通常选用致密坚硬的中厚层沉积岩凿成，其尺寸依实际需要而定。条石通常用于修建各种砌石坝，也可用于地下洞室补砌材料。

（2）块石。又称片石，形状不规则，是修建堆石坝和堆石围堰的主要材料。需要选用致密块状，抗侵蚀耐风化的岩石，并要经过专门试验，结合坝高和坝型确定适用的石料。当卵砾石缺乏时，也可用块石作为制造混凝土粗骨料的原料。当天然砂缺乏时，也可用块石制造人工砂。

块石、条石的质量指标见表 5.2。

表 5.2　　　　　　　　　　　　块石、条石的质量指标

序号	项目	指标	备注
1	饱和单轴抗压强度	应按地域、设计要求与使用目的确定	埋石及砌石的硫酸盐及硫化物含量，同混凝土骨料要求
2	软化系数		
3	冻融损失率	<1%	
4	干密度	>2.4%	

2. 砂砾料

砂砾料主要用来作为拌制混凝土的骨料，也用作排水设备（如反滤层）的填料，或直接

作为某些类型土石坝坝壳的材料。

混凝土是用水泥、砂、砾石（或碎石）加水搅拌、浇筑成一定形状凝结而成的人造石。其中砂砾石是骨架，水泥是胶结材料。

作为混凝土粗骨料的卵砾石，其颗粒形状影响水泥对它的胶结，对混凝土的强度影响很大。人工制备的表面粗糙又有棱角的碎石可提高混凝土强度，浑圆的、扁平的、细长的以及表面光滑的卵石与水泥的结合力差，会降低混凝土的强度。一般砾石混凝土的强度要比碎石混凝土低 $10\% \sim 15\%$，如系极光滑的砾石甚至可低 30%。故高强度混凝土应选用碎石做粗骨料。但碎石的孔隙度及总表面积大于卵砾石，故要用较多的水泥。为了降低水泥用量，减少砾石的孔隙度，要求所用的砾石有一定的级配。天然产出的砾石级配不一定能满足要求，可通过筛分后重新配制。人工碎石料也应根据设计级配配制。

作为混凝土细骨料的砂子，若粒径太粗，会使混凝土产生泌水现象，影响混凝土的和易性；太细则会使水泥用量增加，因此也要求有一定的级配。通常用粒度模数来控制砂的级配，粒度模数是指砂样通过孔径分别为 $5.0mm$、$2.5mm$、$1.2mm$、$0.6mm$、$0.3mm$、$0.15mm$ 的一套筛子，各级筛孔上累积的筛余百分数之和除以 100，该值即为此砂样的粒度模数。砂子愈细粒度模数愈小，一般以 $2.5 \sim 3.5$ 为宜，过粗或过细都不宜采用。

砂中的有害成分有云母、黏土、硫酸盐及硫化物，有机杂质和活性骨料等。云母能使水泥胶结不牢，黏土常吸附于砂砾表面，阻碍水泥与砂砾的胶结，硫酸盐及硫化物易使水泥受到侵蚀，有机多质能降低的混凝土的强度。所谓活性骨料是指能与高碱水泥（$Na_2O + K_2O$ 含量超过 0.6% 的水泥）中碱分起化学反应的、含有无定形 SiO_2 的骨料。这种反应能生成硅酸钠胶体，附着在骨料表面，使骨料颗粒表面变软增厚，产生异常膨胀，而使混凝土破坏。

混凝土细骨料、粗骨料的质量指标分别见表 5.3、表 5.4。

表 5.3　　　　　　　　　混凝土细骨料的质量指标

序号	项　目		指标	备　注
1	表观密度		$>2.55g/cm^3$	
2	堆积密度		$>1.50g/cm^3$	
3	孔隙率		$<40\%$	
4	云母含量		$>2\%$	
5	含泥量（黏、粉粒）		$<3\%$	不允许存在黏土块，黏土薄膜；若有则应作专门试验论证
6	碱活性骨料含量			有碱活性骨料时，应作专门试验论证
7	硫酸盐及硫化物含量（换算成 SO_3）		$<1\%$	
8	有机质含量		浅于标准色	人工砂不允许存在
9	轻物质含量		$\leqslant 1\%$	
10	细度	细度模数	$2.5 \sim 3.5$ 为宜	
		平均粒径	$0.36 \sim 0.50mm$	
11	人工砂中粉粒含量		$6\% \sim 12\%$ 为宜	常态混凝土

表 5.4　　　　　　　　　　　混凝土粗骨料的质量指标

序号	项目	指标	备注
1	表观密度	>2.6g/cm³	对砾石力学性能的要求应符合《水工钢筋混凝土结构设计规范》(SL 191—2008) 的规定
2	堆积密度	>1.6g/cm³	
3	吸水率	<2.5% 抗寒性混凝土<1.5%	
4	干密度	>2.4%	
5	冻融损失率	<10%	
6	针片状颗粒含量	<15%	
7	软弱颗粒含量	<5%	
8	含泥量	<1%	不允许存在黏土块，黏土薄膜；若有则应作专门试验论证
9	碱活性骨料含量		有碱活性骨料时，应作专门试验论证
10	硫酸盐及硫化物含量（换算成 SO_3）	<0.5%	
11	有机质含量	浅于标准色	
12	细度模数	宜采用 6.25～8.30	
13	轻物质含量	不允许存在	

3. 土料

主要用来填筑各种土石坝的坝壳，以及各种防渗结构，如心墙、斜墙、铺盖等。混凝土防渗墙施工时，也要用黏土浆护壁。土料在水利水电工程中用途很广，不同用途的土料有不同的质量要求（表 5.5）。

表 5.5　　　　　　　　　　　土料的质量指标

序号	项目	均质坝土料	防渗体土料
1	黏粒含量	10%～30%为宜	15%～40%为宜
2	塑性指数	7～17	10～20
3	渗透系数	$<1\times10^{-4}$ cm/s	$<1\times10^{-5}$ cm/s
4	有机质含量（按重量计）	<5%	<2%
5	水溶盐含量	<3%	
6	天然含水率	与最优含水率或塑限接近者为优	
7	pH 值	>7	
8	紧密密度	宜大于天然密度	
9	SiO_2/R_2O_3	>2	

5.6.2 天然建筑材料的勘察

天然建材产地的选择必须在保证质量和数量要求的前提下，从以下原则加以考虑，由近而远，先上游后下游；先正常高水位以上后正常高水位以下；先地下水位以上后地下水下；先开采运输条件好的后开采运输条件差的；先集中产地后分散产地。对于线状建建筑物则应沿线选择建材产地。建材产地的选择应不影响建筑物的安全、避免或减少与工程相干扰、不占或少占耕地林地并充分利用工程开挖料。

天然建筑材料勘察工作的程序与建筑物规划设计阶段相适应，分为普查、初查、详查、复查四个阶段，其中最主要的是普查和详查两个阶段。

（1）普查阶段。宜在规划的水利水电工程 20km 范围内对各类天然建筑材料进行地质调查。草测 1∶1 万～1∶5000 料场地质图，初步了解材料类别、质量，估算储量。编制 1∶10 万～1∶5 万料场分布图。

（2）初查阶段。应查明料场岩土层结构及岩性、夹层性质空间分布、地下水位、剥离层、无用层厚度及方量、有用层储量、质量、开采、运输条件和对环境的影响等。应采用 1∶5000～1∶2000 地形图作底图，进行料场地质平面测绘及勘探布置。勘察储量与实际储量误差应不超过 400％，勘察储量不应少于设计需要量的 3 倍。

（3）详查阶段。应详细查明料场岩土层结构及岩性、夹层性质及空间分布、地下水位、剥离层、无用层厚度及方量、有用层的质量、开采、运输条件和对环境的影响。应采用 1∶2000～1∶1000 地形图作底图，进行料场地质测绘及勘探布置。勘察储量与实际储量误差应不超过 15％，勘察储量不得少于设计需要量的 2 倍，应编制 1∶5 万～1∶1 万料场分布图、1∶2000～1∶1000 料场地质剖面图。

（4）复查阶段。应调查料场详查至开采时段内，有无因天然或人工因素造成的料场明显变化，必要时应重新进行详查级别的勘察工作。

5.6.3　储量计算

5.6.3.1　计算范围的确定

（1）计算范围的周边界线，以勘探控制范围为基础，结合地形、地质条件而定。

（2）边界上限通常以上覆无用层底板为界，为保证开采出来的材料质量，计算时再扣除 0.2～0.3m。

（3）当勘探坑孔已揭穿有用层时，应以有用层底板为下限。为避免将无用层挖出来，影响建材质量，计算时也应扣除有用层 0.2～0.3m。如未揭穿，则应以实际可以控制的深度为界。

（4）水下储量计算，必须有勘探控制资料与相应的试验成果，下限应不超过实际可能最大开挖深度，具体应与设计、施工部门共同确定。

储量计算中的地下水位，一般以枯水期水位为标准，严寒地区宜以平水期水位为标准。如确实无法确定地下水位的变化，也可采用勘探时采用的地下水位。

（5）对可采范围内的无用夹层，可按实际厚度划出。对其中的有害夹层，应按边界线向有用层方向多扣除 0.2～0.3m。

5.6.3.2　储量计算方法

1. 平均厚度法

当地形平坦，可采层厚度比较稳定，勘探点布置均匀时，采用此法很容易用算术平均值法求得可采层的平均厚度，乘以根据可采层的界限而确定的计算面积，即可得到体积。

2. 平行断面法

当可采层稍倾斜，勘探坑孔布置基本为互相平行的勘探线时，即可用勘探断面来控制储量计算。根据各断面可采层的长度和厚度，可算出各断面上采层的面积 F_1，F_2，…，相邻断

面间距 L_1，L_2，…是知道的，这样就可逐个算出相邻两断面间可采层的体积 V_1，V_2，…即

$$V_1 = \frac{F_1 + F_2}{2} L_1 \tag{5.1}$$

把 V_1，V_2，…相加，即可得到该产地某一可采层体积之总和。

3. 三角形法

当产地的地形高差变化较大，可采层厚度不稳定，勘探孔间距不等或勘探线不够规则时，可将各勘探点相互连成三角形网，各个三角形的面积乘其三个顶点的可采层平均厚度即可分别求得各三角形范围内可采层的体积，然后逐一相加可得到可采层的总体积。

4. 等值线法

当勘探孔的数量很多，足以精确地画出开采层的等厚线时，用等值层间的面积乘以相应可采层厚度，即可逐步计算出可采层的体积。这一方法足够精确，但绘制等值线比较复杂，若勘探孔数量较少，则此法的精度也就会显著降低，乃至不宜采用。

必须指出，以上方法计算出来的只有可采层的体积，还不是设计所需要的储量。对于石料需乘以成料率，砂砾石料需乘以含沙率和含砾率后，才是勘探储量。

【实例 5.1】　某水电站初步设计阶段工程地质勘察报告目录

目　录

注：由于每个工程地质情况和建筑物特点不同，该目录内容仅供参考学习，切忌生搬硬套。

附录1 某江岸岩土工程勘察报告

第一章 前 言

一、工程概况

由×××有限公司兴建的某江岸项目拟建 28 层，委托×××市建筑设计研究院进行勘察设计，由于方案变化，最终的大楼高度改为 32 层，×××市建筑设计研究院的勘察资质等级不能满足要求，建设单位重新委托我院在原勘察报告的基础上重新编制勘察报告。

拟建大楼占地面积 1191.0m²，总建筑面积 31593.1m²，框剪结构，建筑物高度为 99m，单柱最大荷重 5068kN，设计地面标高为 58.60m，地下室 2 层，深度 9.90m，拟采用天然地基的筏板基础，基础底面标高为 48.70m。

二、勘察依据

本工程的工程重要性等级为一级，场地等级为二级（中等复杂场地），二级地基（中等复杂地基）。综合以上条件，本工程岩土工程勘察等级为甲级。地基基础设计等级为甲级。

本次勘察依据设计要求及下列规范、规程：

《岩土工程勘察规范》（GB 50021—2001）；

《建筑地基基础设计规范》（GB 50007—2002）；

《高层建筑岩土工程勘察规程》（JGJ 72—2004）；

《建筑地基基础技术规范》（DB 42/242—2003）；

《岩土工程勘察工作规程》（DB 42/169—2003）；

《基坑工程技术规程》（DB 42/159—2004）；

《建筑基坑支护技术规范》（JGJ 170—99）；

《建筑桩基技术规范》（JGJ 94—94）；

《建筑抗震设计规范》（GB 50011—2010）。

三、勘察任务、目的和要求

本次勘察为详细勘察。根据相关规范、规程及建设单位的工程地质勘察要求，确定本岩土工程勘察的主要技术工作如下：

（1）取得附有坐标及地形的建筑物总平面布置图，各建筑物的地面整平标高，建筑物的性质、规模、结构特点，可能采取的基础形式、尺寸、预计埋置深度，对地基基础设计的特殊要求等。

（2）查明建筑物范围内各层岩土的类别、结构、厚度、坡度、工程特性，计算和评价地基的稳定性和承载力。

（3）查明场地不良地质作用（如坍塌、滑坡等）的成因、类型、分布、规模、发展趋势及危害程度，并提出评价与整治所需的岩土技术参数和整治方案建议。

（4）对需要计算沉降的建筑物，提供地基变形计算参数，预测建筑物的沉降、差异沉降或整体倾斜。

（5）查明场区地下水的类型、埋藏条件、水位变化幅度及规律，评价地下水对场地稳定性的影响。

（6）划分场地土类型和场地类别，对场地和地基的地震效应作出评价。

（7）判定环境水和土对建筑材料和金属的腐蚀性。

（8）判定地基土及地下水在建筑物施工和使用期间可能产生的变化及其对工程的影响，提出防治措施及建议。

（9）对基坑开挖提供稳定计算和支护设计所需要的岩土技术参数；论证和评价基坑开挖、降水等对邻近工程的影响。

（10）提出建（构）筑物的地基基础方案的比较和建议。

（11）基坑开挖后对地基土进行载荷试验，确定天然地基持力层的承载力特征值和变形参数。对设计参数进行检测和修正。

四、勘探点布置和完成的工作量

本次勘察的勘探点由×××市建筑设计研究院布置，主要沿建筑物周边布置勘探孔13个，其中控制孔4个，一般孔5个，建筑物边线外基坑勘察孔4个，钻孔间距11.0～18.5m。其中有两个钻孔进入中风化的粉砂岩，其他钻孔均进入了密实的卵石层不小于5m。勘探点的布置及深度基本满足规范要求。由于场地内土层主要为填土和卵石，所以对土的评价主要依据原位测试，勘察主要采用连续动力触探试验和波速测试。

××市建筑设计研究院野外作业时间为200×年×月×日至×月×日，历时38天，完成的工作量见表1。

表1　　　　　　　　　　　勘探工作量统计表

序　号	项　目	工作量
1	钻孔	345.7m/13孔
2	动力触探	44m
3	波速测试	2孔
4	岩石试验	6组
5	测量	13孔

××市建筑设计研究院承担本项目后，针对设计的基础形式和场地地质条件，在场地四角和中心共布置了5个超重型动力触探孔，着重查明作为建筑基础持力层的卵石土的均匀性、力学性质。同时，在基坑开挖后，在建筑物四角布置了4个载荷试验点，对设计参数进行检测和修正。

××市建筑设计研究院野外工作于200×年×月×日开始，×月×日完成了4个钻孔的钻探和原位测试工作。完成工作量见表2。

表2　　　　　　　　　　　勘探工作量统计表

序　号	项　目	工作量
1	钻孔	75.5m/5孔
2	动力触探	37.8m
3	测量	5孔

第二章　场区地理位置及地形、地貌

一、场区区域地质环境

1. 气象资料

依据近 20 年的统计资料，宜昌市区年降水量 828～1363mm，年平均降水量为 1031mm，日最大降水量为 166.6mm（1970 年 8 月 5 日）。5—9 月为多雨季节，约占年降水量的 60%～70%。最大积雪深度 20cm。无霜期一般为 270 天以上，日照率为 38%，属全国太阳能第四、五等。极端最低气温−12℃（1977 年 1 月 30 日）；极端最高气温为 40.4℃（1971 年 7 月 25 日），年平均气温为 16.8℃。夏季多东南风为主。平均风速 1.2m/s，基本风压为 250Pa，区内气候温和，属亚热带季风型湿润气候。

2. 水文资料

长江过境量平均为 4510 亿 m^3。洪峰最大流量为 72000m^3，多年平均水位标高 44.23m，汛期平均水位为 47.22m，洪枯水位变动幅度在 20m 左右。长江水位对于临江场地地下水水位有控制性影响，长江水位将直接导致地下水位的动态变化。

3. 区域地震地质环境

依据邻近各县（区）历史记载，自 14 世纪以来，地震烈度均在Ⅵ度以下，历史上没有发生过大的破坏性地震，有感地震（3～4 级）近 60 次。震源深度大多在 8～16km，属浅源地震。据宜昌地区地震台网近 30 年的测震资料，零级以上地震 930 次，平均每年约 37 次。地震活动主要分布在仙女山断裂带（距市区 40km）和远安断裂带（距市区 55km），震级均在 5.1 级以下，宜昌市区处于相对宁静地区。依据国家地震局规定，宜昌市地区地壳比较稳定，无震源构造，地震影响主要受外围波及，基本烈度为Ⅵ度。

二、场区地理位置、地形地貌

拟建场地位于西陵一路东门十字路口，东邻九咏园公园，西邻万达实业商住楼，场地面标高为 56.50～61.00m；地形平坦。

拟建场地位于长江北岸，离长江主河道不到 2000m，地貌属长江一级阶地。

第三章　场区岩土工程条件

一、地层结构及空间分布

经钻探揭露，场地岩土层依据成因、物质组成不同自上而下可划分为杂填土、卵石土、卵石、粉砂岩四层。各土层的工程特征分述如下。

1. 杂填土（Q^{ml}）

黄褐色，结构松散，主要成分为黏性土混碎石块、卵石、红砖等。局部填土厚的地段是由于 20 世纪 40 年代的弹坑回填形成。本层在场地内均有分布，厚度为 1.5～8.5m，一般厚度为 3.0m。填土厚度很不均匀，在场地中间（5—5′剖面）靠西陵一路的一侧填土埋藏比较深，呈深沟状。其他地方填土埋藏均不深。

2. 卵石土（Q_4^{al+pl}）

黄褐色，稍密，卵石含量为 50% 左右，卵石成分以石英砂岩、石灰岩及花岗岩构成，磨圆度较好，分选性差，卵石之间主要被黏性土充填，随着深度增加黏土充填物减少，砾砂充填物增加。卵石直径一般在 2~6cm，最大卵石粒径大于 10cm。本层在场地内分布均匀，层厚为 6.3~12.6m，平均厚度为 11.5m；层面埋深为 1.5~8.5m，平均埋深为 3.5m。

3. 卵石（Q_4^{al+pl}）

本层土根据卵石的密实度、颗粒大小分为两个亚层，其特征分述如下：

（1）黄褐色，稍密-中密，卵石含量为 50%~70%，卵石成分以石英砂岩及花岗岩构成，卵石之间充填着砾石、砂，分选性差，颗粒级配较好，卵石磨圆度较好，粒径一般为 2~5cm，个别大于 20cm。本层在场地内分布均匀，层厚为 1.8~4.0m，平均厚度为 3.5m；层面埋深为 14.5~17.3m，平均埋深为 15.0m。

（2）黄褐色及灰色，中密-密实，卵石含量为 70%~80%，卵石成分以石英砂岩、石灰岩及花岗岩构成，卵石之间充填着砾石、砂，颗粒级配较好，卵石磨圆度较好，卵石之间排列紧密，粒径一般为 3~6cm，偶含大于 10cm 的卵石。局部地方有卵石胶结层。本层在场地内分布均匀，有两个钻孔钻穿本层，层厚为 16.0m 左右；层面埋深为 17.9~20.1m，平均埋深为 18.5m。

4. 粉砂岩（$K_1 wl$）

粉砂岩为白垩纪下统五龙组地层，依据风化程度分为强风化和中风化两个亚层。

（1）强风化：棕红色，稍湿，散体状结构，结构形态为碎屑状，裂隙发育，手可捏碎，岩芯呈片状、饼状，原岩结构清晰。本次勘察有两个钻孔揭露出本层，层厚为 1.6m 左右；层面埋深为一般为 34.4m。

（2）中风化，互层状，主要由灰褐色钙质胶结的粉砂岩组成，夹薄层的紫红色的黏土岩，岩石具层理构造，碎屑结构，主要矿物成分为石英、长石和白云母等，试验结果表明，岩石属于软岩，岩体较完整，岩体基本质量等级为 IV 级。根据宜昌地区区域资料，本层岩体呈中厚层状构造，产状平缓，岩层稳定。本次勘察有两个钻孔揭露出本层，揭露层面埋深 36.1m 左右。

二、岩土参数的统计、分析

根据钻探揭露的地层，场地内主要土层为填土和卵石土，下伏岩石为粉砂岩。对于填土和卵石土，取不到原状样，不能进行室内试验，只能进行现场原位测试。由于填土均匀性差，卵石土内含有漂石，根据地方经验，在本场地的地层中采用重型动力触探和超重型动力触探是比较有效的原位测试手段。本次勘察对场地内表层填土进行了重型动力触探试验，对第 2 层、第 3 层卵石层进行了超重型动力触探试验，对第 4 层中风化粉砂岩进行了取样试验。

重型动力触探和超重型动力触探都要求连续贯入，以查明地基土在水平向和竖向的均匀性及承载力指标。由于试验受操作人员的人为因素影响比较大，数据的离散性会比较大，因此，为保证勘察质量，我院特增加了 5 个动力触探孔，试验前对相关操作人员进行了专门的指导，以保证数据的准确性。同时，考虑到人为因素及地层中偶见漂石的情况，我们在数据的采集过程中，剔除了动探击数大于 15 击的数据，进行统计分析结果表 3、表 4。

表 3　　　　　　　　　　　填土层试验 $N_{63.5}$ 结果统计表

岩土名称	试验孔数	基本值		
		最大值	最小值	平均值
杂填土	5	7.7	0.9	2.6

表 4　　　　　　　　　　　N_{120} 动力触探试验锤击数分层统计成果表

岩土名称	试验孔数	基本值			标准差	变异系数	统计修正系数	标准值
		最大值	最小值	平均值				
2 卵石土	10	12.8	1.6	4.7	1.80	0.37	0.97	4.6
3-1 卵石	11	10.3	1.7	4.7	1.50	0.32	0.97	4.5
3-2 卵石	7	14.9	3.7	7.8	2.40	0.31	0.97	7.6

本次勘察在场地内取 6 组岩样进行单轴抗压强度试验，其结果统计见表 5。

表 5　　　　　　　　　　　岩石单轴抗压强度统计表

岩土名称	试验组数	基本值			标准差	变异系数	统计修正系数	标准值
		最大值	最小值	平均值				
中风化粉砂岩	6	11.3	7.5	9.1	1.54	0.17	0.86	7.8

××勘察设计院于建筑场地四角及中心点完成了 5 个钻孔，主要对第 2 层和 3-1 层卵石土的均匀性进行了试验，试验结果统计见表 6，详细数据见钻孔动探曲线图。

表 6　　　　　　　　卵石土 N_{120} 动力触探试验锤击数统计成果表

钻孔编号	基本值			标准差	变异系数	统计修正系数	标准值
	最大值	最小值	平均值				
ZK1′	12.9	1.6	4.7	3.33	0.47	0.78	3.7
ZK2′	16.8	2.0	6.6	2.91	0.44	0.91	6.0
ZK3′	13.5	1.6	5.5	2.87	0.52	0.90	4.9
ZK4′	13.1	2.1	6.2	2.23	0.36	0.93	5.8
ZK5′	13.0	1.6	3.8	2.28	0.60	0.88	3.4

根据 5 个钻孔在场地的位置和试验数据分析，动探击数的大小和场地位置没有明显规律，再考虑到试验可能受粒径大的卵石的影响，可以认为，场地卵石土在水平向是均匀的，同时，根据动探曲线图，卵石土在竖向均匀性则较差。

各岩土层的承载力及变形指标依据动力触探试验结果、岩石试验结果按照规范要求进行查表、计算，并结合地方经验确定其综合结果见表 7。

表 7　　　　　　　各岩、土层承载力、压缩模量（变形模量）综合成果表

岩土名称	$N_{63.5}$		N_{120}		试验	综合取值	
	f_{ak} /kPa	E_s /MPa	f_{ak} /kPa	E_0 /MPa	f_a /kPa	$f_{ak}(f_a)$ /kPa	$E_s(E_0)$ /MPa
1　杂填土	100	3.5				100	3.5
2　卵石土			350	22		350	(22)
3-1　卵石			350	25		350	(25)
3-2　卵石			610	42		610	(40)
4-1　强风化粉砂岩						(400)	(44)
4-2　中风化粉砂岩					1600	(1600)	

三、场地地层主要特征及其说明

根据室内实验及野外原位测试试验成果，各岩土层的主要特征及工程性能如下：

1　杂填土：结构松散，均匀性差，不宜作为基础持力层。

2　卵石土：稍密，分布均匀，承载力较高，中等压缩性土，可作为天然地基基础持力层。

3 - 1　卵石：稍密，分布均匀，埋藏较深，承载力较高，中等压缩性土，一般可作为基础持力层。

3 - 2　卵石：中密，分布均匀，承载力高，低压缩性，为良好的基础持力层。

4 - 1　强风化砂岩：埋藏深，承载力较高，为卵石与中风化岩石的过渡层，一般不作为基础持力层。

4 - 2　中风化砂岩：坚硬，分布均匀，承载力高，可认为不可压缩，为良好的基础持力层。

第四章　场地水文地质条件

场地地下水主要为孔隙潜水，场地内表层素填土为强透水层，第 2 层卵石土为相对弱透水层，第 3 层卵石为强透水层，泥质粉砂岩为隔水层。勘察期间测得场地地下水平均稳定水位为地面下 10.5m。

场地内地下水与长江水相通，地下水位随着长江水位的升降而变化。

由于场地地下水和长江水相通，且场地附近无污染源，由此可以判定环境土对建筑材料无腐蚀性。根据附近地区的资料表明，地下水对建筑材料无腐蚀性，对钢结构有弱腐蚀性。

根据邻近高层建筑物基坑开挖的经验，本工程的基础施工和基坑开挖只要避开洪水期（7 月、8 月），地下水对基础和基坑开挖没有影响。因此，建议在枯水季节进行基础和基坑的施工。

如果在汛期开挖基坑，一定要做好地下水的降水工作，根据场地地质条件，降水方法可采用管井或大口井，进行降水设计时可按表 8 取值。

表 8　　　　　　　　　　　各土层渗透系数取值表

	1 杂填土	2 卵石土	3 - 1 卵石	3 - 2 卵石
渗透系数/(m/d)	20	75	120	100

第五章　地震效应评价

本次勘察布置了 2 个波速测试孔（ZK5、ZK7）。测试结果表明：在 20m 深度范围内，ZK5 等效剪切波速 $v_{se}=341.7\text{m/s}$；ZK8 等效剪切波速 $v_{se}=308.7\text{m/s}$，场地内各土层的等效剪切波速见表 9。

表 9　　　　　　　　　　　各土层的等效剪切波速

	1 杂填土	2 卵石土	3 - 1 卵石	3 - 2 卵石
平均波速/(m/s)	186.6～193.4	366.0～372.7	406.7～415.8	452.5～458.2

按照最不利条件，计算土层的等效剪切波速，根据地质条件，应计算 ZK3 孔，由于 20m 以下土层剪切波速更高，因此计算深度取 20m，计算结果如下：

$$v_{se} = (8.5 \times 186.6 + 6.3 \times 366.0 + 3.1 \times 406.7 + 2.1 \times 452.5)/20 = 305.1(\text{m/s})。$$

根据抗震设计规范，本场地类型为中硬场地土。根据建筑物场地类别和场地覆盖层厚度划分为Ⅱ类建筑场地。

建筑场地稳定，属于抗震有利地段。

建筑场地附近没有滑坡、滑移、崩塌、塌陷、泥石流、采空区等不良地质作用。

建筑场地内没有可液化土层，可不考虑液化影响。

××市地区地壳比较稳定，无震源构造，地震影响主要受外围波及，基本烈度为Ⅵ度，抗震设防烈度为Ⅵ度，设计地震分组为第一组，设计基本地震加速度值为 0.05g，特征周期为 0.35s。

第六章　基础方案选择与评价

一、天然地基方案评价

拟建建筑物高 32 层，有 2 层地下室，开挖后形成 9.9m 的基坑，基础埋置深度为 9.9m。根据场地工程地质条件，建议拟建建筑物基础采用天然地基方案，以第 2 层卵石土为基础持力层。

1. 场地、地基稳定性评价

场地内没有断裂、地裂缝、滑坡、崩塌、岩溶、土洞塌陷、建筑边坡等不良地质作用，场地稳定性良好。建筑物地基为稍密～中密的卵石土，没有软弱地基或局部软弱地基，如暗滨、暗塘等，没有可液化土层，地基稳定性良好。

2. 地基均匀性评价

场地地基持力层属于同一工程地质单元，地基土是中～低压缩性土，持力层底面标高的最大坡度为 9%，小于 10%，持力层及其下卧层在基础宽度方向上的厚度最大差值为 1.6m，小于 0.05b（为 1.7m）。建筑地基属于均匀地基。

动探试验表明作为地基土的卵石层，其力学性质水平均匀性较好，竖直向的均匀性较差。

3. 承载力评价

按照规范要求，地基承载力特征值需要按下式进行深度修正：

$$f_a = f_{ak} + \eta_b \gamma (b-3) + \eta_d \gamma_m (d-0.5)$$

式中　η_b、η_d——基础宽度和埋深修正系数，分别为 3.0、4.4；

　　　b——基础宽度按小于 3 m 考虑；

　　　d——基础深度按 9.9m 考虑；

　　　γ_m——基底上土的加权平均重度取 19kN/m³；

　　　f_a——计算修正后的地基承载力特征值为 1100kPa。

对于 32 层的建筑物，拟建建筑物基础采用天然地基方案可以满足承载力要求，建议修正后的地基承载力特征值 f_a 取 1100kPa。

4. 变形特征

按照规范要求，建筑物最终变形量可以按下式计算：

$$s = \psi_s s' = \psi_s \sum P_0 / E_{si} (z_i \alpha_i - z_{i-1} \alpha_{i-1})$$

式中　ψ_s——沉降计算经验系数，取 0.2；

　　　P_0——对应于荷载效应准永久组合时的基础底面处的附加压力。

根据建筑物具体情况，单层荷载估计为 20kPa，考虑到基础埋深的影响，$P_0 = 640$kPa -200kPa $= 440$kPa。

计算深度到中等风化的泥质粉砂岩面，按照整板基础计算，计算建筑物最终变形量 s 为 97mm。

由于计算的最终沉降量不大，地基均匀，建筑物的差异沉降可以满足规范要求。

据钻孔和原位测试揭露：卵石层内没有软弱夹层。

对于卵石土地基，建筑物在施工期间一般可以完成最终沉降量的 80% 以上。因此，建筑物施工期间应进行沉降观测，沉降观测应按《建筑物变形测量规范》（JGJ 8—2007）执行。

5. 地基基础方案的建议

综上所述，拟建建筑物可以采用天然地基方案，采用筏板或箱形基础，以第 2 层卵石土为基础持力层。基坑开挖后应进行载荷试验对设计参数进行检测和修正。施工期间应进行沉降观测。

6. 抗震稳定性评价

建筑场地属抗震有利地段，场地类别为 II 类，覆盖层厚度约 34.5m，无断裂、滑坡、崩塌、液化和震陷等不良地质作用。

7. 地下室防水评价

长江水位对于临江场地地下水水位有控制性影响，长江水位将直接导致地下水位的动态变化，汛期平均水位 47.22m，最高水位 53.00m。场地地下水与长江连通，建议场地地下水抗浮设防水位采用 53.00m，建筑物地下室基础底面高程 48.7m，位于抗浮设防水位下 4.3m，由于建筑物比较高，建成后的地下水浮力对建筑物没有影响，因此，只需要考虑施工期间的抗浮设防。建议建筑物基础施工避开汛期，地下水抗浮设防水位采用汛期平均水位（47.22m），位于地下室基础以下，可以不考虑地下水浮力的影响。地下室应考虑防水。

二、桩基方案评价

根据建筑物特点、场地岩土工程条件及地区经验，建筑物可采用人工挖孔桩或钻孔灌注桩基础。

1. 人工挖孔桩基础

建议以 3-2 层中密卵石层为桩端持力层，桩端进入持力层的深度宜为桩身直径的 1～3 倍。采用人工挖孔桩施工方便，对环境没有污染，有成熟的施工经验。缺点是施工受制于地下水位，施工期间应选择在枯水期，避开洪水期。

2. 钻孔灌注桩基础

建议以 4 层中风化泥质粉砂岩层为桩端持力层，桩端进入持力层的深度宜为桩身直径的□倍。钻孔灌注桩施工可以不考虑地下水位影响，任何季节都可以施工。由于卵石层中夹有□，施工比较困难，施工难度大，且施工用的泥浆会污染环境，施工时需要制定排污

3. 桩基设计参数的建议

根据规范及地区经验，建议桩基设计参数按照表 10 取值。

表 10 桩基设计参数取值表 单位：kPa

岩土层 \ 项目	钻孔灌注桩		人工挖孔桩	
	$q_{pa}(q_{pr})$	$q_{sia}(q_{sir})$	q_{pa}	q_{sia}
1 杂填土		10		
2 卵石土		60		
3-1 卵石		68		
3-2 卵石		75	1600	70
4-1 强风化粉砂岩		60		
4-2 中风化粉砂岩	(4000)	(400)		

注 表中 q_{pa} 为桩端阻力特征值；q_{sia} 为桩侧土摩阻力特征值；q_{pr} 为嵌岩桩极限端阻力值；q_{sir} 为嵌岩桩极限摩阻力值。

第七章　基坑开挖与支护

一、基坑安全等级

本工程有 2 层地下室，上层深 5.0m，开挖面积大，下层地面深度为 9.9m，开挖面积小。基坑立面呈台阶状，详见基坑与周围建筑物、道路关系图。

基坑离某一路边线的距离为 6.1m，离路中管线距离 10m，离东侧公园的最小距离 10.1m，离某一桩基础的建筑物最小距离为 17.0m，离南侧 7 层天然地基基础的商住楼最小距离为 18.0m。基坑主要埋藏在填土和卵石土层中，除在场地中间靠路的一侧填土埋藏比较深外，其他地方的填土埋藏都比较浅，填土层比较松散，稳定性稍差，卵石土稳定性好，依据规范基坑安全等级可划为二级。

二、地下水控制方案的建议

拟建场地附近高层建筑较多，根据附近相同岩土工程条件的地段进行的基坑开挖经验，开挖时间避开汛期，地下水对基坑的影响很小。因此，基坑开挖一定要避开汛期，并在下一次汛期来临之前完成基坑施工。这样就可以避免地下水对基坑的影响。

三、基坑的稳定性评价

根据场地岩土工程条件和附近的成功经验，如果避开汛期进行基坑开挖，地下水对基坑没有影响，基坑支护可以采用喷锚支护与土钉墙的形式。基坑不会产生突涌、隆起现象，基坑稳定性比较好。若采用喷锚支护形式，设计参数建议按表 11、表 12 取值。

表 11 土体与锚固体黏结强度特征值 f_{rb} 表

	1 杂填土	2 卵石土	3-1 卵石
f_{rb}/kPa	18	70	80

表 12 钢筋与砂浆之间的黏结强度特征值 f_b 表

锚杆类型	水泥浆或水泥砂浆强度等级		
	M25	M30	M35
水泥砂浆与螺纹钢筋间	2.10	2.40	2.70

四、基坑施工中可能出现的问题

靠路一侧的填土埋藏比较深，而放坡距离比较小，在本侧施工时可能会产生局部坍塌，建议基坑设计时要单独考虑。施工时要制定相应的抢险方案。

如果基坑施工选择在汛期，应采取必要的降水措施，根据场地地质条件，可选择的降水方案为管井降水和大口井降水。由于长江水与场地地下水连通，地下水补给十分丰富，大面积降水必然会形成水头差，应加强基坑侧壁和底部土体的保护，防止流土、涌砂。同时，应加强对邻近建筑、道路和地下设施的监测，防止地下水的变化造成变形。

五、基坑监测

基坑开挖施工过程中必须进行监测，并通过监测数据指导基坑工程的全过程。监测要严格按照规范进行，要根据岩土工程条件和设计要求对重点地段加强监测，保证基坑施工的顺利实施。

六、基坑设计参数

根据勘察结果，依据规范并结合地方经验，建议基坑支护设计按表13选取设计参数。

表13   基坑支护设计参数表

岩土名称	重度 $\gamma/(kN/m^3)$	黏聚力 c/kPa	内摩擦角 $\varphi/(°)$
1 填土	18.0	8	25
2 卵石土	19.5	12	33
3-1 卵石	20.5	0	42

第八章   结论、建议与说明

一、结论

（1）拟建场地位于长江北岸，地貌属长江一级阶地。

（2）拟建筑物重要性等级为一级、场地等级和地基等级均为二级，综合评定本工程岩土工程勘察等级为甲级。

（3）本场地未发现不良地质现象，场地较稳定，适宜本工程建设。

（4）场地地下水主要为孔隙潜水，与长江水相通，地下水位随着长江水位的升降而变化。场地环境水和土对建筑材料无腐蚀性。

（5）建筑场地属于抗震有利地段，无可液化土层。场地地震基本烈度为Ⅵ度，设计基本地震加速度值为 $0.05g$，特征周期为 $0.35s$。

（6）基坑安全等级为二级，避开汛期施工，地下水对基坑没有影响。

二、建议

（1）根据场地岩土工程条件和建筑物特点，建议采用天然地基方案，以第2层卵石土为基础持力层。

（2）建议基础和基坑开挖避开汛期施工，以避免地下水的影响。

（3）基坑支护建议采用喷锚支护与土钉墙。

（4）基坑开挖后建议进行静载荷试验，以确定和检验地基土的承载力值。

（5）基坑开挖施工和建筑施工阶段均应按相关规范建议进行变形观测。

（6）基坑开挖后应通知岩土工程师进行验槽。

三、说明

本报告使用的高程为黄海高程系统，各钻孔高程均由×××路上的高程点（编号×××）引测。

附录 2　成都地区某房屋建筑岩土工程详勘报告

岩土工程勘察报告

1　序言
1.1　工程概况
　　××公司拟在成都市××地区投资兴建××项目，该项目有 5 栋 32 层高层住宅、1 栋 4 层综合楼。设计工作由××建筑设计有限公司完成，据设计介绍 5 栋高层住宅楼拟设 2 层地下室，拟采用人工挖孔桩或筏板基础；综合楼无地下室，拟采用人工挖孔桩，设计±0.00＝485.30m。
1.2　勘察目的和要求
　　本工程为高层住宅，重要性等级为一级，4 层综合楼为三级，场地和地基等级均为二级，根据《岩土工程勘察规范》（GB 50021—2001）（2009 年版）综合判定，该工程勘察等级为甲级。
　　针对拟建物建筑性质，按现行规范的有关规定，本次岩土工程勘察的主要目的是：
　　（1）查明场地稳定性及有无不良地质作用。
　　（2）查明建筑范围内岩土的类型、深度、分布、工程特性、分析和评价地基的稳定性、均匀性和承载力。
　　（3）查明场地内有无河道、沟浜、墓穴、防空洞及孤石等对工程不利的埋藏物。
　　（4）确定场地土类型、建筑场地类别；判定场地内是否存在液化土层，评价场地抗震性能，并提供场地抗震设计的有关参数。
　　（5）了解场地内地下水的埋藏条件，提供地下水水位及其变化幅度，并判定水和土对建筑材料的腐蚀性等。
　　（6）对地基土的工程性质进行评价，提供地基基础设计和施工所需的有关岩土参数，并对基础设计、地基处理、不良地质作用的防治及施工提出合理建议。
1.3　勘察方案及工作量
1.3.1　勘察工作的依据
　　《岩土工程勘察规范》（GB 50021—2001）（2009 年版）；
　　《建筑地基基础设计规范》（GB 50007—2002）；
　　《建筑抗震设计规范》（GB 50011—2010）；
　　《高程建筑岩土工程勘察规范》（JGJ 72—2004）；
　　《建筑地基处理技术规范》（JGJ 79—2002）；
　　《建筑桩基技术规范》（JGJ 94—2008）；
　　《成都地区建筑地基基础设计规范》（DB51/T 5026—2001）；
　　《房屋建筑和市政基础设施工程勘察文件编制深度规定》（2010 年版）；
　　场地附近已有的勘察资料。
1.3.2　勘察方案的实施
　　本次勘察工作按照勘察方案实施，对各栋建筑及大门共布置钻孔 125 个，孔间距为

15.0～20.0m。其中控制性勘探孔 52 个，一般性勘探孔 73 个，勘探深度 15.6～36.2m。在野外勘探工作中对存在沟坎的局部地段，当钻机难以就位施钻时，对勘探孔位置实地进行了调整。各勘探孔位置详见勘探点平面位置图（No.01）。

说明：由于地下室范围未确定，本次勘察仅针对 5 栋 32 层住宅、综合楼及大门部分，待地下室范围确定后再对地下室进行钻探。

1.3.3　勘探手段

1. 工程地质调查

收集和研究场地区域地质、地震资料及场地附近已有的工程勘察、设计和施工技术资料和经验，进行现场踏勘及工程地质调查。

2. 钻探

目的是查明地基土结构、性质、鉴别土质类别及特性，确定各工程地质层及亚层的分布埋藏界限，采取岩（土）及地下水试样。

3. 原位测试

本次主要为标准贯入试验（N），是评价黏性土及全—强风化砂岩的有效方法之一。

4. 波速测试

确定和划分场地土类型、建筑场地类别、场地地基土的卓越周期等，评价场地抗震性能；本次在 22 号、47 号、68 号、88 号、115 号钻孔采用瑞雷面波法进行波速测试。

5. 室内土工试验

对采取的岩（土）及地下水试样进行室内土工试验，得到其物理力学参数。

6. 资料整理

对野外资料及搜集资料进行分析整理，编制岩土工程报告。

1.3.4　勘探工作量

本次勘察布置勘探点 125 个，勘探工作量详见表 1。

表 1　　　　　　　　　　　　　　　　勘探工作量一览表

序号	工作内容	工作量	单位
1	测放勘探点	125	个
2	钻孔	3198.0/125	进尺（m）/孔数（个）
3	标准贯入试验/N	59/49	次/孔
4	波速测试	5	孔
5	原状土（岩）试样	28/28	数量（件）/孔数（个）
6	岩试样	31/29	数量（件）/孔数（个）
7	水的腐蚀性试验	3	件
8	土的腐蚀性试验	4	件

1.3.5　勘探点的测放及野外工作日期

本次勘探点的坐标及高程的测放根据建设方提供的拟建场地附近控制点 G01、G02 测放。其中 G01（$X=0000.00$，$Y=0000.00$，$H=476.46$）位于××路口，G02（$X=0000.00$，$Y=0000.00$）位于××路左侧，该两点已出图。

野外工作采用 8 台 XY—100 型钻机采用清水回旋方式进行钻探和测试，勘探工作始于 200×年××月××日，完成于 200×年××月××日。

2　场地工程地质条件

2.1　区域地质构造特征

场地位于成都断陷盆地南部地带，西距 NE 向龙门山前断裂构造带 70km，东距 NNE 向龙泉山前陆隆起带 40km。在龙门山大断裂和龙泉山边界断裂两相挟持下，控制了 NE 向成都断陷盆地的形成，构成了龙门山西部造山带山前第四系扇状平原的大量堆积，成都平原砂卵石沉积最大厚度达 540 余米，岷江扇前的市中区一带，厚度减薄至 15～40 余米。

场地地基土以基岩层为主，通过走访调查，2008 年"汶川特大地震"对该场地附近影响较小，区域稳定性良好。

2.2　气象特征

成都地区气候温和，降水丰沛，水网密布，土地肥沃，向有"天府"之称。据成都气象台多年观测资料表明，成都市××地区多年平均气温为 16.2℃，极端最高 37.3℃，极端最低－5.9℃；多年平均降水量 947.0mm，日最大 195.2mm；蒸发量多年平均值 1020.5mm；相对湿度多年平均值 82%；多年平均风速 1.35m/s，最大风速为 14.8m/s（NE 向），瞬时最大风速为 27.4m/s，主导风向为 NNE 向，出现频率为 11%；年日照时数为 1200～1300h，日照最小年份只有 960h。

2.3　场地位置及地形地貌

拟建场地位于成都市××路左侧，西距××约 2km，与××住宅楼小区隔路相望，交通便利。场地地形起伏较大，局部原为民房、农田及荒地，经施工整平后形成多个台阶，整体地形北高南低，但中心局部地势最高。勘探孔孔口绝对高程 496.51～481.61m，最大相对高差约 14.90m。

场地地貌单元属成都南部台地的宽缓浅丘坡地。

2.4　地基土的组成及分布

根据本次野外钻探结果，结合区域地质资料及场地附近已有工程地质资料将本次勘探深度范围内的地基土层由上至下按时代成因划分为第四系全新统素填土层①（Q_4^{ml}）、第四系全新统坡积黏性土层②（Q_4^{dl}）及白垩系上统夹关组砂岩③（K_2j）三个大的工程地质层。各层按土质类别及风化程度又划分为若干个亚层。地基土埋藏条件详见工程地质剖面图（No.02～40）及强风化砂岩③$_2$、中等风化砂岩③$_4$ 等高线图（No.1 - 01、No.1 - 02）。

地基土的主要野外特征描述如下：

1．第四系全新统素填土层①（Q_4^{ml}）

素填土①：灰黑—褐红色，分为上下两段，上段为回填全风化～强风化砂岩组成，松散，干，厚度变化较大；下段为耕植土，可塑，稍湿，主要为黏性土组成，含大量植物根茎。局部地段含少量的砖块等建筑垃圾，由于仅存在个别孔未做细分。

2．第四系全新统坡积黏性土层②（Q_4^{dl}）

黏土②$_1$：褐黄色—灰褐色，以硬塑为主，局部为可塑，稍湿～湿，含大量铁锰质结核，裂隙发育，隙间充填氧化物，韧性及干强度高。

粉质黏土②$_2$：灰褐色—褐黄色，硬塑为主，局部可塑，稍湿～湿，含约 5%～10%圆砾或卵石，卵石粒径约 1～5cm，干韧性及强度中等，无摇震反应。

3. 白垩系上统夹关组砂岩③（K_2j）

全风化砂岩③$_1$：结构基本破坏，有残余结构强度，已强烈风化呈砂土状，稍湿～湿，钻探取样呈柱状或碎粒状。

强风化砂岩③$_2$：结构大部分破坏，局部夹有中等风化碎块，风化裂隙很发育，隙间充填褐色氧化铁薄膜等。该层差异风化严重，局部与全风化砂岩呈互层状，或夹中等风化砂岩薄层，岩芯采取率一般为75%左右，岩芯多呈碎块状，少量为小于10cm短柱状，用手可折断。

砾岩③$_3$：仅局部分布，厚约1.5～5.0m，泥质胶结，成岩较差，强～中风化，裂隙较发育，隙间常充填灰黑色氧化铁。回旋钻探取样为砾石或卵石。

中等风化砂岩③$_4$：岩体结构清晰。岩体较完整，局部夹有强风化薄层。钻探取芯多呈15～60cm短柱状，少量为碎块或中柱状。岩芯采取率一般为90%左右。岩芯用手难以折断，锤用力敲击可碎。

说明：通过对场地附近出露基岩层的调查，该砂岩产状近水平，砂岩层层面坡度约5°；由上至下风化程度逐渐减弱，风化程度的划分仅为相对而言；该层局部含约10%的卵石或圆砾，呈泥质胶结状。

2.5　地基土的试验及测试指标

为综合评价场地岩土层的工程力学性质，本次勘察对场地岩土层进行了标准贯入（N）试验。试验结果经整理已绘制于工程地质剖面图上，其统计结果见表2。

表2　原位测试试验指标统计表

土层	统计次数	最大值	最小值	平均值	标准差	变异系数	修正系数	标准值
黏土②$_1$	15	13.2	8.7	11.1	1.443	0.130	0.940	10.4
粉质黏土②$_2$	14	8.0	5.4	6.8	0.778	0.114	0.945	6.4
全风化砂岩③$_1$	16	18.0	12.9	15.5	1.792	0.115	0.949	14.8
强风化砂岩③$_2$	12	40.6	32.8	36.7	4.678	0.128	0.932	34.2

对钻探所采取的岩（土）试验进行室内土工试验，试验结果详见附录，对其结果统计详见表3、表4。

表3　室内土工试验统计表

项目	指标	天然含水量 $\omega/\%$	密度 ρ_0 /(g/cm³)	孔隙比 e	液性指数 I_P	压缩系数 a_{1-2}	压缩模量 E_s/MPa	抗剪强度指标 黏聚力 c/kPa	抗剪强度指标 内摩擦角 φ/(°)
黏土②$_1$	统计频数	9	9	9	9	9	9	9	9
	最大值	23.8	2.11	0.696	0.24	0.22	14.7	68.0	22.2
	最小值	19.5	2.00	0.552	0.12	0.11	7.4	54.0	18.8
	平均值	21.5	2.05	0.625	0.19	0.17	10.2	61.1	20.4
	标准差	1.38	0.03	0.04	0.04	0.04	2.80	5.73	1.19
	变异系数	0.06	0.02	0.06	0.23	0.25	0.27	0.09	0.06
	修正系数							0.94	0.96
	标准值							57.5	19.7

续表

项目＼指标		天然含水量 $\omega/\%$	密度 ρ_0 /(g/cm³)	孔隙比 e	液性指数 I_P	压缩系数 a_{1-2}	压缩模量 E_s/MPa	抗剪强度指标	
								黏聚力 c/kPa	内摩擦角 $\varphi/(°)$
粉质黏土②₂	统计频数	8	8	8	8	8	8	8	8
	最大值	22.2	2.10	0.644	0.25	0.24	12.0	65.0	21.4
	最小值	18.2	1.97	0.559	0.15	0.13	6.7	50.0	18.3
	平均值	20.1	2.06	0.593	0.21	0.19	8.6	58.0	19.8
	标准差	1.33	0.04	0.03	0.04	0.04	1.76	5.40	1.21
	变异系数	0.07	0.02	0.05	0.17	0.19	0.20	0.09	0.06
	修正系数							0.94	0.96
	标准值							54.4	19.0
全风化砂岩③₁	统计频数	10	10	10	10	10	10	10	10
	最大值	25.0	2.07	0.698	0.52	0.38	6.2	24.0	17.3
	最小值	19.2	1.98	0.543	0.32	0.26	4.5	13.0	13.2
	平均值	22.4	2.02	0.631	0.43	0.32	5.1	18.0	15.4
	标准差	1.97	0.03	0.05	0.07	0.04	0.47	3.62	1.44
	变异系数	0.09	0.02	0.08	0.16	0.11	0.09	0.20	0.09
	修正系数							0.88	0.95
	标准值							15.9	14.5

表 4　　　　　　　　岩石试验成果表

岩石名称	统计项目	统计数量	最大值	最小值	平均值	标准差	变异系数	统计修正系数	标准值
强风化砂岩③	天然密度 ρ_0 /(g/cm³)	12	2.50	2.16	2.26	0.10	0.05	0.98	2.21
	天然极限抗压强度 R/MPa	9	6.84	3.87	5.85	1.03	0.18	0.89	5.21
中等风化砂岩③₄	天然密度 ρ_0 /(g/cm³)	15	2.53	2.20	2.35	0.08	0.03	0.98	2.31
	天然极限抗压强度 R/MPa	15	14.58	7.46	10.01	2.20	0.22	0.90	9.00
	饱和极限抗压强度 R/MPa	8	10.26	5.59	7.39	1.60	0.22	0.85	6.31
	软化系数	8	0.72	0.61	0.65	0.03	0.05	0.95	0.62

2.6　地表水及地下水

场地局部地段分布有地表水，主要集中在①号楼 23 号附近，②号、③号楼交界处，④号楼右侧及局部红线围墙附近，水量较小，对拟建物影响不大。

场地地下水主要为局部分布于填土、黏性土内的上层滞水及砂岩内的基岩裂隙水，水位变化较大，无统一自由水位面，主要受大气降水补给，并受基岩内发育裂隙影响，裂隙水水量大小受基岩裂隙发育程度控制。勘察期间为枯水期，测得地下水位埋深约 1.2～9.5m，标高为 478.63～486.50m。

2.7　土及地下水的腐蚀性评价

本次勘察在 21 号、67 号、111 号采取 3 件地下水试样进行室内土工试验，并采取黏性土试样进行腐蚀性分析，水、土腐蚀性试验结果详见附录。结合《岩土工程勘察规范》（GB 50021—2001）第 12.2.1～12.2.5 条对水腐蚀性分析详见表 5，对土腐蚀性分析详见表 6。

表 5　地下水腐蚀性判定分析表

评价项目	评价指标	指标试验值或计算值	判定界限值	腐蚀等级
水对混凝土结构的腐蚀性评价		硫酸盐（SO_4^{2-}）含量：34.2～72.3mg/L	＜300	微
		镁盐（Mg^{2+}）含量：16.4mg/L	＜2000	微
		TDS：206.8～448.7mg/L	＜20000	微
		pH 值：7.68～11.43	＞5.0（弱透水）	微
		侵蚀性 CO_2：0.0mg/L	＜30（弱透水）	微
水对钢筋混凝土结构中钢筋的腐蚀性评价		（Cl^-）：12.7～29.6mg/L	＜100（干湿交替）	微

表 6　土腐蚀性判定分析表

评价项目	评价指标	指标试验值或计算值	判定界限值	腐蚀等级
土对混凝土结构的腐蚀性评价		硫酸盐（SO_4^{2-}）含量：12.4～38.0mg/kg	＜450	微
		镁盐（Mg^{2+}）含量：28.9～67.4mg/kg	＜3000	微
		pH 值：7.54～7.78	＞5.0（弱透水）	微
土对钢筋混凝土结构中钢筋的腐蚀性评价		（Cl^-）：9.9～24.0mg/kg	＜400（A）	微

根据判定结果场地土及地下水对混凝土结构、钢筋混凝土结构中的钢筋均有微腐蚀性，土对钢结构腐蚀性暂不作评价。

3　建筑抗震性能评价

3.1　抗震设防烈度及设计基本地震加速度

根据《建筑抗震设计规范》（GB 50011—2001）附录 A。成都市××地区抗震设防烈度为 Ⅶ 度，设计基本地震加速度值为 $0.10g$，设计地震分组为第三组。

3.2　建筑场类别及卓越周期

根据本次勘察在该场地内 22 号、47 号、68 号、88 号、115 号进行的 5 个瑞雷波波速测试，结果见《波速测试报告》，瑞雷波测试成果见表 7。测试结果表明：场地覆盖层（剪切波速大于 500m/s）厚度范围内各地基土层的等效剪切波速为 188～286m/s，均值为 230.6m/s，按《建筑抗震设计规范》场地覆盖层厚度大于 5m，可确定本建筑场地类别为 Ⅱ 类。场地特征周期为 0.45s。本场地卓越周期为 0.103～0.324s。

表 7　瑞雷波测试成果表

孔　号	场地卓越周期 T_g/s	等效剪切波速 v_{se}/(m/s)
22	0.324	190
47	0.170	188
68	0.103	279
88	0.218	286
115	0.279	210

该工程为超高层建筑（32F），根据四川省五厅局下发川震［2004］9号文，必须进行场地地震安全性评价，并以此评价报告中地震动参数结论作为设计依据。

3.3 地基土层液化性判定

本场地内无液化土层分布。

4 场地及地基评价

4.1 场地稳定性评价

据区域地质资料，拟建场地在区域构造上属第四纪坳陷盆地，场地及其附近无区域性断裂通过，现场调查也未发现不良地质作用。场地稳定性较好，适宜建筑。

4.2 地基土力学性质评价

根据钻探结果，并结合原位测试及室内土工试验分析，对各地基土层的力学性质评价如下：

（1）素填土层①。该层主要以回填砂岩及耕植土为主，厚度变化较大，分布不均，结构松散，属不良地基土。

（2）黏性土层②。包括黏土$②_1$和粉质黏土$②_2$，分布不均，厚度变化较大，可作为多层综合楼及大门天然地基基础持力层。

（3）砂岩层③。根据风化程度将钻探深度范围内的砂岩划分为全风化、强风化及中等风化。全风化砂岩$③_1$及强风化砂岩$③_2$虽具有一定的力学强度，但由于裂隙发育，各风化层面起伏较大，使层面埋深不稳定。全风化砂岩$③_1$层可作为综合楼及大门天然地基基础持力层，强风化砂岩$③_2$则可作为综合楼及大门桩基持力层。砾岩$③_3$层工程性质良好，但仅局部分布，可作为高层住宅楼筏板基础持力层。

中等风化砂岩$③_4$力学性质最好，强度较高，可作为各建筑各类基础持力层。

根据室内岩石试验结果，本场地砂岩属软岩。钻探显示，岩体总体较破碎，综合岩体的硬度和完整性，按《工程岩体分级标准》（GB 50218—94）可综合判定属软岩，岩体基本质量等级为Ⅴ级。

4.3 地基均匀性评价

根据《高层建筑岩土工程勘察规程》（JGJ 72—2004）第8.2.4条（持力层地面坡度）对各拟建物进行地基的均匀性评价，由于设计未提供具体的基础埋置深度，本次评价依据暂按拟建2层地下室，±0.00＝485.30m，假设基础埋深10.5m进行计算，各栋建筑地基均匀性评价详见表8。

表8　　　　　　　　　　　　地基均匀性评价表

序号	楼栋编号	孔号	层底埋深（层底标高）	孔间距	坡度/%	剖面号	均匀性
1	①	16	17.3 (467.46)	15.0	25.7	9－9'	不均匀
2		17	12.8 (471.31)				
3		21	12.3 (471.62)	15.0	23.9	10－10'	不均匀
4		22	15.4 (468.03)				
5		27	7.1 (476.84)	14.7	37.8	11－11'	不均匀
6		28	12.3 (471.28)				

续表

序号	楼栋编号	孔号	层底埋深 （层底标高）	孔间距	坡度/%	剖面号	均匀性
7	②	39	9.2 (475.96)	16.9	8.9	16 - 16′	均匀
8		40	10.8 (474.46)				
9	③	72	13.4 (475.14)	15.1	10.3	24 - 24′	不均匀
10		73	15.1 (473.57)				
11	④	78	19.0 (471.35)	15.0	27.3	28 - 28′	不均匀
12		79	15.0 (475.45)				
13		85	19.6 (472.66)	15.0	31.9	29 - 29′	不均匀
14		86	14.5 (477.77)				
15		95	17.2 (475.41)	15.0	60.1	30 - 30′	不均匀
16		96	8.2 (484.43)				
17	⑤	99	10.0 (475.45)	16.6	6.4	34 - 34′	均匀
18		100	13.6 (474.38)				
19		109	14.8 (473.44)	18.5	10.2	35 - 35′	不均匀
20		110	14.6 (475.32)				
21		115	14.7 (473.54)	20.0	7.9	36 - 36′	均匀
22		116	16.3 (471.97)				

由表 8 对各楼的地基均匀性判定可看出，场地地基土为局部不均匀地基，根据《建筑地基基础设计规范》（GB 50007—2002）第 5.3 条进行建筑地基的变形计算如下：

计算公式：

$$s = \psi_s \cdot s' = \psi_s \times \sum_{i=1}^{n} \frac{P_0}{E_{si}} \times (Z_i a_i - Z_{i-1} a_{i-1})$$

式中　s——地基最终变形量，mm；

　　　s'——按分层总和法计算出的地基变形量；

　　　ψ_s——沉降计算经验系数；

　　　n——地基变形计算深度范围内锁划分的土层数；

　　　P_0——相应于荷载效应准永久组合时的基础地面的附加压力，kPa；

　　　E_{si}——基础地面下第 i 层土的压缩模量，MPa；

Z_i、Z_{i-1}——基础地面至第 i 层土、第 $i-1$ 层土地面的距离，m。

计算条件：按基底压力 $P = 550.0$ kPa。

通过计算各钻孔最大、最小变形值计算各楼的倾斜值估算见表 9。

表 9　　　　　　　　　　　　　　**沉降、倾斜估算结果表**

序号	楼栋编号	孔号	变形量/mm	孔间距/m	倾斜值
1	①	14	14.49	73.8	0.0011
2		19	22.97		

续表

序号	楼栋编号	孔号	变形量/mm	孔间距/m	倾斜值
3	③	72	8.14	15.1	0.000008
4		73	8.02		
5	④	95	13.56	15.0	0.0001
6		96	15.03		
7	⑤	99	15.92	86.8	0.00004
8		104	12.69		

根据对各栋楼的沉降估算，各栋楼的沉降及倾斜值均在规范规定的允许范围值之内。

4.4　地基土胀缩性

拟建场地地貌单元属成都南部台地的宽缓浅丘坡地，据区域地质资料及野外性状特征该场地黏土②₁可能具有膨胀性，因此对采取的黏土②₁试样进行了胀缩性试验，其结果显示，该场地黏土②₁层自由膨胀率小于 40%，不属膨胀土地基。

4.5　地基土层的物理力学性质指标

本工程为超高层建筑物，宜选择现场载荷试验方法确定地基承载力，在无荷载试验结果的情况下，根据钻探、原位测试及场地土工试验结果，结合成都地区建筑施工经验及长期沉降观测资料，提供设计所需地基土层的物理力学性质指标标值见表 10。

表 10　　　　　　　　　　　　地基土物理力学性质指标一览表

土层名称及编号	天然重度 γ/(kN/m)	地基承载力特征值 f_{ak}/kPa	压缩模量 E_s/MPa	抗剪强度		人工挖孔嵌岩桩		
				黏聚力 c/kPa	内摩擦角 φ/(°)	F_{rk}/MPa	q_{sik}/kPa	q_{pk}/kPa
素填土①	17.8			10	8	—	—	—
黏土②₁	20.5	200	8.5	55	19	—	80	—
粉质黏土②₂	20.5	160	7.0	45	19	—	60	—
全风化砂岩③₁	21.0	200	8.0	15	15	—	50	—
强风化砂岩③₂	22.5	350	15	35	20	—	140	2000
砾岩③₃	22.5	300	12.0	20	40	—	200	—
中等风化砂岩③₄	23.5	750	不考虑压缩	—	—	6.3	180	—

注　q_{pk}—桩的极限端阻力标准值；f_{rk}—抗压强度（饱和）；q_{sik}—桩的极限侧阻力标准值。

5　地基基础方案分析

根据场地地基条件及工程地质剖面图，结合拟建物性质，对各拟建物地基基础形式建议如下。

5.1　高层住宅

5.1.1　天然地基

5 栋 32 层住宅楼设计±0.00＝485.30m，设两层地下室，假设基础埋深为 10.5m（标高为 474.80m），从工程地质剖面图可看出，在此标高下，5 栋高层住宅基底土层除②、③号楼以中等风化砂岩③₄层为主外，其余各栋楼基底土层为强风化砂岩③₂、砾岩③₃、中等风化砂岩③₄层，基础设计可采用天然地基筏板基础，以③₂、③₃、③₄层作为持力层，并根据各栋楼的具体荷载及建筑性质,结合各楼所处的地基条件进行承载力及下卧层验算,若验算结果不满足要求,可考虑采用桩基础或挖孔置换桩复合地基方案。

5.1.2　桩基础

若采用桩基础方案应以中等风化砂岩③₄作为桩端持力层。本报告已绘制了中等风化砂岩③₄层等高线图,设计可根据该图及工程地质剖面图中③₄层埋藏条件及起伏变化情况估算桩长,由场地岩土结构特点和地区施工经验,桩型宜选用人工挖孔嵌岩桩,其单桩承载力可通过岩基荷载试验确定。当无荷载试验时可按表4中等风化砂岩③₄层饱和状态抗压强度标准值进行单桩承载力估算。

5.1.3　挖孔置换桩符合地基

对②号、③号楼基底下局部存在的强风化砂岩③₂层,经验算不能满足要求时,可对分布有强风化砂岩③₂层的地段采用挖孔置换桩复合地基方案,以中等风化砂岩③₄作为挖孔置换桩的桩端持力层(该桩扩大头可设置,也可不设置),桩施工完毕铺设一定厚度的褥垫层后再设置筏板,这样能充分利用桩间土和桩共同分担基础及上部荷载。

5.2　综合楼及大门

根据场地地基条件,综合楼及大门可采用天然地基、独立基础方案,以黏土②₁、全风化砂岩③₁及强风化砂岩③₂作为基础持力层。当基础置于性质不同土层上时,应考虑由此引起的不均匀变形问题。

由于综合楼及大门所处地段各地基土层变化较大,厚度分布不均,若采用天然地基方案施工较困难时也可选择人工挖孔桩(墩)基础方案,以强风化砂岩③₂或中等风化砂岩③₄作为桩(墩)端持力层。

基础设计所需参数见表10,最终选用何种地基基础方案,应从技术可靠、经济合理、施工可行等方面进行综合评价后确定。

6　设计及施工中应注意的问题

(1)对于场地内局部分布的地表水应在施工前进行排除;由于场地地下水类型主要为基岩裂隙水,该类型水主要受裂隙发育程度及裂隙的贯通性影响,水量一般不大。若施工遇到较丰富的地下水时应采取必要的降水措施,根据对成都高阶地的降水经验,可采用明排降水,岩土渗透系数约0.02~0.05m/d。

(2)场地地势起伏较大,地面标高481.61~496.51m,而设计±0.00=485.3m,场地整平工作则以挖方为主,最大挖方高度约11.0m,因此在基础施工前应先进行削方。

(3)该基坑工程安全等级为二级。根据工程周边环境条件,场地具备放坡条件,临时基坑放坡允许值建议见表11。

表11　　　　　　　　　　　临时基坑开挖岩土边坡允许值

土的名称	土的状态	坡度允许值(高宽比)
素填土①	松散	1:1.75
黏土②₁	硬塑	1:1.25
粉质黏土②₂	硬塑	1:1.25
全风化砂岩③₁	全风化	1.0.75
强风化砂岩③₂	强风化	1:0.65
砾岩③₃	强风化	1:0.60
中等风化砾岩③₄	中等风化	1:0.45

（4）基坑开挖后基坑坑壁土质大部分地段以全风化砂岩③₁、强风化砂岩③₂为主，但部分地段仍有一定厚度的素填土①及黏性土②₁、②₂层，该两层土（①、②）构成的土质边坡遇水或长时间暴露极易垮塌，因此基坑开挖时应根据工程地质剖面图和开挖土质情况，采取相应的维护措施。

对切方形成的岩质边坡坡面应避免风化岩层裸露受水冲蚀及风干碎裂可能发生的"掉块"或局部坍塌；开挖废土宜转运出场，防止于场地堆填形成较大的侧向压力。

（5）同时基底（岩）土应避免受水浸泡和暴晒降低其强度。

（6）若采用桩基础挖孔桩挖至预定深度后应对桩底土质进行检验；浇灌混凝土前应对浮土清除干净。

（7）拟建物为 32 层超高层建筑，按有关规范要求必须对其进行沉降观测，沉降观测需具有相关资质的测量单位承担。

7　结论

本次详勘成果已整编为文字报告和相应的附图与附表。场地地基岩土的组成、埋藏及分布情况已通过工程地质剖面图、基岩等高线图予以反映。有关场地工程地质条件及评价，详见报告有关章节。地基基础设计和施工所需岩土参数可按表 10 中所列数据选用。现将主要结论和建议归纳如下：

（1）拟建物场地区域地质构造稳定，无影响场地稳定及建筑物安全的不良地质作用，场地稳定性良好，适宜建筑。

（2）××地区抗震设防烈度为Ⅶ度，设计基本地震加速度值为 0.10g，设计地震分组为第三组；建筑场地类别为Ⅱ类，本场地属可进行建设的一般场地，卓越周期为 0.103～0.324s。

（3）拟建场地内无液化土层分布，黏土②₁不属于膨胀土地基。

（4）场地地基土层埋藏分布详见工程地质剖面图（No.02～No.40），地基基础设计和施工所需的地基土层有关参数可按表 10 中数值选用。基础设计可采用天然地基筏板、桩基、挖孔置换桩复合地基方案，基础设计及施工中应注意的问题见第 5、第 6 部分。

（5）场地地下水及土对混凝土结构及钢筋混凝土结构中的钢筋具有微腐蚀性，土对钢结构腐蚀性暂不做评价。

（6）由于场地内分布局部上层滞水及基岩裂隙水，地下水无自由水面，水量不大，基础设计可不考虑地下室的抗浮问题。

（7）基坑开挖后应及时组织有关人员进行地基验槽工作，当具体实施人工挖孔灌注桩时，除采用地质方法进行鉴别其岩体的风化程度外，必要时应进行施工勘察。

附录3 岩土工程勘察专业勘察报告审查要点

一、审查依据

《岩土工程勘察规范》(GB 50021—2001)；

《建筑地基基础设计规范》(GB 50007—2002)；

《建筑抗震设计规范》(GB 50011—2010)；

《建筑抗震设防分类标准》(GB 50223—95)；

《湿陷性黄土地区建筑规范》(GBJ 25—90)；

《膨胀土地区建筑技术规范》(GB 50112—2013)；

《地基与基础工程施工质量验收规范》(GB 50202—2002/11/5)；

《高层建筑岩土工程勘察规程》(JGJ 72—90)；

《建筑地基处理技术规范》(JGJ 79—91)；

《建筑桩基技术规范》(JGJ 94—94)；

《建筑基坑支护技术规程》(JGJ 120—99)；

《既有建筑地基基础加固技术规范》(JGJ 123—1999)；

《软土地区工程地质勘察规范》(JGJ 83—91)；

《土工试验方法标准》(GB/T 50123—1999)；

《岩土工程勘察报告编制标准》(CECS 99：98)；

工程建设强制性标准（房屋建筑部分）。

二、审查要点

(一)工程概况

勘察点平面布置图应有坐标及地形、文字部分应有各建筑物的地面整平标高。建筑物的性质、规模、结构特点、层数（地上及地下）、高度；拟采用的基础类型、尺寸、埋置深度、基底荷载、地基允许变形及其他特殊要求等；建筑抗震设防、勘察阶段、建筑物的周边环境条件等；场地及邻近工程地质水文地质条件的研究程度；勘察目的，任务及要求；建设单位、设计单位等。参见 GB 50021—2001 第 4.1.11 条、GB 50011—2001 第 3.1.1 条。

(二)勘察工作量及勘察方法

(1) 勘察工作量。勘探孔、原位测试点布置原则，即位置、深度、数量、距离，取土孔和原位测试点数占总数的比例，参见 GB 50021—2001 第 4.1.11 条、第 4.1.17 条、第 4.1.18 条、第 4.1.20 条。

(2) 勘察方法、设备型号、成孔工艺、原位测试方法、仪器及操作规程，参见 GB 50007—2002、GB 50021—2001 第 9.1.1～9.3.3 条、第 9.5.1～9.5.3 条、10.1～10.10 条。

(3) 取土方法，包括取土器类型，参见 GB 50021—2001 第 9.4.1～9.4.7 条。

(4) 岩性描述准确、详细。参见 GB 50021—2001 第 3.3.1～3.3.1.1 条、GB 50007—2002 第 4.1 条。

（5）室外试验项目、方法、依据标准，参见 GB 50021—2001 第 11.1～11.5.0 条，GB 50007—2002 第 4.1 条。

（三）地形、地貌等的描述及评价

地形、地貌、地层、地质构造、岩土性质、不良地质现象（作用）和地质灾害描述及评价，参见 GB 50007—2002 第 6.1.1 条、第 6.4.1 条，GB 50021—2001 第 14.3.3 条、第 5.1.1 条、第 5.2.1 条、第 5.3.1 条、第 5.4.1 条、第 5.5～5.8 条。

（四）地下水埋藏条件，水文地质条件

遇含水层公层测水位，水位变化规律、水位变幅、水文地质参数、标准冻结深度、腐蚀性评价，参见 GB 50021—2001 第 4.1.44 条、第 14.3.3 条、第 7.2.2 条，JGJ 72—90 第 7.0.1 条，GB 50007—2002 附录 F。

（五）岩土参数的分析与选用

指物理力学性质指标的可靠性、适用性分析、统计方法、变异特征、选用的岩土参数，参见 GB 50021—2001 第 14.2.1～14.2.5 条，GB 50007—2002 第 4.2.1～4.2.5 条。

（六）承载力不同方法确定值、综合建议值

桩基、CFG 桩有极限侧阻、端阻力，负摩擦力、液化土层影响折减系数，参见 GB 50007—2002 第 5.2.3～5.2.8 条、第 5.1.3 条，GB 50021—2001 第 14.3.3 条，GB 50011—2001 第 4.4.3 条，JGJ 94—94 第 5.2.14 条、第 5.2.16 条、第 5.2.12 条。

（七）特殊土

黄土地层时代成因，湿陷性黄土层厚度，湿陷系数、自重湿陷系数随深度的变化，湿陷类型和湿陷等级的平面分布，湿陷起始压力，地下水位升降的可能性和其他工程地质问题，参见 GBJ 25—90 第 2.1.1 条，GB 50021—2001 第 6.1.1～6.1.7 条。

膨胀土地基土分布及地形地貌条件、工程地质特征和自由膨胀率等指标综合评价，参见 GBJ 112—87 第 2.3.1 条，GB 50021—2001 第 6.7.1～6.7.8 条。

软土地区基坑测需提供的参数，参见 JGJ 83—91 第 6.2.1 条、第 6.2.2 条，GB 50021—2001 第 6.3.1～6.3.7 条。

（八）地基土均匀性定量评价

GB 50021—2001 第 4.1.1 条、第 14.3.3 条，JGJ 72—90 第 6.2.2 条。

（九）场地、稳定性和适宜性评价

1. 场地评价

参见 GB 50021—2001 第 5.7.2 条、第 5.7.8 条、第 5.7.10 条，GB 50011—2001 第 4.1.6 条、第 4.1.9 条、第 3.1.1 条、第 3.3.1 条、第 4.1.6 条、第 4.1.9 条、第 4.3.2 条。

2. 稳定性和适宜性评价

GB 50021—2001 第 14.3.3 条、第 4.1.11 条，GB 50011—2001 第 4.3.2 条。

（十）地基基础方案分析

1. 天然地基的适用条件，承载力及变形验算

参见 GB 50021—2001 第 4.1.11 条、第 14.3.3 条，GB 50007—2002 第 5.3.1 条、第

5.2.4 条。

2. 地基处理各种方法

地基处理各种方法的适用条件、强度、变形及处理湿陷性、消除液化的可靠有效性、施工的可行性、环境条件允许及可行性，参见 GB 50021—2001 第 4.1.11 条、第 14.3.3 条、第 4.3.2 条，GB 50007—2002 第 5.3.4 条、第 7.2.7 条、第 7.2.8 条，GB 50011—2001 第 4.3.7 条、第 4.3.8 条。

3. 桩基施工的可行性、环境条件允许可行性

参见 GB 50021—2001 第 4.1.17 条、第 4.9.1 条、第 4.10 条，JGJ 72—90 第 7.0.1 条。

（十一）基坑支护降水的支护体系稳定性，基坑内外的安全性及周边条件的适宜性

参见 GB 50007—2002 第 3.0.2 条、第 3.0.4 条，GB 50021—2001 第 4.8.1～4.8.11 条（其中 4.8.5 条为强条）、第 14.3.3 条，JGJ 120—99 第 3.1.4 条、第 3.1.5 条。

（十二）附图件

指齐全、完善程度与标准、规范规定的一致性等，参见 GB 50021—2001 第 14.3.3 条、第 14.3.4～14.3.9 条。

（十三）岩土工程勘察深度（2001 年建设部质量检查标准）

（1）钻孔、取样、原位测试点的数量、间距、位置及深度是否符合标准、规范的要求。

（2）取样数量，包括测试（验）仪器及深度是否符合标准、规范的要求。

（3）室内试验、原位测试、包括测试（验）仪器和操作方法是否符合标准、规范（程）的规定。

（4）地下埋藏条件，水文地质条件，水位及变化规律，遇含水层分层测水位是否符合标准、规范的要求。

（5）环境条件调查是否满足标准、规范的要求。

（6）特殊土的勘探与测试是否符合标准、规范的规定。

（7）场地适宜性、稳定性，不良地质现象的调查与勘探是否符合定性描述与定量评价的标准、规范规定。

（十四）勘察报告质量

（1）岩土分类与描述，地层时代，各种测试数据，图表完整性和可靠性是否符合标准、规范的规定。

（2）地基承载力和变形计算指标的准确性，合理性是否符合标准、规范的规定。

（3）特殊土的分析与评价，是否符合标准、规范的规定。

（4）地震区场地土类型和场地类型，抗震地段，液化评价是否符合标准、规范的规定。

（5）场地适宜性、稳定性、不良地质现象的描述与评价是否符合标准、规范的规定。

（6）地基基础方案，基坑工程设计建议的合理性，可行性是否符合标准、规范规定的技术先进、经济合理、针对性强、保护环境、施工可行的要求。

（十五）审查意见

1. 合格

勘察工作质量、勘察报告质量符合强制性条文、标准、规范的规定，质量达到要求：按

不同建筑物或建筑群在查明地质条件的基础上，提供了设计所需的岩土技术参数；对建筑物地基作出了正确的岩土工程分析评价；对基础设计、地基处理、不良地质现象整治，场地适宜性、稳定性评价等具体方案进行了论证，结论正确，建议可行，图件齐全和绘制符合规定。

2. 不合格

(1) 勘察工作质量符合强制性条文、标准、规范的规定，但勘察报告质量存在严重错误或漏缺，存在安全隐患，经认真修改补充后能达到合格。

(2) 勘察工作质量部分符合强制性条文，标准、规范的规定，勘察报告质量存在严重错误或漏缺，经文字修正，补充后仍存在安全隐患，只有补充外业工作量才能达到合格。

参 考 文 献

［1］　GB 50021—2001 岩土工程勘察规范．北京：中国建筑工业出版社，2009.
［2］　GB 50007—2002 建筑地基基础设计规范．北京：中国建筑工业出版社，2002.
［3］　GBE 50487—2008 水利水电工程地质勘察规范．北京：中国计划出版社，2008.
［4］　JTG C20—2011 公路工程地质勘察规范．北京：人民交通出版社，2011.
［5］　TB 10012—2007 铁路工程地质勘察规范．北京：中国铁道出版社，2001.
［6］　JGJ 118—2011 冻土地区建筑地基基础设计规范．北京：中国建筑工业出版社，2011
［7］　GB 50011—2001 建筑抗震设计规范．北京：中国建筑工业出版社，2002.
［8］　GB 50025—2004 湿陷性黄土地区建筑规范．北京：中国建筑工业出版社，2004.
［9］　GBJ 112—87 膨胀土地区建筑技术规范．北京：中国建筑工业出版社，1987.
［10］　JGJ 72—2004 高层建筑岩土工程勘察规范．北京：中国建筑工业出版社，2004.
［11］　JGJ 94—2008 建筑桩基技术规范．北京：中国建筑工业出版社，2009.
［12］　JGJ 79—2002 建筑地基处理技术规范．北京：中国建筑工业出版社，2002.
［13］　GB/T 50266—99 工程岩体试验方法标准．北京：中国建筑工业出版社，1999.
［14］　GB/T 50123—1999 土工试验方法标准．北京：中国计划出版社，1999.
［15］　JGJ 83—2011 软土地区岩土工程勘察规范．北京：中国建筑工业出版社，2011.
［16］　DB 51/T 5026—2001 成都地区建筑地基基础设计规范．2001.
［17］　《工程地质手册》编委会工程地质手册．4 版．北京：中国建筑工业出版社，2007.
［18］　刘福臣，杨绍平．工程地质与土力学．郑州：黄河水利出版社，2009.
［19］　张咸恭，李智毅．专门工程地质学．北京：地质出版社，1988.
［20］　郭超英．岩土工程勘察．北京：地质出版社，2007.
［21］　项伟，唐辉明．岩土工程勘察．北京：化学工业出版社，2012.
［22］　高大钊．岩土工程勘察与设计．北京：人民交通出版社，2010.
［23］　袁振棠．工程地质学．北京：水利电力出版社，1980.
［24］　张卓元，王士天，王兰生．工程地质分析原理．北京：地质出版社，1994.